美引烤烟品种 NC102 烟叶生产技术

徐安传 者 为 邹聪明 主编

西南交通大学出版社
·成 都·

图书在版编目（CIP）数据

美引烤烟品种 NC102 烟叶生产技术 / 徐安传，者为，
邹聪明主编. -- 成都：西南交通大学出版社，2025. 6.
ISBN 978-7-5774-0564-3

Ⅰ. TS44

中国国家版本馆 CIP 数据核字第 2025ES8048 号

Meiyin Kaoyan Pinzhong NC102 Yanye Shengchan Jishu

美引烤烟品种 NC102 烟叶生产技术

主　编／徐安传　者　为　邹聪明

策 划 编 辑	李芳芳　余崇波　张少华
责 任 编 辑	余崇波
封 面 设 计	GT 工作室
出 版 发 行	西南交通大学出版社
	（四川省成都市金牛区二环路北一段 111 号
	西南交通大学创新大厦 21 楼）
营 销 部 电 话	028-87600564　028-87600533
邮 政 编 码	610031
网　　　　址	https://www.xnjdcbs.com
印　　　　刷	四川玖艺呈现印刷有限公司
成 品 尺 寸	210 mm×285 mm
印　　　　张	19.5
字　　　　数	386 千
版　　　　次	2025 年 6 月第 1 版
印　　　　次	2025 年 6 月第 1 次
书　　　　号	ISBN 978-7-5774-0564-3
定　　　　价	92.00 元

编　委　会

前 言

烤烟品种是烟叶质量的内在决定因素，是卷烟产品质量的物质基础。培育、引进和推广烤烟新品种是不断提升烟叶质量的重要途径。2006年，云南中烟工业公司从美国引进烤烟新品种NC102。该品种于2010年8月通过全国烟草品种审定委员会农业评审，于2015年5月通过全国烟草品种审定委员会审定。

烤烟品种NC102烟叶香韵以甜香、清香和焦香为主，果香较为丰富，干草香比红花大金元和K326品种烟叶突出，其香气的细腻度、甜韵感和飘逸感较好，在云产卷烟产品配方中起到了强化卷烟产品清甜香风格特征、增加甜润感、提升舒适感等作用，因此NC102品种是云产卷烟产品特需烤烟品种。

编者结合多年来在NC102品种烟叶生产一线取得的科研成果和积累的经验，并融合前人研究成果，重点将理论与实践相结合，编写此书。

本书共分为五章：第一章阐述了NC102品种的品种特性、引进与推广、种植现状；第二章阐述了NC102品种生态适应性的影响因素、生态区划和品质区划；第三章阐述了NC102品种的生育期、区域选择、关键生产环节及技术；第四章阐述NC102品种的烘烤特性和烘烤技术；第五章阐述了NC102品种烟叶的外观质量、物理特性、化学成分、感官质量、质量特色和卷烟配方功能。

本书对烟草科研工作者、大专院校师生、烟叶生产与管理人员、烟农均具有重要参考价值，可以作为烟叶生产、管理、科研、教学的重要参考书。

　　本书在编写过程中，得到了云南中烟工业有限责任公司、红云红河烟草（集团）有限责任公司、云南省烟草农业科学研究院、云南省烟草质量检测监督站、云南省烟草公司昆明市公司、云南省烟草公司楚雄州公司等单位领导的悉心指导以及科研人员的大力支持与帮助，在此一并表示衷心的感谢！在编写本书的内容时，参考和引用了相关文献，在此对相关作者深表谢意！

　　由于作者水平有限、时间仓促，书中难免有不妥之处，敬请读者批评指正。

编　者

2025 年 3 月于昆明

目　录

● 第三章

NC102 品种的栽培技术

● 第四章

NC102 品种烟叶采收与烘烤技术

● 第五章

NC102品种的烟叶质量特色与工业应用

第一章

NC102品种的品种特性与推广

第一节 NC102品种的品种特性

品种特性是指某一生物品种（如植物、动物或微生物）在形态、生理、生化、遗传或经济价值等方面区别于其他品种的独特特征。这些特性通常由基因控制，并通过人工选育或自然进化形成，是品种鉴定、分类和利用的核心依据。

NC102品种单株性状如图1-1所示。烤烟品种特性分为农艺特性和品质特性。

（1）农艺特性包括：生长特性（生育期、株高、叶数），决定了该品种的种植制度；产量特性［单叶重[①]、亩[②]产量］，是该品种推广种植的经济效益基础；抗性特性（抗病性、抗逆性）。

图1-1 NC102品种单株性状

[①] 实为质量，包括后文的干重、增重等。因现阶段我国烟草等行业的科研和生产实践中一直沿用，为使读者了解、熟悉行业实际情况，本书予以保留。

[②] 1亩≈666.7 m^2。

（2）品质特性包括：烟叶物理特性、化学特性和感官特性。

NC102品种是2001年美国金叶种子（Gold Leaf Seeds）公司经销的杂交F1代品种，其通过了区域最低标准程序试验，即内在化学品质超过工业的最低标准要求并通过菲莫等大烟厂的工业评吸鉴定。2002—2004年，该品种通过美国北卡罗来纳州官方品种试验；2004年，该品种被美国北卡罗来纳州官方推荐为试种品种。该品种于2006年由云南中烟工业公司（2011年1月27日更名为云南中烟工业有限责任公司）引进试种，2008年9月通过中国烟草总公司郑州烟草研究院主持的工业评价，2010年8月通过全国烟草品种审定委员会主持的农业评审，2015年5月通过全国烟草品种审定委员会主持的新品种鉴定和审定。

NC102品种的田间性状如图1-2和图1-3所示。

图1-2　NC102品种田间性状（田烟）

图1-3　NC102品种田间性状（地烟）

一、生物学性状

NC102 品种植株株式呈塔型，叶片为长椭圆形；自然株高 130 ~ 140 cm，封顶株高 100 ~ 115 cm；自然叶数 25 ~ 27 片 / 株，有效叶数 21 ~ 23 片 / 株；茎围 9.5 cm，节距 4.4 cm，腰叶长 68.6 cm，腰叶宽 27.3 cm；开花时间为移栽后 65 d 左右，大田生育期 115 ~ 120 d。NC102 品种移栽 25 d 田间长势水平如图 1-4 所示，现蕾期田间长势水平如图 1-5 所示。

（a）田烟

（b）地烟

图1-4　NC102品种移栽25 d田间长势水平

图1-5　NC102品种现蕾期田间长势水平

二、抗病性

NC102 品种在原产地高抗黑胫病（0 号小种），低抗青枯病，抗 TMV、PVY、TEV 病毒病。

在昆明烟区，NC102 品种现蕾期至打顶期下部叶易发生白粉病，在连作地块或前期干旱的地块容易感染根结线虫病，经鉴定，主要是南方根结线虫病和花生根结线虫病，还有零星的根黑腐病、炭疽病。

三、经济性状

2004 年在美国 4 个不同区域进行的美国北卡罗来纳州官方品种试验结果为烟叶平均生物学产量 228 kg ／亩，均价 3.93 美元／ kg，等级指数为 72。2006 年昆明烟区试验结果为烟叶平均生物学亩产量 210.83 kg，可收购烟叶每亩产量 140 ～ 160 kg，亩产值 1 980.69 元，均价 9.39 元／ kg。

四、栽培特性

（一）需肥特性

NC102 品种的烟株种植密度以行株距 1.2 m×0.5 m 为宜；其耐肥性较好，适合在各种肥力的田（地）块种植，一般每亩氮用量 6～8 kg 为宜，但要满足氮、磷、钾三要素平衡；磷、钾的绝对量不能低于每亩 8 kg、16 kg。在现蕾至打顶期上部叶易缺钾，应注意适当提高钾肥比例；同时要配合施用一定数量的腐熟农家肥，避免后期落黄过快造成早衰。NC102 品种不耐旱，移栽至栽后 25 d 烟株长势中等，此期应注意提供充足的肥水营养，促进烟株早生快发。旺长期若遇间歇性干旱，需要补充水分，让肥料得到充分吸收，避免成熟期雨水过多导致烟株贪青晚熟甚至出现黑爆烟。

（二）烟叶采烤特性

正常营养的烟株，典型分层落黄。NC102 品种烟叶采收时与 K326 品种基本一致，下部叶适熟采收，中部叶成熟采收，上部 4～6 片叶充分成熟后一次性采收。其烘烤特性比 K326 品种更易烘烤，烟农比较好把握。通常情况下，只要氮肥使用不过量或严重不足，早期施肥量能满足烟株的需肥要求促进烟株早生快发，大田后期烟株不出现返青和偏憨状况，烤出的烟叶黄烟率比较高，废弃烟叶率很低。

（三）生态适应性

NC102 品种生态适应性较广，在云南省海拔 1600～2000 m 的烟区均可种植，但切忌种植在连作地，以水旱轮作的区域种植最佳。

五、烟叶质量特征

NC102 品种的烟叶平均总糖、还原糖含量略低于 K326 品种，总氮和烟碱含量略高于 K326 品种，蛋白质含量略高于 K326 品种，K_2O 含量高于 K326 品种。

2006 年 12 月，经云南中烟工业公司组织全省 26 位资深评委评吸认为，该品种烟叶香气风格较突出，甜润感明显，甜香韵较好，以清甜、焦甜为主，果香较丰富，香气较丰满、量足、透发性好、成团性一般，量与浓度表现均好，香气细腻，回味清甜，刺激小，余味干净，劲头适中，稍有杂气。

当前，烟草普通花叶病毒病（TMV）已经成为云南烟区的一种主要病害，目前推广的红花大金元（以下简称"红大"）、K326、云烟 85、云烟 87、云烟 97 等烤烟品种都不抗该病，严重威胁着云南省"两烟"（烤烟与卷烟）事业的可持续发展。NC102 品种对烟草普通花叶病毒病（TMV）有很好的抗性，对有效控制该病害的发生、蔓延起到十分重要的作用。

但是，NC102 品种易感烟草根结线虫病，应避免在烟草根结线虫病高发区域或地块推广种植。

第二节　NC102品种的推广与种植

一、品种引进背景

烟叶是卷烟工业企业重要的战略资源，烟叶质量是卷烟质量的基础，而品种是烟叶质量重要的遗传基础。优良的品种是获得优质烟叶的内在因素，是生产优质烟叶的重要条件。据美国北卡罗来纳州立大学 Long 教授的研究结果，烤烟品种对烟叶质量的贡献率为 32%，生态环境的贡献率为 56%，栽培技术的贡献率为 10%。因此，要生产优质烟叶，首先要有优良的品种，再选择适宜的生态环境、配套适宜的栽培技术种植，才能生产出优质烟叶，即"良种""良区""良法"配套，才能生产出优质烟叶。

2005 年以前，云南省的烤烟主栽品种是 K326、云烟 85、云烟 87、"红大" 4 个品种，品种数量少，不能满足卷烟配方对品种多样性的需求，尤其不能满足高端卷烟配方对特色优质品种的需求。

为彻底改变云南省烤烟主栽品种数量少、结构单一的现状，2005 年 9 月云南中烟工业公司组织卷烟原料的专家，先到美国北卡罗来纳州立大学与该校教授就美国烤烟育种现状进行了交流。经北卡罗来纳州立大学 Long、Smith 等教授介绍和陪同，云南中烟工业公司专家赴位于美国北卡罗来纳州的美国金叶种子公司进行了考察和交流，最终选择引进了 2004 年美国北卡罗来纳州官方推荐试种的烤烟新品种 NC102。

NC102 品种是美国金叶种子公司经销的 F1 代杂交种。该品种于 2001 年通过美国区域最低标准程序试验，即其烟叶的主要内在化学成分超过卷烟工业的最低标准要求，并通过菲里普莫里斯国际烟草公司等 5 家卷烟大企业的工业评吸鉴定；在 2002—2004 年通过美国北卡罗来纳州官方品种试验，于 2004 年由美国北卡罗来纳州官方推荐试种。美国金叶种子公司提供的品种病害检疫报告表明，该品种高抗黑胫病（0 号小种），低抗青枯病，抗 TMV、RVY、TEV 三种病毒病。2004 年在美国 4 个不同区域进行的北卡罗来纳州官方品种试验表明，该品种平均生物学产量为每亩 228 kg，与 K326 相当，易烘烤，等级指数 72；移栽至开花的时间为 60 d，有效留叶数 20～22 片，株高 107 cm，节距 5.68 cm；中部叶还原糖含量为 18.42%，烟碱平均含量为 2.16%，平均糖碱比为 9.1。

云南省政府对 NC102 品种的引进试种工作高度重视，云南省分管烟草工作的副省长于 2006 年 2 月 16 日召集了由云南中烟工业公司和中国烟草公司云南省公司高层领导参加的"全省烤烟品种协调会"，协调领导工商双方开展 NC102 品种在全省的试种工作。

为解决新品引进中可能传入危险性病虫害的问题，2007 年 5 月，云南中烟工业公司、中国烟草公司云南省公司与美国金叶种子公司，在昆明举行品种引进的知识产权谈判，三方联合签订了中美烤烟《特许品种生产协议》，首次将美国烤烟新品种的父母本引入云南，由云南省烟草农业科学研究院繁种，为将来大规模推广提供了可能。

二、品种试验及生产示范

在云南省政府的重视和支持下，于 2006—2008 年经过国家质量监督检验检疫总局植检司批准，云南中烟工业公司分批从美国金叶子种子公司引进 NC102 品种。经云南省出入境检验检疫局对从美国引入的 NC102 品种种子进行检验，未发现国家检疫性病虫害。又经云南省出入境检验检疫局邀请相关专家，对负压温室内和野外隔离条件下种植的美引 NC102 品种种子进行隔离种植观察评估，最终认定美国入境的 NC102 品种的种子不带国家检疫性病害，可以进行品种比较试验、区域适应性试验及生产示范、推广种植等后续工作。

（一）品种比较试验

2006 年 2 月开始，云南烟草工商双方合作，以云南主栽品种 K326 为对照，在昆明市（石林县、嵩明县、西山区、寻甸县）、玉溪市（红塔区）、楚雄州（楚雄市）、大理州（宾川县、南涧县、永平县、弥渡县）、红河州（弥勒县①）5 市（州）11 个县（市、区），开展了 NC102 品种比较试验，试验面积 4 024 亩，收购烟叶 1.21 万担（每担 50 kg）。

2006 年 11 月 1 日，云南中烟工业公司组织全省烟叶分级技术能手，对 NC102 品种烟叶外观质量进行了评价；同时请云南省烟草农业科学研究院对 NC102 品种烟叶进行了内在化学成分分析；2006 年 12 月 6 日 ~ 8 日，云南中烟工业公司组织全省评吸专家，对 NC102 品种烟叶进行了感观质量评价。

试验结果表明，NC102 品种平均株高 107.4 cm，茎围 9.5 cm，节距 4.4 cm，有效叶数 20.7 片；高抗黑胫病，抗 TMV、TEV、PVY 病毒，低抗青枯病，中感赤星病，中感根结线虫病；平均 140 ~ 160 kg ／亩，上等烟比例 56.25%、上中等烟比例 92.01%；易烘烤，变黄与脱水协调，易定色；烟叶成熟度好，多橘黄色、色度强、叶片结构疏松、身份适中、油分有至多；中部烟叶平均烟碱含量为 2.47%，总糖为 25.55%，总氮为 1.87%，糖碱比为 10.37，糖氮比为 13.70；

---

① 现为弥勒市。

烟叶香气风格突出，在香气量、烟气浓度方面与对照 K326 相当，在香气质方面，尤其是甜韵感、细腻度、余味舒适性方面优于对照 K326。

（二）NC102品种的区域适应性试验及生产示范

2007—2008 年，在云南省昆明、曲靖、保山 3 市 13 个县（市、区）的不同海拔区域开展 NC102 品种区域适应性试验及示范种植观察，种植面积 4.97 万亩，收购烟叶 14.9 万担（每担 50 kg）。这些烟叶为工业企业对 NC102 品种进行大规模工业验证提供了原料条件。2007—2008 年，云南中烟工业公司选用 NC102 品种烟叶对"云烟·软珍"产品进行了卷烟配方试验。

经品种区试及生产示范证明，NC102 品种适宜在云南省海拔 1 600 ~ 2 000 m 的区域内种植；经该品种烟叶在云产卷烟配方中试验，结果表明，NC102 品种烟叶个性较为鲜明，在卷烟产品中可增强烟气甜度、丰富烟气韵调、提高香气品质、改善烟气特性。

（三）NC102品种的审定

NC102 品种于 2008 年 9 月 1 日通过中国烟草总公司郑州烟草研究院主持的工业评价，2010 年 8 月 7 日通过全国烟草品种审定委员会主持的农业评审，2015 年 5 月 13 日通过全国烟草品种审定委员会主持的新品种鉴定和审定（审定编号为 201505）。

三、品种推广种植

2006—2013 年，在"云南省适用性烤烟品种选育"领导组领导下，由云南中烟工业公司协调，中国烟草总公司云南省公司发文，在云南省昆明、曲靖、红河、大理、玉溪、楚雄、昭通、普洱 8 市（州）23 个县（市、区）开展了 7 年的 NC102 品种生产示范和推广种植工作，种植面积 31.07 万亩，收购烟叶 92.22 万担（每担 50 kg）。

2015 年 12 月，云南省人民政府办公厅下达了云政办函〔2015〕257 号，启动"2260"优质烟叶工程；2018 年，更名为"2260"高端特色烟叶开发。该项目计划在云南省重点核心烟区精选 20 个县（市、区），开发 20 万亩/年优质烟田，种植云产卷烟特色（需）品种，生产 60 万担/年特色优质烟叶。因 NC102 品种烟叶特有的"果香"和"红大"烟叶"清甜香润"能有机融合，进一步提升云产卷烟产品清甜香风格特征，所以 NC102 品种被定位为云产卷烟特需烤烟品种。2019—2021 年，在石林云产高端卷烟特色烟叶基地种植 NC102 品种，种植规模为 5 万担/年。图 1-6 所示为 2021 年石林县长湖高端特色烟叶基地 NC102 品种田间长势。

（2）地球化学背景。

地球化学背景是指气候、岩土性质和生物等因素影响下所形成的表生地球化学环境。岩石、土壤中化学元素在农作物生长过程中具有核心作用，直接影响农作物产量和品质。比如在土壤和水源缺乏锌元素的地方，豆类、果树易落花、落果；在缺乏硼元素的地方，蔬菜易烂心等。河北行唐县优质大枣分布区土壤具有 P、St、Na 及稀土元素总量含量高，而 Ni、Cr 等元素含量低的特点。烤烟生产与土壤地球化学背景关系密切，稀土元素和 K、Mg、Ca、P、Al 等矿质元素是影响烤烟内在品质的重要因子。

（3）土壤类型。

① 成土过程决定土壤类型。

在热带和亚热带的湿热气候和常绿阔叶林下，土壤进行脱硅和富铁、铝化过程，形成砖红壤、红壤、黄壤等；在寒温带冷湿润气候的针叶林下，土壤发生灰化过程，形成灰化土；干旱和半干旱地区，因灌溉不当，排水不畅，地下水位上升，盐分随地下水上升积聚于地表，造成次生盐渍化过程，形成次生盐土。

② 植烟土壤类型影响养分含量。

比如紫色土相对于其他土壤类型，具有有机质、氮素、磷素含量偏低，全钾含量较高、速效钾含量偏低，水溶性氯含量过低、有效硫含量中等，交换性钙、镁含量偏高的养分特点。

③ 植烟土壤类型影响养分供应。

褐土通透性好，在 4 月份地温上升快，微生物活动剧烈，氮、钾养分释放速度快，养分的吸收高峰期较早。而砂姜黑土土质偏黏，土壤通透性稍差，虽然养分含量较高，但由于 4 月份地温上升缓慢，微生物活动不如褐土剧烈，养分释放速度慢。

④ 不同植烟土壤类型对烟叶品质影响较大。

一般情况下，紫色土、红壤与黄壤上生产的烟叶内在质量好于水稻土。褐土上种植的烟叶最接近于优质烟叶标准，砂姜黑土最差。红火山土土壤上的烟叶表面脂类和西柏三烯二醇含量远高于在黑火山土土壤上生长的烟叶，调制后烟叶的香气质量也有很大差距。烟叶香气物质含量为牛肝田＞紫色土＞沙泥田，综合品质为紫色土＞牛肝田＞沙泥田。不同土壤类型下烟叶化学品质如表 2-8 所示。

表2-8 不同土壤类型下烟叶的品质特征（逄涛 等，2012）

类型	总糖/%	还原糖/%	两糖差/%	总氮/%	蛋白质/%	施木克值	糖碱比	石油醚提取物/%	挥发酸/%	钙/%
红壤	30.67A	27.64A	2.98AB	1.68AB	8.57AB	3.64A	19.5AB	5.16B	0.27AB	2.29B
黄壤	22.33B	20.41B	1.91B	1.83A	9.46A	2.42B	12.56B	5.89A	0.27AB	3.16A
水稻土	29.81A	25.77A	4.04A	1.69AB	8.63AB	3.54A	17.85AB	4.98B	0.31A	2.46AB
紫色土	29.82A	25.36A	4.46A	1.53B	7.87B	3.85A	21.6A	5.35AB	0.23B	2.52AB

2. 土壤理化性状对烟叶生产的影响

（1）土壤质地。

土壤质地是土壤的重要物理指标之一，反映土壤颗粒和机械组成情况。壤砂质地的土壤更适宜优质烤烟生长，主要是因为其供水、供肥特性与烟叶的需水、需肥特性吻合度较高。烟株生长前期，砂性土壤具有较强供肥能力，对于烟苗早生快发有促进作用，烟株生长后期，供肥能力减弱，叶片能适时落黄且易调制。

土壤质地影响烟叶品质的形成。在质地较轻的砂壤中种植的烟叶具有高糖、低碱、高糖碱比和高氮碱比的特征；在质地较重的粉黏土中种植的烟叶具有低糖、高碱、低糖碱比和低氮碱比的特征。目前，我国烟区多数土壤质地偏黏，透气透水性差，特别是南方烟稻轮作区土壤。在部分丘陵山区，土壤质地虽然黏重，但因少氮富钾，也能生产出色泽金黄、品质优良的烟叶。

（2）土壤通透性。

土壤通透性是土壤允许气体、水分及溶质通过的能力，直接影响植物根系发育、水文循环、污染物迁移及生态系统稳定性。随着全球气候变化和土地利用强度的增加，土壤通透性退化（如压实、板结）已成为制约农业生产、生态修复和城市可持续发展的关键问题。土壤通透性的好坏直接影响烟株根系的生长与发育。土壤通气不良，则氧气不足，将抑制烤烟根系的呼吸作用，进而削弱根系吸收水肥的功能。

（3）土壤肥力。

土壤肥力对烤烟香气质和香气量影响极大。一般认为中等肥力，有机质与氮素含量适中，有效磷钾含量较高，中、微量元素含量适宜并协调的土壤上生产的烤烟品质较优，香气较好。

① 有机质。

土壤有机质是土壤肥力的重要物质基础。土壤有机质不仅含有各种营养元素，而且还是土壤微生物生命活动的能源，对土壤水、肥、气、热等肥力因素的调节以及对理化性状和耕性的改善等具有重要作用。对一般作物而言，土壤有机质含量较高是土壤肥沃的标志，对作物生长有利。但对烤烟而言，土壤有机质含量过高，土壤过于肥沃，生产出来的烟叶后期贪青晚熟，如后期又遇高温干旱，烘烤时易形成黑爆烟，直接影响烟叶外观品质，烤后烟叶主脉粗，叶片过厚，烟碱及蛋白质含量过高，刺激性大，品质较差（胡国松　等，2000）。

② 氮。

氮素是对烤烟生长发育和产量品质影响最大的营养元素。土壤中氮素的含量受多种因素影响，变异很大。维持烟株生长发育和优良品质形成所需的氮素60%～90%来自土壤可用氮，10%～40%来源于当季所施肥料中的氮（韩锦峰　等，1992），尤其在采收期，烟株体内积累的土壤氮素占烟株累积氮素的81.8%。土壤供氮能力过强，导致烟株生长旺盛，叶片较厚，主脉变粗，不易落黄，难烘烤，含氮化合物增多，品质变劣，因此，在这类土壤上种植烤烟要注意控制氮素的施用量。土壤氮含量影响叶片碳、氮代谢，尤其对后期烟叶总氮、烟碱含量影响最大，因为此时期，烟株体内总氮有81.8%来自土壤氮。

③ 磷。

土壤中的磷绝大部分是以植物无法利用的矿物态存在，通常把土壤的速效磷作为土壤磷素有效供应指标。虽然烤烟对磷的需求量不大，且磷素在整个生育期的吸收较均匀，但磷对烤烟的生长发育和新陈代谢具有重要作用。磷素不足时，烟株的正常生长发育受到影响，烟叶香气味下降；而磷素过多时，烟株生长浓绿，烤后叶片过厚发脆，油分差、僵硬。适宜种植烤烟的土壤全磷含量为 0.61～1.83 g/kg，速效磷含量为 10～35 mg/kg。磷对烟草生长最明显的影响之一是缩短植株达到成熟的时间，烤烟对磷肥的反应与植烟有效磷含量高低有关，在低有效磷土壤上，烤烟对施磷量增加反应明显。

④ 钾。

钾能有效地提高烟叶的香气质和香气量，改善烟叶的燃烧性，减少烟气中的有害物质和焦油释放量，提高烟制品的安全性。烟草吸收的土壤钾占总吸收量的33.3%～50.0%，其中80%以上来自缓效钾（艾绥龙，1998）。

⑤钙。

烤烟中钙的含量很高，正常情况下烤烟灰分中钙的含量仅次于钾。但由于受土壤条件的影响，许多烟区烟叶中钙的含量却都超过了钾。烟叶吸收的钙一部分参与构成细胞壁，其余的以草酸钙及磷酸钙等形态分布在细胞液中。钙与硝酸态氮的吸收及同化还原、碳水化合物的分解合成有关。大田期烟株缺钙时淀粉、蔗糖、还原糖等在叶片中大量积累，叶片变得特别肥厚，植株生育不良。幼苗期幼苗缺钙，叶片皱缩、弯曲，继而叶尖端和边缘部分坏死，最后幼苗生长点死亡；留种烟株在开花前缺钙，花蕾易脱落；开花时缺钙，则花冠顶部枯死，以致雌蕊突出。钙对镁及微量元素有拮抗作用，能减轻微量元素过多引起对烟株的毒害。但钙吸收过多，容易延长烟株营养生长期，推迟成熟，对烟叶品质不利。

⑥镁。

镁是酶的强激活剂，参与烟株光合作用、糖酵解、三羧核酸循环、呼吸作用、硫酸盐还原等过程的酶，都要依靠镁来激活。镁在烟株体内容易移动，缺镁时烟株生理衰老部位中的镁向新生部位移动，所以缺镁症状一般在下部叶片首先出现，逐渐向上部叶片发展；一片叶上首先从叶尖与叶缘发生黄白化，继而全叶呈白色。吸收镁过多，有延迟成熟的趋向。正常叶含镁量为其干重的 0.4% ~ 1.5%，低于 0.2% 就会出现缺镁症状；在 0.2% ~ 0.4%，会出现轻度缺镁症。当叶片内钙镁比值大于 8 时，即使含镁量在正常范围，也会出现缺镁症状。

⑦硫。

硫是烟株体内胱氨酸、半胱氨酸、蛋氨酸等含硫氨基酸的核心成分，还参与多种酶的构成（如辅酶 A）。硫在烟株生长发育中起重要作用。

⑧铁。

铁主要分布在叶绿体内，参与叶绿素的合成过程。铁也是与呼吸有关的酶—细胞色素酶、细胞色素氧化酶、氧化还原酶、过氧化氢酶等的组成部分。铁素营养缺乏时，叶绿素合成受阻。由于铁在烟株体内不易移走，所以首先在新生组织呈现缺硫症，上部叶片先变黄并渐次白化，而下部叶片的叶色仍然正常。吸收铁过多，铁容易在叶组织中沉积，烤后叶片呈现不鲜明的污斑，叶呈灰至灰褐色。

⑨锰。

锰是许多氧化酶的组成成分，在与氧化还原有关的代谢过程中起重要的作用，锰在植物体内不易移动，所以锰不足时，新生的嫩叶首先出现缺绿症状，因叶脉仍保持绿色，叶脉间叶肉失绿，形成网状花纹。植物严重缺锰时，叶面出现枯斑。锰吸收过多，对植物也不利，易在输导组织末端积累，并从表皮细胞渗出，形成细小的黑色或黑褐色煤灰样小点，在沿着主脉、支脉之类叶脉的叶肉上连续排布,使叶片外观呈灰色至黑褐色。锰过多症状大多发生在中下部叶片,有时上部叶片也会出现,发生缺锰症和吸收锰过多症的土壤条件与铁相同。所以铁锰两种元素的缺乏症与过多症,大多数同时发生,并同时在叶片上出现,形成复合症状。

⑩ 铜。

铜离子能使叶绿素保持稳定,增强烟株对真菌病害的抵抗力。铜素不足时,植株呈暗绿色,下部叶片首先出现褐色枯死斑,整个烟株发育不良。缺铜严重时,上部叶片膨压消失,出现似永久萎蔫样症状。由于烟草对铜的需求量极少,很少见到发生缺铜症状的烟株。

⑪ 锌。

锌是烟株体内氧化还原过程中一些酶的激活剂,是色氨酸不可缺少的组成成分。缺锌时,细胞内氧化还原过程发生紊乱,上部叶片变得暗绿肥厚,下部叶片出现大而不规则的枯斑,植株生长缓慢或停止。

⑫ 钼。

钼在烟草体内硝酸态氮的还原同化中起重要作用。烟草对钼的需求量极少。缺钼症状与缺锰症状相似,但坏死斑不明显。

⑬ 氯。

氯对烤烟的影响具有双重性,需严格控制含量范围(0.3%~0.8%)。在生理生化方面,氯作为光合作用系统的氧化剂,促进叶绿素稳定和电子传递,过量时会抑制氮代谢,干扰碳水化合物转化,导致淀粉积累。在生长发育方面,适量氯可增强抗逆酶活性,提高光合效率,促进茎围合叶面积增大,过量时会抑制生长,导致叶片肥厚、叶缘卷曲。在烟叶品质方面,关键问题是影响烟丝燃烧性,含量>1%时易熄火,烟灰板结,含量大于1.5%时完全熄火。适量氯(含量0.3%~0.8%),可改善烟叶水分和物理特性。缺氯时使叶色暗淡,弹性下降,烤后叶片易碎,降低烟叶香气协调性和工业可用性。

⑭ 硼。

硼主要参与烟株体内细胞伸长、细胞分裂和核酸代谢,与碳水化合物和蛋白质的合成密切相关,影响组织分化与细胞分裂素和尼古丁的合成。在烟草体内,硼只能通过木质部向上运输,基本上不能通过韧皮部向下输送,因此,硼基本上不能被再利用,一旦在某一部位沉积,就基本上不能再迁移。所以,缺硼往往发生在烟株新的生长点上。近年来的相关研究表明,增加烟叶硼含量有利于烟叶香吃味的改善。

三、生态适应性评价方法

（一）作物生态适应性评价方法

作物生态适应性评价是指在一定地域内，研究作物生长发育所需要的各生态因子需求与该地域生产中实际可提供的生态条件相互吻合的程度，可提高土地承载力，优化作物种植模式设计和种植结构布局（张静　等，2006；陆洲　等，2012）。主要有以下 7 种方法：

（1）平行对比分析方法：将作物与周围环境条件紧密结合起来，观测分析作物生长发育状况与产量、作物环境条件变化，揭示周围环境因子对作物生长发育和产质量形成的影响。

（2）相似分析方法：分析评价不同地区作物生态适应性相似程度或者不同生态条件下的作物生态适应性，可应用于对某区域各种作物生态适应性的分析评价，也可以应用于某种作物的地区生态适应性分析评价。

（3）聚类分析方法：根据作物的生态条件及周围环境条件分析，选择影响作物生长发育及产质量形成的关键因子并进行观测，获取相应指标（两类指标：一是确定类与类相似度的指标，二是确定类与类距离的指标）；再根据指标间相似程度的统计量来划分类型或者划区，但这种方法不能明确确定影响作物生长发育及产质量形成的主导因子。

（4）综合分析方法：以作物本身的生物学特性及其环境因子等为条件，建立起作物与环境间的定量或者定性关系，分析评价作物的生态适应性。综合分析方法主要包括回归分析法、贝叶斯准则判别分析法和优化分析法。

（5）主观赋权分析法：根据专家对作物本身的生物学特性及其环境因子的主观认识和经验，对各个因素进行权重赋值。通过综合考虑各个因素的重要性，结合自己的判断和主观感觉，给予每个因素一个相对权重。主观赋权分析法主要包括专家评判法和层次分析法。

（6）客观赋权分析法：通过分析作物本身的生物学特性及其环境因子的评价指标之间的相互依赖关系，利用数据和统计的方法来确定权重值。客观赋权分析法主要包括变异系数法、相关系数法、熵值分析法和坎蒂雷赋权分析法。

（7）系统分析法：源于系统科学，全面、系统、综合分析系统各要素，找出解决问题的可行方案。

在作物生态适应性评价方法中，大多数只适合对特定作物在特定地区的生态适应性评价，在实际中，要根据具体生态适应性评价内容和作物类别，采取合适方法。如张静等人根据生态因子的限制原理，在生态因子的稀缺性指数的基础上，提出了作物生态适宜性分析的变动赋权原理和方法，克服了传统主观赋权法的不足，形成了较为系统的作物地域生态适宜性评价分析方法。陆洲等人针对环境适宜程度的量化问题，提出了四基点生态距离计算方法，模拟了限制性因素及一般性因素的区别；在评价结果分级中，提出了二次阈值方法，将生态学意义清晰与不清晰的部分进行分离；提出了作物生态适宜性评价过程的数字化表达方法。

（二）烤烟生态适应性评价方法

2008 年，由国家烟草专卖局组织，在以往研究积累基础上，建立了定量化的烤烟生态适宜性评价指标体系和烤烟品质评价指标体系。该体系采用定量化的烤烟生态适宜性评价指标体系和评价模型，结合烤烟品质评价结果，将我国按烤烟生态适宜性划分为烤烟种植最适宜区、适宜区、次适宜区和不适宜区。

1. 烤烟生态适应性评价指标体系

在烤烟生态适宜性评价中，采取气候适宜性评价指标占 70% 的权重、土壤适宜性评价指标占 30% 的权重，以指数和法评价烤烟的生态适宜性。

（1）植烟土壤适宜性评价指标体系。

植烟土壤适宜性评价指标体系从 3 类 21 项指标中筛选确定了土壤 pH、有机质含量、土壤氯离子含量、土壤质地、有效土层厚度等 5 项指标为土壤适宜性评价指标，各指标权重依次为 0.123 5、0.207 5、0.111 2、0.305 7、0.252 1。按照隶属度函数法对各指标进行赋值，采用指数和法确定土壤适宜性等级的综合指数。

（2）烤烟气候适宜性评价指标体系。

烤烟气候适宜性评价指标体系以候均气温作为确定评价时间区间的基本依据。按照烤烟在大田生长发育过程中对气候条件的要求，研究确定了成熟期气温、旺长期降水量、大田期日照时数、大田生长期可用时间 4 项指标评价烤烟气候适宜性，各指标权重依次为 0.306、0.267、0.152、0.275。运用隶属函数法确定各单项因素的分值。

（3）烤烟品质评价指标体系。

烤烟品质评价指标体系由 4 部分组成：外观质量评价指标体系、物理特性评价指标体系、化学成分评价指标体系和感官质量评价指标体系。

烟叶品质是外观质量、物理特性、化学成分协调性及感官质量的综合反映，4 部分权重依次为 0.06、0.06、0.22、0.66，以指数和法评价烤烟综合品质。

① 外观质量评价指标体系。

外观质量评价指标体系确定了颜色、成熟度、叶片结构、身份、油分、色度 6 项指标作为烤烟外观质量评价指标，各指标权重依次为0.30、0.25、0.15、0.12、0.10、0.08。以《烤烟》（GB 2635—1992）分级标准为基础，建立了烟叶外观质量各指标的量化打分标准，采用指数和法评价烤烟外观质量状况。

② 化学成分评价指标体系。

化学成分评价指标体系确定烟碱、总氮、还原糖、钾、淀粉含量和糖碱比值、氮碱比值、钾氯比值8项指标作为烤烟化学成分协调性的评价指标，各指标权重依次为0.17、0.09、0.14、0.08、0.07、0.25、0.11、0.09。各指标均以公认的最适范围为100分，高于或低于该最适范围依次降低分值，确定了各化学成分的档次及赋值，以指数和法确定化学成分协调性状况。

③ 物理特性评价指标体系。

物理特性评价指标体系以拉力、含梗率、平衡含水率和叶面密度4项指标评价烤烟物理特性，各指标权重依次为0.35、0.35、0.14、0.16，确定了各指标赋值方法，以指数和法计算烤烟物理特性适宜性状况。

④ 感官质量评价指标体系。

烤烟感官质量评价指标为香气质、香气量、刺激性、余味、杂气，各指标权重依次为0.30、0.30、0.08、0.15、0.17。按照《烟草及烟草制品 感官评价方法》（YC/T 138—1998），以9分制对各指标进行赋值量化，以指数和法计算烤烟感官质量总体状况。

2. 全国烤烟植烟生态适应性区划现状

按照气候条件占70%权重、土壤条件占30%权重的因素重要性分配原则，将土壤适宜性评价和气候适宜性评价结果叠加后，结合烟叶品质状况，按不同等级适宜性赋值分别为：不适宜 IAI < 70.0、次适宜 70.0 ≤ IAI < 75.0、适宜 75.0 ≤ IAI < 85.0、最适宜 IAI ≥ 85.0，形成综合的烤烟生态适宜性分区。

本着区域化布局与专业化生产的新一轮区划目标，按照二级分区制的形式，依据生态适宜、差异性和相似性相结合、兼顾效益品质、尊重历史等原则，国家烟草专卖局根据烤烟的生态适宜性对全国烟草种植适宜类型进行了区划，将我国烟草种植区划分为西南烟草种植区、东南烟草种植区、长江中上游烟草种植区、黄淮烟草种植区和北方烟草种植区5个一级烟草种植区；根据一级区内气候、土壤、地形和烟叶质量特征、烟叶生产发展方向等的相对一致性，将5个一级烟草种植区划分为26个二级烟草种植区。

3. 烤烟植烟生态适应性区划展望

烤烟区划研究已覆盖我国各主要产烟区，研究尺度跨越全国、省级、区域、市级以及县级等多个尺度；既有烤烟气候区划和烤烟土壤或地形区划，也有烤烟综合区划等。目前，在全国大区等较大尺度上的烤烟区划效果较好，在指导我国烤烟种植上发挥重要作用；但是在地市和县域烤烟区划已无法满足优质烤烟生产需求。以卷烟工业企业原料采购为例，现在烟叶原料的采购均是以卷烟配方需求为导向，为了降本增效，促进烟草行业高质量发展，要求达到以产烟乡（镇）为单位进行采购调拨的精准采购，而当前的烤烟区划只能达到县域，无法满足卷烟工业企业的需求，因此烤烟区划研究至今仍是卷烟工业企业发展需要解决的重要问题。今后需加强生态因素对烤烟品质的影响研究，提高小尺度上烤烟区划的精细化程度，加强验证区划结果的准确性，实现烤烟的动态区划，从而为烤烟种植和品质筛选提供依据，更有利于挖掘小生态特色，生产质量更优烟叶为卷烟产品所用。

4. 不同生态区烤烟主栽品种生态适应性评价

不同生态区烤烟主栽品种生态适应性评价主要根据烤烟品种抗病性、烟叶品质、产量稳定性及当地生态条件的适应性评价结果，筛选出适宜在该生态区推广种植的主栽品种。

（1）以K326为对照的主栽品种生态适应性评价。K326是20世纪80年代引进我国并大面积推广种植的优良主栽品种，对烟草黑胫病抗性较强，至今已有40多年的种植历史。许多生态区域的主栽品种生态适应性评价都以K326为对照，筛选适宜当地种植的主栽品种，或对新品种进行生态适应性评价，以筛选出新的后备品种。

（2）以云烟87为对照的主栽品种生态适应性评价。云烟87是我国推广面积较大的品种之一，其种植规模居全国第三，是多个省级烟区的主栽品种，产量高、易烘烤。很多生态区在筛选高产易烘烤、烟叶质量好的品种时，常以云烟87为对照进行主栽品种生态适应性评价，筛选适宜当地种植的主栽品种。

（3）以"红大"为参照的品种适应性评价。"红大"是国内自育的特色烤烟品种，其烟叶清甜香风格突出、品质优良，是国内许多卷烟产品高端卷烟配方原料，已种植50余年。在筛选特色品种时，常以此为对照进行主栽品种生态适应性评价，筛选适宜当地种植的清甜香风格的主栽品种。

第二节 NC102品种生态适应性

一、海　拔

在 NC102 品种种植不同海拔区域（1 600～2 200 m），取 NC102 品种烟叶样品，根据对烟叶样品常规化学成分、感官质量和致香物质含量分析，筛选出 NC102 品种种植的适宜海拔区域。

（一）基于烟叶常规化学成分筛选种植海拔

根据云产卷烟品牌一、二类、高三类及其他类卷烟产品配方对烟叶原料的需求，制订出云产卷烟品牌各类别卷烟的烟叶原料常规化学成分指标要求，包括《云南中烟优质烤烟常规化学成分指标要求》（Q/YZY 1—2009）（见表 2-9）和《云烟、红河品牌各类别卷烟烟叶原料的内在化学成分符合度指标要求》。

表2-9　云南中烟优质烤烟常规化学成分指标要求（Q/YZY 1—2009）

烟叶部位	K/%	Cl/%	烟碱/%	总糖/%	还原糖/%	总氮/%	氮碱比	两糖差/%
上部	>1.5		2.6～3.6	24～31	21～26	2.0～2.6	0.6～0.8	≤4
中部	>1.7	0.1～0.6	2.0～3.0	24～33	20～29	1.8～2.4	0.7～1.0	≤5
下部	>1.8		1.5～2.1	28～32	24～28	1.6～2.0	0.9～1.1	≤4

采用隶属度函数模型，计算出云烟、红河品牌各类别卷烟配方所需烟叶原料的各项内在化学成分含量与《云南中烟优质烤烟常规化学成分指标要求》的符合度值，依此制订出《云产卷烟烟叶原料的常规化学成分符合度指标要求》（见表 2-10）。

表2-10 云产卷烟烟叶原料的常规化学成分符合度指标要求

卷烟类别	与云南中烟优质烤烟常规化学成分指标的符合度
一二类卷烟	>90%
高三类卷烟	80%～90%
其他类卷烟	70%～80%

用于计算烟叶 8 项常规化学成分指标的隶属函数模型包括：中间型梯形隶属函数，即式（2-1），用于计算氯、烟碱、总糖、还原糖、总氮、氮碱比 6 个指标的符合度；升梯形隶属函数，即式（2-2），用于计算烟叶钾指标的符合度；降梯形隶属函数，即式（2-3），用于计算两糖差指标的符合度。

$$\mu(x) = \begin{cases} 0, & 0 \leqslant x \leqslant a \\ \dfrac{x-a}{b-a}, & a < x < b \\ 1, & b \leqslant x \leqslant c \\ \dfrac{d-x}{d-c}, & c < x < d \\ 0, & x \geqslant d \end{cases} \qquad (2\text{-}1)$$

$$\mu(x) = \begin{cases} 1, & x \leqslant a \\ \dfrac{b-x}{b-a}, & a < x < b \\ 0, & x > b \end{cases} \qquad (2\text{-}2)$$

$$\mu(x) = \begin{cases} 0, & x \leqslant a \\ \dfrac{x-a}{b-a}, & a < x < b \\ 1, & x \geqslant b \end{cases} \qquad (2\text{-}3)$$

从表 2-11 和表 2-12 可以看出，按照《云产卷烟品牌各类别卷烟烟叶原料的常规化学成分符合度指标要求》，NC102 品种在海拔 1 600 ～ 1 800 m 区域内生产的烟叶符合一、二类卷烟对原料的常规化学成分指标的要求（符合度＞90%）；在海拔 1 800 ～ 2 000 m 区域内生产的烟叶符合高三类卷烟对原料的常规化学成分指标的要求（符合度80% ～ 90%）；在海拔 2 000 ～ 2 200 m 区域内生产的烟叶符合其他类卷烟对原料的常规化学成分指标的要求（符合度70% ～ 80%）。

表2-11　NC102品种在不同海拔区域的烟叶样品常规化学成分分析结果

海拔/m	烟叶等级	总氮/%	烟碱/%	总糖/%	还原糖/%	钾/%	氯/%	氮碱比	两糖差/%
1 600～1 800		2.3	3.2	23.7	21.4	1.6	0.4	0.7	2.3
1 800～2 000	B2F	2.2	3.0	25.6	22.0	1.5	0.3	0.7	3.6
2 000～2 200		2.0	2.8	27.8	24.8	1.7	0.4	0.7	3.0
1 600～1 800		2.2	2.6	23.1	20.2	1.7	0.3	0.8	2.9
1 800～2 000	C3F	2.0	2.2	27.1	24.0	1.5	0.5	0.9	3.1
2 000～2 200		1.9	2.0	28.5	25.2	1.4	0.2	1.0	3.3

表2-12　不同海拔的NC102品种烟叶样品常规化学成分与《云南中烟优质烤烟常规化学成分指标要求》的符合度（%）

海拔/m	烟叶等级	总氮	烟碱	总糖	还原糖	钾	氯	氮碱比	两糖差	平均符合度
1 600～1 800		90.7	96.2	92.6	93.1	94.6	97.1	86.2	94.6	93.1
1 800～2 000	B2F	83.1	85.7	86.2	85.8	87.2	97.9	81.3	85.7	86.6
2 000～2 200		75.4	83.1	83.7	77.2	76.5	81.3	75.2	77.8	78.8
1 600～1 800		92.7	95.4	96.1	94.8	91.5	96.2	89.3	93.8	93.7
1 800～2 000	C3F	83.5	82.4	86.2	84.7	84.4	94.6	86.2	88.4	86.3
2 000～2 200		73.6	83.8	84.7	75.7	76.2	85.4	77.2	75.1	79.0

（二）基于烟叶致香成分含量筛选种植海拔

从表2-13可看出，NC102品种在海拔1 600～1 800 m区域内烟叶香味物质总量最高，在海拔1 800～2 000 m区域内香味物质总量较高，在海拔2 000～2 200 m区域内香味物质总量较低，这说明NC102品种适宜在海拔1 600～2 000 m区域内种植。

表2-13　不同海拔NC102品种烟叶致香成分含量　　　　单位：μg/g

海拔/m	烟叶等级	香味物质总量	去新植二烯	酮类	醇类	醛类	酯类	酚类	呋喃类	氮杂环类
1 600~1 800		1 169.1	720.4	76.4	98.9	30.3	45.0	18.9	19.6	19.3
1 800~2 000	B2F	1 020.4	727.8	64.3	92.2	29.8	24.1	7.7	17.5	21.4
2 000~2 200		754.2	423.0	32.3	48.0	15.4	29.8	11.0	9.4	7.8
1 600~1 800		1 321.1	701.9	86.4	90.9	30.5	45.2	17.7	22.7	18.8
1 800~2 000	C3F	1 200.5	675.9	90.3	86.4	28.6	34.4	12.6	18.7	14.6
2 000~2 200		992.4	670.7	25.6	76.7	29.1	21.8	7.6	17.6	13.7

（三）基于烟叶感官质量筛选种植海拔

采用 GPS 定位技术，在昆明市安宁市八街镇，按照 100 m 的海拔梯度在 1 700～2 200 m 布置 10 个取样点，并于 2012—2013 年在取样点种植规划的主栽品种，试验点的土壤类型均为红壤，坡度和朝向等条件基本保持一致，海拔根据实际情况可以上下浮动 10 m，10 个取样点每年各取 10 个重复样品。对试验田正常生长的烟株进行挂牌标记，严格成熟采收，并在当地烤房按照三段式烘烤工艺进行烘烤调制，烤后烟叶由专职人员按照《烤烟》（GB 2635—1992）采集 C3F 等级样品共计 200 份，每份 2 kg，具体烟叶生产措施均按昆明市优质烟叶生产标准进行。

依据行业和文献方法，测定烟叶物理性状指标（即单叶重、开片度、含梗率、叶片厚度和含水率）、常规化学成分检测指标（即总糖、还原糖、总氮、烟碱、钾和氯）、色素指标（即绿原酸、芸香苷和莨菪亭）、新植二烯等香气物质含量。

1. 海拔对NC102品种烟叶物理指标和化学成分的影响

NC102 品种烟叶物理形状和化学成分含量与种植海拔的相关系数如表 2-14 所示。NC102 品种烟叶开片度与种植海拔呈极显著（$P<0.01$）负相关，这说明烟叶开片度受海拔的影响大。NC102 的总糖与海拔呈显著（$P<0.05$）正相关，总氮、绿原酸和钾与海拔分别呈极显著（$P<0.01$）和显著（$P<0.05$）负相关，这说明海拔对 NC102 品种烟叶总糖、总氮、钾和绿原酸含量有显著影响。

表2-14　NC102烤后烟叶的物理性状和化学成分含量与种植海拔的相关系数

指标	相关系数	指标	相关系数
单叶重	0.455	烟碱	−0.243
开片度	−0.570**	钾	−0.324*
含梗率	0.240	氯	0.326
叶片厚度	−0.268	绿原酸	−0.581**
含水率	0.303	芸香苷	−0.377
总糖	0.441*	莨菪亭	−0.148
还原糖	0.10	新植二烯	0.231
总氮	−0.602**	香气物质总量	0.212

注：*表示在$P<0.05$水平下显著，**表示在$P<0.01$水平下显著，以下相同。

2. 海拔对NC102品种的烟叶多酚含量的影响

不同海拔 NC102 品种烟叶多酚含量差异分析结果如表 2-15 所示。可以看出，NC102 品种的烟叶绿原酸和多酚含量随种植海拔升高而降低。在海拔 1 700 ~ 1 800 m，NC102 品种的烟叶绿原酸、芸香苷、莨菪亭和多酚含量显著高于其他海拔且含量最高。钟庆辉等人的研究结果表明，多酚含量与烟叶等级质量呈正相关，多酚含量越高，烟叶及卷烟品质越好；因此在 1 700 ~ 1 800 m 的海拔下 NC102 品种的烟叶品质最好。

表2-15   不同海拔下NC102品种的烟叶多酚含量差异分析结果　　　　　单位：μg/g

海拔/m	绿原酸	芸香苷	莨菪亭	多酚总量
1 700～1 800	17.19a	16.06a	0.19a	32.44a
1 800～1 900	15.75b	13.54b	0.07b	29.36b
1 900～2 000	14.83b	12.68b	0.08b	27.59c
2 000～2 100	14.16b	13.16b	0.09b	27.42c
2 100～2 200	14.15b	13.22b	0.08b	27.45c

3. 海拔对NC102品种的烟叶致香成分总量的影响

不同海拔下 NC102 品种的烟叶致香成分含量测定结果如表 2-16 所示。可以看出，在海拔 1 600 ～ 1 800 m 区域内，NC102 品种的烟叶香味物质总量最高，在海拔 1 800 ～ 2 000 m 区域内香味物质总量较高，在海拔 2 000 ～ 2 200 m 区域内香味物质总量较低，这说明 NC102 品种适宜在海拔 1 600 ～ 2 000 m 区域内种植。

表2-16   不同海拔下NC102品种的烟叶致香成分含量测定结果　　　　　单位：μg/g

海拔/m	烟叶等级	香味物质总量	新植二烯	酮类	醇类	醛类	酯类	酚类	呋喃类	氮杂环类
1 600～1 800		1169.1	448.7	76.4	98.9	30.3	45.0	18.9	19.6	19.3
1 800～2 000	B2F	1020.4	292.6	64.3	92.2	29.8	24.1	7.7	17.5	21.4
2 000～2 200		754.2	331.2	32.3	48.0	15.4	29.8	11.0	9.4	7.8
1 600～1 800		1321.1	619.2	86.4	90.9	30.5	45.2	17.7	22.7	18.8
1 800～2 000	C3F	1200.5	524.6	90.3	86.4	28.6	34.4	12.6	18.7	14.6
2 000～2 200		992.4	321.7	25.6	76.7	29.1	21.8	7.6	17.6	13.7

4. 海拔对NC102品种的烟叶感官质量及配方可用性的影响

根据云产卷烟品牌一、二类、高三类及其他类卷烟产品配方对烟叶原料的需求，制订出《云烟、红河品牌各类别卷烟的烟叶原料感官质量指标要求》，包括指标的文字描述（见表2-17）和分值要求。

表2-17　云烟、红河品牌各类别卷烟的烟叶原料感官质量指标的文字描述要求

卷烟类别	香气质	香气量	口感	杂气	劲头
一、二类卷烟	细腻、愉悦、甜润、成团性好	香气量足、浓度浓	刺激微有、余味干净舒适	微有	适中
高三类卷烟	较细腻、较愉悦、较甜润、成团性较好	香气量较足、浓度较浓	刺激略有、余味较净较适	略有	中偏强、或中偏弱
其他类卷烟	尚细腻、尚愉悦、尚甜润、成团性尚好	香气量尚足、浓度尚浓	刺激有、余味尚净尚适	有	较强、或较弱

从表2-18和表2-19可看出，按照《云烟、红河品牌各类别卷烟的烟叶原料感官质量指标的分值要求》，NC102品种在海拔1 600～1 800 m区域内生产的烟叶符合一、二类卷烟对原料感官质量指标的要求（评吸总分＞86分）；在海拔1 800～2 000 m区域内生产的烟叶符合高三类卷烟对原料感官质量指标的要求（评吸总分80～86分）；在海拔2 000～2 200 m区域内生产的烟叶符合其他类卷烟对原料感官质量指标的要求（评吸总分70～80分）。在3个海拔范围内，1 600～1 800 m的NC102品种烟叶香气量较足，香气质较好，口感特性较好，杂气较轻。

表2-18　云产卷烟的烟叶原料感官质量指标的分值要求　　　　单位：分

卷烟类别	香气量	香气质	杂气	口感	劲头	评吸总分
一、二类卷烟	>13	>53	>7	>13	<6	>86
高三类卷烟	>12	>50	>6	>12	<7	80～86
其他类卷烟	<12	<50	<6	<12	>7	70～80

表2-19 NC102品种在不同海拔区域的烟叶样品感官质量评价结果　　　　单位：分

海拔/m	烟叶等级	香气量	香气质	口感	杂气	劲头	总分
1 600～1 800		14.2	53.5	13.4	7.4	5.5	88.5
1 800～2 000	B2F	13.3	51.5	12.6	6.3	6.7	83.7
2 000～2 200		11.3	49.7	11.3	5.7	6.8	78.0
1 600～1 800		13.8	53.3	13.0	7.3	5.8	87.4
1 800～2 000	C3F	12.5	53.5	13.0	6.2	6.3	85.2
2 000～2 200		11.6	49.3	12.3	5.6	6.5	78.8

5. 小　结

NC102品种适宜种植在海拔 1 600 ～ 2 000 m 内，而在海拔 1 600 ～ 1 800 m，绿原酸、芸香苷、莨菪亭、多酚、香味物质含量较高，烟叶感官质量最好，烟叶配方可用性最佳。

二、土壤类型

在昆明市种植 NC102 品种的石林、禄劝、安宁、西山、晋宁 5 县（市、区），在 1 800 m 海拔区域的不同类型土壤（红壤、水稻土、紫色土）上，取 NC102 品种烟叶样品 48 个，根据对应烟叶样品的常规化学成分、感官质量和致香物质含量分析，筛选出 NC102 品种种植的适宜土壤类型。

（一）基于烟叶常规化学成分含量筛选种植土壤类型

NC102 品种的不同土壤类型烟叶样品常规化学成分分析结果如表 2-20 所示。从表 2-20 和表 2-21 可看出，NC102 品种在同一海拔区域内，种植在红壤和水稻土上的烟叶常规化学成分含量与云南中烟优质烤烟常规化学成分指标要求的符合度比在紫色土上种植的烟叶高。

表2-20　NC102品种的不同土壤类型烟叶样品常规化学成分分析结果

土壤类型	烟叶等级	总氮/%	烟碱/%	总糖/%	还原糖/%	钾/%	氯/%	氮碱比	两糖差/%
红壤	B2F	2.4	3.3	21.2	20.2	1.0	0.4	0.7	1.0
水稻土		2.6	3.5	23.7	21.9	0.8	0.4	0.7	1.8
紫色土		2.3	3.1	23.2	20.6	1.0	0.6	0.7	2.6
红壤	C3F	2.2	2.6	25.8	22.2	1.0	0.5	0.8	3.6
水稻土		2.4	2.9	27.5	24.3	1.0	0.4	0.8	3.2
紫色土		2.0	2.4	26.8	23.6	1.1	1.0	0.8	3.2

表2-21　NC102品种不同土壤类型烟叶样品与《云南中烟优质烤烟常规化学成分指标要求》的符合度（%）

土壤类型	烟叶等级	总氮	烟碱	总糖	还原糖	钾	氯	氮碱比	两糖差	平均符合度
红壤	B2F	94.2	95.6	94.9	97.1	94.5	96.2	86.9	91.6	93.9
水稻土		90.3	96.6	92.4	93.7	94.4	97.2	86.6	94.8	93.3
紫色土		83.4	85.5	86.7	85.1	87	97.4	81.6	85.8	86.6
红壤	C3F	93.2	97.6	95.4	93.7	91.7	95.6	86.2	94.5	93.5
水稻土		92.1	95.8	96.3	94.5	91.9	96.2	89.5	93.3	93.7
紫色土		83.0	82.3	86.8	84.4	84.6	94.9	86.7	88.5	86.4

（二）基于烟叶致香成分含量筛选种植土壤类型

NC102品种的不同土壤类型烟叶样品的各类致香成分含量如表2-22所示。可以看出，NC102品种在同一海拔区域内，种植在红壤和水稻土上的烟叶香味物质总量比种植在紫色土上的烟叶要高。

表2-22　NC102品种的不同土壤类型烟叶样品的各类致香成分含量　　　　单位：μg/g

土壤类型	烟叶等级	各类致香成分含量								
		香味物质总量	去新植二烯	酮类	醇类	醛类	酯类	酚类	呋喃类	氮杂环类
红壤	B2F	1 493.9	639.6	104.5	84.0	30.6	49.5	40.3	16.4	18.5
水稻土		1 332.2	673.5	99.8	102.2	30.5	38.5	27.0	16.3	23.3
紫色土		1 150.3	798.9	87.5	75.4	26.5	46.9	33.7	19.5	14.6
红壤	C3F	1 523.0	738.8	95.7	90.3	18.1	61.3	7.9	11.4	8.5
水稻土		1 375.1	579.7	88.7	110.7	24.8	50.7	13.7	15.8	16.5
紫色土		1 281.8	777.1	78.6	61.1	21.5	45.1	16.8	17.8	11.7

（三）基于烟叶感官质量筛选种植土壤类型

NC102品种的不同土壤类型烟叶样品感官质量评价结果如表2-23所示。可以看出，NC102品种在同一海拔区域内，种植在红壤和水稻土上的烟叶综合感官评吸质量明显比紫色土上要好。其中，种植于水稻土的NC102品种的烟叶香气量较足；种植于红壤上的NC102品种的烟叶香气质较好，杂气略轻；种植于紫色土的NC102品种的烟叶劲头较适中。

表2-23　NC102品种的不同土壤类型烟叶样品感官质量评价结果　　　　单位：分

土壤类型	烟叶等级	香气量	香气质	口感	杂气	劲头	总分
红壤	B2F	13.5	53.8	14.0	7.7	5.5	89.2
水稻土		14.0	53.3	13.8	7.5	5.8	88.6
紫色土		12.5	51.0	11.5	6.5	6.0	81.5
红壤	C3F	13.3	54.2	13.7	7.5	5.0	88.7
水稻土		13.8	53.8	13.5	7.3	5.8	88.4
紫色土		12.3	50.5	12.2	6.2	6.0	81.2

综上所述，最适宜NC102品种种植的土壤是红壤和水稻土，其次是紫色土。

三、土壤质地

在昆明市种植 NC102 品种的石林、禄劝、安宁、西山、晋宁 5 县（市、区），在 1 800 m 海拔区域的不同土壤质地（砂土、壤土、黏土）上，取 NC102 品种烟叶样品 48 个，根据对应烟叶样品的常规化学成分、感官质量和致香物质含量分析，筛选出适宜种植 NC102 品种的土壤质地。

（一）基于烟叶常规化学成分含量筛选种植土壤质地

NC102 品种的不同土壤质地烟叶样品的常规化学成分分析结果如表 2-24 所示。从表 2-24 和表 2-25 可看出，按照《云产卷烟烟叶原料的常规化学成分符合度指标要求》，NC102 品种在同一海拔区域的砂土、壤土和黏土上生产的烟叶均符合一、二类卷烟对原料内在化学成分指标的要求（符合度 > 90%）。

表2-24　NC102品种的不同土壤质地烟叶样品的常规化学成分分析结果

土壤质地	烟叶等级	总氮/%	烟碱/%	总糖/%	还原糖/%	钾/%	氯/%	氮碱比	两糖差/%
砂土		2.3	3.3	25.1	21.5	1.7	0.5	0.7	3.6
壤土	B2F	2.2	3.2	23.2	20.6	1.6	0.5	0.7	2.6
黏土		2.4	3.5	24.2	21.8	1.5	0.4	0.7	2.4
砂土		2.1	2.5	28.0	24.3	1.8	0.3	0.8	3.7
壤土	C3F	2.0	2.5	26.4	23.2	1.8	0.3	0.8	3.2
黏土		2.2	2.7	26.3	22.6	1.7	0.3	0.8	3.7

表2-25　NC102不同土壤质地烟叶样品与《云南中烟优质烤烟常规化学成分指标要求》的符合度（%）

土壤质地	烟叶等级	总氮	烟碱	总糖	还原糖	钾	氯	氮碱比	两糖差	平均符合度
砂土		94.7	95.1	94.3	97.5	94.0	96.3	86.7	91.3	93.7
壤土	B2F	91.3	96.2	92.6	93.8	94.2	97.8	86.3	94.6	93.4

续表

土壤质地	烟叶等级	总氮	烟碱	总糖	还原糖	钾	氯	氮碱比	两糖差	平均符合度
黏土	B2F	90.7	96.3	92.1	93.3	94.6	97.1	86.7	94.9	93.2
砂土		93.5	97.2	95.9	93.1	91.4	95.3	86.8	94.3	93.4
壤土	C3F	92.4	95.5	96.1	94.7	91.3	96.7	89.2	93.8	93.7
黏土		92.0	95.1	96.6	94.3	91.8	96.3	89.1	93.2	93.6

（二）基于烟叶感官质量筛选种植土壤质地

NC102品种的不同土壤质地烟叶样品的感官质量评价结果如表2-26所示。可以看出，按照《云产卷烟的烟叶原料感官质量指标的分值要求》，NC102品种在同一海拔区域的砂土、壤土和黏土上生产的烟叶均符合一、二类卷烟对原料感官质量指标的要求（评吸总分＞86分）。

表2-26 NC102品种的不同土壤质地烟叶样品的感官质量评价结果　　　　单位：分

土壤质地	烟叶等级	香气量	香气质	口感	杂气	劲头	总分
砂土		14.0	53.2	13.0	7.0	5.5	87.2
壤土	B2F	14.0	53.5	13.0	7.0	5.0	87.5
黏土		14.5	53.0	12.0	6.5	5.5	86.0
砂土		13.9	54.5	13.8	7.3	5.3	89.5
壤土	C3F	13.5	54.6	14.0	7.2	5.0	89.3
黏土		13.7	54.0	12.7	7.0	5.5	87.4

（三）基于烟叶致香成分含量筛选种植土壤质地

NC102品种的不同土壤质地烟叶样品的致香成分含量如表2-27所示。可以看出，NC102品种在同一海拔区域的砂土和壤土上生长的烟叶香味物质总量比黏土高，但差异不明显。

表2-27　NC102品种的不同土壤质地烟叶样品的致香成分含量　　　　单位：μg/g

土壤质地	烟叶等级	香味物质总量	去新植二烯	酮类	醇类	醛类	酯类	酚类	呋喃类	氮杂环类
砂土	B2F	1 361.5	651.4	98.7	91.1	29.7	37.4	14.3	18.3	18.0
壤土		1 452.0	746.5	102.3	84.3	20.3	67.4	24.1	15.2	18.2
黏土		1 280.3	721.5	101.0	94.8	27.3	50.7	26.0	18.1	21.7
砂土	C3F	1 401.8	769.6	149.0	92.9	23.5	57.3	18.0	11.9	15.7
壤土		1 518.6	787.8	189.5	76.5	20.6	57.3	16.7	11.9	12.1
黏土		1 366.2	656.3	164.7	77.0	21.8	47.7	17.5	12.8	18.3

综上所述，NC102品种适宜种植在砂土、壤土和黏土上。

第三节 昆明NC102品种烟叶种植的生态与品质区划

一、品种生态区划

（一）种植区域调查

根据2010—2012年调查结果，"云烟"品牌原料基地昆明种植NC102品种的区域为昆明市石林县板桥、鹿阜，安宁市草铺、禄裱、八街，禄劝县崇德、云龙，晋宁区晋城，西山区厂口等5县（区）9个乡（镇），如表2-28所示。

表2-28 2010—2012年"云烟"品牌原料基地NC102品种种植情况

县（区）	乡（镇）	2010年面积/亩	2011年面积/亩	2012年面积/亩
石林	板桥	13 850	14 200	13 400
	鹿阜	—	—	11 100
安宁	八街	—	14 300	—
	草铺	4 850	—	—
	禄裱	2 100	—	—
西山	厂口	5 040	5 000	—
晋宁	晋城	5 000	—	—
禄劝	崇德	—	—	4 800
	云龙	—	—	3 800

（二）种植区域的地理及气象条件

对NC102品种在"云烟"品牌原料基地内昆明种植的经纬度、海拔等地理信息及近30年的大田期平均降雨量、温度、日照时数等气象资料进行收集整理，如表2-29所示。

表2-29 昆明NC102品种种植区域的地理及气象要素情况

县（区）	乡（镇）	东经经度/（°）	北纬纬度/（°）	海拔/m	大田期均温/℃	大田期降雨量/mm	大田期日照/h
石林	板桥	103.26	24.69	1 660	21.0	636	727
	鹿阜	103.28	24.80	1 652	20.8	548	727
安宁	八街	102.36	24.66	1 950	19.1	504	623
	草铺	102.38	24.43	1 880	19.5	599	577
	禄裱	102.26	24.96	1 850	19.7	567	625
西山	厂口	102.68	25.25	1 930	19.3	676	702
晋宁	晋城	102.75	24.71	1 905	19.4	600	654
禄劝	崇德	102.51	25.50	1 660	20.7	647	694
	云龙	102.43	25.84	2 100	18.5	662	678

（三）种植区域生态区划

根据生态环境因子对烟叶品质的影响分析，筛选出上述"云烟"品牌原料基地昆明NC102品种各个种植区域的经纬度、海拔及大田期均温、降雨量、日照时数作为主要生态因子进行系统聚类分析。结果如图2-1所示。

从图2-1可看出，按距离系数＞10对"云烟"品牌原料基地内NC102品种种植区域（昆明烟区）的主要生态因子进行聚类分析，将"云烟"品牌原料基地的NC102品种种植区域（昆明烟区）以乡（镇）为区划单位划分为3个生态类型区域，在3个生态区域内不再划分亚区（见表2-30）。3个生态类型区分别为：

（1）Ⅰ类生态类型区域，包含石林板桥、石林鹿阜、禄劝崇德3个乡（镇）。

（2）Ⅱ类生态类型区域，包含安宁草铺、安宁八街、安宁禄裱、晋宁晋城、西山厂口5个乡（镇）。

（3）Ⅲ类生态类型区域，包含禄劝云龙1个乡（镇）。

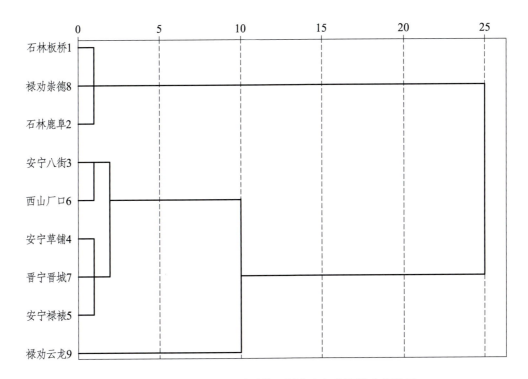

图2-1　昆明NC102品种的种植区域生态条件聚类分析结果

以上3个生态类型区域的经纬度、海拔及大田期均温、降雨量、日照时数等主要生态条件见表2-31。

表2-30　昆明NC102品种种植区域聚类结果

生态类型区	覆盖范围
Ⅰ号生态类型区	石林板桥、石林鹿阜、禄劝崇德
Ⅱ号生态类型区	安宁草铺、安宁八街、安宁禄裱、晋宁晋城、西山厂口
Ⅲ号生态类型区	禄劝云龙

表2-31　昆明NC102品种三个生态类型区域主要生态条件

生态类型区	经纬度		大田期海拔/m	大田期均温/℃	大田期降雨量/mm	大田期日照时数/h
	东经经度/（°）	北纬纬度/（°）				
Ⅰ号生态类型区	102.51～103.28	24.69～25.50	1 652～1 660	20.7～21.0	548～647	694～727
Ⅱ号生态类型区	102.26～102.75	24.43～25.25	1 880～1 950	19.1～19.7	504～676	577～702
Ⅲ号生态类型区	102.43	25.84	2 100	18.5	662	678

二、烟叶品质区划

在对NC102品种种植区域生态类型进行聚类分析的基础上，为达到对不同区域NC102品种烟叶的合理利用，以感官评吸为主，参考外观质量、常规化学成分分析，对NC102品种烟叶的品质区域特征进行分析。在此基础上，对NC102品种烟叶的品质进行区划。

（一）烟叶感官质量特征

2010—2012年，在"云烟"品牌原料基地昆明种植区采集了208个NC102品种烟叶样品（含B2F、C3F各104个），按"云烟"品牌单料烟感官评吸标准进行评吸，根据香气量、香气质、杂气、口感、劲头及评吸总分等6个指标对各生产类型区域中生产的NC102品种烟叶的感官质量特征进行评价。

由表2-32可知，昆明NC102品种烟叶的感官质量有较大的区别。可见，NC102品种烟叶感官质量的地域性特征表现较为明显。因此，我们根据评价结果将"云烟"品牌基地内生产的NC102品种烟叶感官品质划分为3个品质类型区域，现将3个品质类型烟叶的感官质量分类特征描述于表2-33中。

表2-32　昆明市3个生态类型区域NC102品种烟叶的感官质量比较结果　　单位：分

生态类型区域	覆盖范围	香气量		香气质		杂气		口感		劲头		总分
		范围	平均值	范围	平均值	范围	平均值	范围	平均值	范围	平均值	平均值
I 号生态类型区	石林板桥、石林鹿阜、禄劝崇德	13.3～15.1	13.8	55.2～59.5	57.5	7.4～8.3	7.7	13.6～15.4	14.2	5.1～5.7	5.5	93.2
II 号生态类型区	安宁草铺、安宁禄裱、安宁八街、晋宁晋城、西山厂口	12.2～13.6	12.5	51.6～52.7	51.4	5.3～7.2	6.4	12.1～12.8	12.5	6.3～7.1	6.6	82.8
III 号生态类型区	禄劝云龙	10.6～12.3	11.5	45.2～50.3	47.6	4.9～5.5	5.3	10.8～12.2	11.7	7.4～8.3	7.6	76.1

表2-33　昆明市3个品质类型区域NC102品种烟叶的感官质量分类特征描述

品质类型区域	覆盖范围	香气质	香气量	杂气	口感特性
I 号品质类型区	石林板桥、石林鹿阜、禄劝崇德	细腻、愉悦、甜润明显、成团性好	香气量较足、较透发、浓度较浓至浓	微有	刺激微有、余味干净舒适
II 号品质类型区	安宁草铺、安宁禄裱、安宁八街、晋宁晋城、西山厂口	较细腻、较愉悦、甜润较明显、成团性较好	香气量较足、较透发、浓度较浓	略有	刺激略有、余味较净较适
III 号品质类型区	禄劝云龙	尚细腻、尚愉悦、甜润尚明显、成团性尚好	香气量尚足、尚透发、浓度尚浓	有	刺激有、余味尚净尚适

（二）烟叶外观质量特征

对在昆明市9县（区）挂牌采集的104个点的NC102品种烟叶样品，根据《烤烟》（GB 2635—1992）及云南中烟工业有限责任公司美引品种烟叶外观质量测评表的相关标准赋值打分，项目组选择成熟度、叶片结构、油份、色度4个对烟叶外观质量影响较大的指标，按打分值对各个区域挂牌取样的烟叶外观质量进行分析评价，结果见表2-34。

表2-34　昆明3个生态类型区域内NC102品种烟叶的外观质量评价结果　　　　单位：分

生态类型区域	县（区）	乡（镇）	成熟度	叶片结构	油分	色度	外观总分
Ⅰ号生态类型区	石林	板桥	15.9	15.8	19.0	19.0	69.7
		鹿阜	15.9	15.8	19.0	18.9	69.6
	禄劝	崇德	15.8	15.7	18.9	18.8	69.2
	平均分		15.9	15.8	19.0	18.9	69.5
Ⅱ号生态类型区	安宁	禄裱	13.3	13.4	16.2	16.4	59.3
		草铺	13.4	13.3	16.4	16.7	59.8
		八街	13.6	13.3	16.3	16.5	59.7
	西山	厂口	13.2	13.5	16.5	16.4	59.6
	晋宁	晋城	13.3	13.2	16.4	16.6	59.5
	平均分		13.4	13.3	16.4	16.5	59.6
Ⅲ号生态类型区	禄劝	云龙	12.8	12.8	15.4	15.4	56.4
	平均分		12.8	12.8	15.4	15.4	56.4

由表2-34可见，在昆明市的3个种植NC102品种的生态类型区域中，NC102品种烟叶在成熟度、叶片结构、油分、色度等外观质量方面均有明显的差别。因此，项目组根据成熟度、叶片结构、油分、色度4个主要的外观质量指标，将3个生态类型区域的NC102品种烟叶外观质量划分为3个品质类型区域，比较结果如表2-35所示。

表2-35　昆明3个生态类型域区内的NC102品种烟叶外观质量比较结果　　　单位：分

生态类型区域	覆盖范围	成熟度		叶片结构		油分		色度		总分
		范围	平均分	范围	平均分	范围	平均分	范围	平均分	
Ⅰ号生态类型区	石林板桥、石林鹿阜、禄劝崇德	15.8～15.9	15.85	15.7～15.8	15.75	18.9～19.0	18.95	18.8～19.0	18.9	69.5
Ⅱ号生态类型区	安宁草铺、安宁禄裱、安宁八街、晋宁晋城、西山厂口	13.2～13.6	13.40	13.2～13.5	13.35	16.2～16.5	16.35	16.4～16.7	16.55	59.6
Ⅲ号生态类型区	禄劝云龙	12.8	12.80	12.8	12.80	15.4	15.40	15.4	15.40	56.4

由表2-35可知，在3个生态区内，NC102品种烟叶感官质量有明显差别。因此，根据外观质量评价结果，结合生态区分类，将"云烟"品牌基地3个生态区中的NC102品种烟叶外观品质划分为3个品质类型区，以便配方上对NC102品种烟叶的优料优用。现将3个品质类型区域的NC102品种烟叶外观质量分类特征描述见表2-36。

表2-36　昆明3个品质类型区域NC102品种烟叶外观质量分类特征描述

品质类型区域	覆盖范围	成熟度	叶片结构	油分	色度
I号品质类型区	石林板桥、石林鹿阜、禄劝崇德	成熟	疏松	30%多+70%有	20%浓+80%强
II号品质类型区	安宁草铺、安宁禄裱、安宁八街、安宁县街、晋宁晋城、西山厂口	成熟	90%疏松+10%尚疏松	20%多+80%有	10%浓+80%强+10%中
III号品质类型区	禄劝云龙	成熟	70%疏松+30%尚疏松	10%多+80%有+10%稍有	10%浓+70%强+20%中

（三）烟叶常规化学成分特征

在昆明、红河两大生态类型区域及其各生态亚区内，对208个NC102品种烟叶样品的总氮、烟碱、总糖、还原糖、烟叶钾、烟叶氯、氮碱比、糖差等8项内在化学成分指标进行检测分析。昆明3个生态类型区域内NC102品种烟叶常规化学成分比较见表2-37。

表2-37　昆明3个生态类型区域NC102品种烟叶常规化学成分比较结果

生态类型区	县（区）	乡（镇）	总氮/%	烟碱/%	总糖/%	还原糖/%	钾/%	氯/%	氮碱比	两糖差/%
I号生态类型区	石林	板桥	2.1	2.9	23.4	20.1	1.7	0.5	0.7	3.3
	石林	鹿阜	2.2	2.8	23.9	20.6	1.7	0.3	0.8	3.3
	禄劝	崇德	2.0	2.7	24.5	22.7	1.6	0.5	0.7	1.8
	平均值		2.1	2.8	23.9	21.1	1.7	0.4	0.8	2.8

续表

生态类型区	县（区）	乡（镇）	总氮/%	烟碱/%	总糖/%	还原糖/%	钾/%	氯/%	氮碱比	两糖差/%
Ⅱ号生态类型区	安宁	禄裱	2.0	2.4	26.2	24.6	1.9	0.1	0.8	1.6
		草铺	2.3	2.5	25.6	22.0	1.8	0.5	0.9	3.6
		八街	2.2	2.6	26.0	22.0	1.7	0.4	0.8	4.0
	西山	厂口	2.1	2.6	25.4	21.3	1.8	0.3	0.8	4.1
	晋宁	晋城	2.0	2.4	24.5	21.9	1.9	0.3	0.8	2.6
	平均值		2.1	2.5	25.5	22.4	1.8	0.3	0.8	3.2
Ⅲ号生态类型区	禄劝	云龙	2.2	2.2	29.5	27.4	1.7	0.4	1.0	2.1
	平均值		2.2	2.2	29.5	27.4	1.7	0.4	1.0	2.1

由表 2-37 可知，3 个生态区的 NC102 品种烟叶常规化学成分有明显差异。为进一步对 3 个生态类型区内的烟叶品质进行分析，更科学地表征各个生态区域的烟叶常规化学成分特征，以云南中烟工业有限责任公司企业标准《优质烤烟常规化学成分指标要求》（Q/YZY 1—2009）为依据，对各个区域的烟叶常规化学成分与标准的符合度进行分析评价，评价结果见表 2-38。

表2-38 昆明3个生态类型区域NC102品种烟叶常规化学成分与优质烟叶标准的符合度比较结果（%）

生态类型区	县（区）	乡（镇）	总氮	烟碱	总糖	还原糖	氯	钾	氮碱比	两糖差
Ⅰ号生态类型区	石林	板桥	98.12	94.65	93.87	94.43	93.48	95.29	92.86	91.27
		鹿阜	98.21	94.32	93.54	94.14	93.35	95.36	92.68	91.44
	禄劝	崇德	97.32	95.08	92.76	94.73	97.54	94.73	93.86	90.16
	平均值		97.9	94.7	93.4	94.4	94.8	95.1	93.1	91.0

续表

生态类型区	县（区）	乡（镇）	总氮	烟碱	总糖	还原糖	氯	钾	氮碱比	两糖差
Ⅱ号生态类型区	安宁	禄裱	97.41	92.53	94.22	94.57	92.77	95.49	91.75	94.39
		草铺	94.31	91.34	91.45	96.43	94.25	94.43	94.08	91.25
		八街	94.28	91.46	91.52	96.54	94.33	94.56	94.20	91.17
	西山	厂口	92.47	91.62	93.34	96.47	93.75	93.38	96.72	91.77
	晋宁	晋城	92.45	91.76	93.24	96.53	93.73	93.29	96.84	91.94
	平均值		94.2	91.7	92.8	96.1	93.8	94.2	94.7	92.1
Ⅲ号生态类型区	禄劝	云龙	92.38	91.65	92.28	93.46	93.67	92.31	92.76	91.88
	平均值		92.4	91.7	92.3	93.5	93.7	92.3	92.8	91.9

由表2-37和表2-38可知，昆明3个生态类型区的NC102品种烟叶常规化学成分指标的平均含量有明显差异。其中Ⅰ号生态类型区的烟叶总糖和烟碱平均含量分别为23.9%和2.8%，属于低糖、高碱区；Ⅱ号生态类型区的烟叶总糖和烟碱平均含量分别为25.3%和2.5%，属于中糖、中碱区；Ⅲ号生态类型区的烟叶总糖和烟碱平均含量分别为29.5%和2.2%，属于高糖、低碱区。而且3个生态类型区烟叶8项内在化学成分指标与云南中烟工业有限责任公司标准的平均符合度分别为94.3%、93.7%和92.6%，也有一定的差别。因此，项目组按照昆明3个生态类型区内生产的NC102品种烟叶常规化学成分，将其划分为3个品质类型区域，以便配方上对NC102品种烟叶优料优用。NC102品种在昆明的3个品质类型区的烟叶常规化学成分分类特征如表2-39所示。

表2-39 昆明3个品质类型区域NC102品种烟叶内在化学成分分类特征

品质类型区域	总氮	烟碱	总糖	还原糖	烟叶钾	烟叶氯	氮碱比	两糖差
石林板桥、石林鹿阜、禄劝崇德	适中	较高	较低	较低	中等	较低	适中	适中
安宁草铺、安宁禄裱、安宁八街、晋宁晋城、西山厂口	适中	适中	适中	适中	较高	较低	适中	适中
禄劝云龙	适中	偏低	偏高	偏高	中等	较低	适中	适中

三、种植区的生态及烟叶品质特征综合评价

综合昆明3个生态区内的NC102品种的烟叶感官质量、外观质量及其常规化学成分主要特征，将昆明烟区内的NC102品种烟叶划分为3个品质类型区。其区划结果如表2-40所示。

表2-40 "云烟"品牌昆明原料基地NC102品种烟叶品质类型区划结果

品质类型区域	覆盖区域
Ⅰ号品质类型区	石林板桥、石林鹿阜、禄劝崇德
Ⅱ号品质类型区	安宁草铺、安宁八街、安宁禄裱、晋宁晋城、西山厂口
Ⅲ号品质类型区	禄劝云龙

1. Ⅰ类生态品质区域

该区域包含石林板桥、石林鹿阜、禄劝崇德烟区。该区域主要分布在1 652 ~ 1 660 m海拔范围内，烤烟大田期均温为20.7 ~ 21.0℃，大田期降雨为548 ~ 647 mm，大田期日照时数为694 ~ 727 h。该区域温度高、雨量较充沛、日照时数长，气候条件完全满足NC102品种烟叶的生长需要。土壤多为红壤、水稻土。整个区域内田烟、地烟均有种植，NC102品种种植面积为30 000亩左右。从气候和土壤条件来看，该区域为NC102品种种植的最适宜区。该区域NC102品种烟叶感官评吸总平均分为93.2，外观质量总平均分为69.5。该区域NC102品种烟叶感官评吸质量好，外观质量好，内在化学成分协调。综合考虑气候、土壤和烟叶品质，项目组认为该区域属于种植NC102品种的最适宜区。

2. Ⅱ类生态品质区域

该区域包含安宁草铺、安宁八街、安宁禄裱、晋宁晋城、西山厂口烟区。该区域主要分布在1 850 ～ 1 950 m海拔范围内，烤烟大田期均温为19.1 ～ 19.7℃，大田期降雨为504 ～ 676 mm，大田期日照时数为577 ～ 702 h。该区域温度较高、雨量较充沛、日照时数较长，气候条件满足NC102品种烟叶生长需要。土壤多为红壤、水稻土、紫色土。整个区域内田烟、地烟均有种植，NC102品种种植面积为19 000亩左右。从气候和土壤条件来看，该区域大多数属于种植NC102品种的适宜区。该区域感官评吸总平均分为82.8，外观质量总平均值分为59.6。该区域NC102品种烟叶感官评吸质量较好，外观质量较好，内在化学成分较协调。综合考虑气候、土壤和烟叶品质因素，项目组认为该区域属于种植NC102品种的适宜区。

3. Ⅲ类生态品质区域

该区域包含禄劝云龙烟区。该区域主要分布在2 100 m海拔地区，烤烟大田期均温为18.5℃，大田期降雨为662 mm，大田期日照时数为678 h。该区域温度偏低、雨量充沛、日照时数较长，气候条件基本满足NC102品种烟叶的生长需要，但该区域海拔较高，热量条件不足，需要在种植布局上进行适当调整。区域内土壤多为红壤。整个区域内以地烟为主，NC102品种种植面积为10 000亩左右。从气候和土壤条件来看，该区域多数属于NC102品种种植的次适宜区。该区域感官评吸总平均分为76.1，外观质量总平均分为56.4。该区域NC102品种烟叶感官评吸质量稍差，外观质量稍差，内在化学成分基本协调。综合考虑气候、土壤和烟叶品质因素，项目组认为该区域属于种植NC102品种的次适宜区。

综上所述，在系统分析NC102品种种植区的生态环境及相应的烟叶品质的基础上，项目组以海拔和大田期温度作为判断NC102品种种植生态环境适宜性的主要标准，同时根据烟叶品质，划分出了昆明NC102品种种植的最适宜区、适宜区和次适宜区。综合评价结果如表2-41所示。

表2-41 "云烟"品牌昆明原料基地NC102品种种植综合评价

生态区域	海拔/m	大田期温度/℃	分布区域	烟叶用途
最适宜区	1 652～1 660	20.7～21.0	石林板桥、石林鹿阜、禄劝崇德	高档高端卷烟
适宜区	1 850～1 950	19.1～19.7	安宁禄裱、安宁草铺、安宁八街、晋宁晋城、西山厂口	中高档卷烟
次适宜区	2 100	18.5	禄劝云龙	中档卷烟

第四节　云产卷烟省内原料基地NC102品种种植区划

云产卷烟省内原料基地涵盖昆明、玉溪、曲靖、红河、楚雄、大理、保山、普洱、文山、临沧、昭通、德宏 12 市（州）、92 个县（区）、771 个植烟乡（镇），植烟面积达 723 万亩，从南到北烟区跨度 555 km，纬度跨度 22.5°～27.5°N，海拔高程跨度 560 m（临沧市耿马县勐简乡）～2 470 m（曲靖市会泽县火红乡），大田期温度差距达 6℃左右，大田期降雨量差距达 602 mm，大田期均温差距达 6.12℃，大田期日照时数差距达 225 h。

一、种植区划要素

（一）纬度和海拔特征

云产卷烟省内原料基地涵盖全省 12 个主要植烟市（州）的 92 个县 771 个植烟乡（镇），纬度跨度为 22.5°～27.5°N，植烟总面积达 723 万亩，其中主要植烟区域分布在 23°～26°N 的纬度范围内（涵盖的地州范围从文山南部至曲靖北部），植烟面积为 639 万亩，占云南省总植烟面积的 88.45%；乡（镇）数为 661 个，占云南省总植烟乡（镇）数的 85.73%。云产卷烟原料基地（云南）在不同纬度区域的覆盖面积如图 2-2 所示。

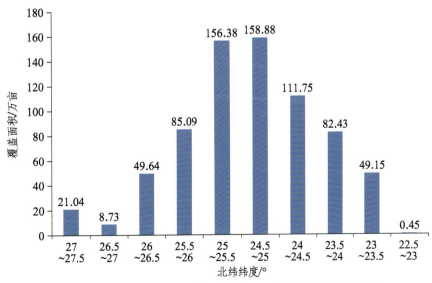

图2-2　云产卷烟原料基地（云南）在不同纬度区域的覆盖面积

云产卷烟原料基地（云南）在不同纬度区域的植烟乡（镇）数量如图2-3所示。

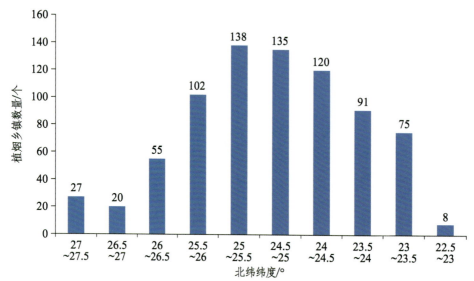

图2-3　云产卷烟原料基地（云南）在不同纬度区域的植烟乡（镇）数量

云产卷烟原料基地（云南）植烟乡（镇）不同纬度分布图如图2-4所示。海拔跨度为560 ~ 2 470 m，其中主要植烟区域分布在海拔1 400 m以上的区域内，植烟面积为621万亩，占云南省总植烟面积的85 %；乡（镇）数为616个，占云南省总植烟乡（镇）数的80%。

云南中烟省内原料基地的植烟区域呈现出北部高纬度烟区海拔较高，南部低纬度烟区海拔较低，中部烟区高、中、低海拔区域交叉分布的烟区地理分布格局。

（二）不同纬度和海拔的植烟土壤特征

1. 土壤pH

由图2-4可知，在云产卷烟原料基地的纬度和海拔范围内，22.5° ~ 27.5°N的土壤pH均适合种植烤烟，土壤pH随着纬度的逐渐降低而有逐渐降低的趋势，尤其在22.5° ~ 23.5°N区域的土壤pH降低更为明显。

由图2-5可知，在云产卷烟原料基地的纬度和海拔范围内，土壤pH随着海拔的逐渐降低而呈现明显降低的趋势。

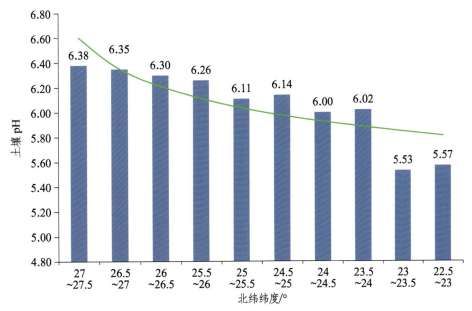

图2-4 不同纬度区域的土壤pH变化情况

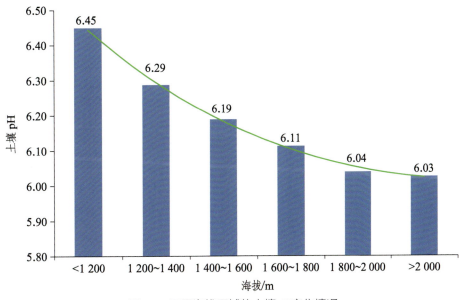

图2-5 不同海拔区域的土壤pH变化情况

2. 土壤有机质

由图 2-6 和图 2-7 可知，在云产卷烟原料基地的纬度和海拔范围内，土壤有机质含量随着纬度的降低呈逐渐降低的趋势，随着海拔的升高而逐渐增加。

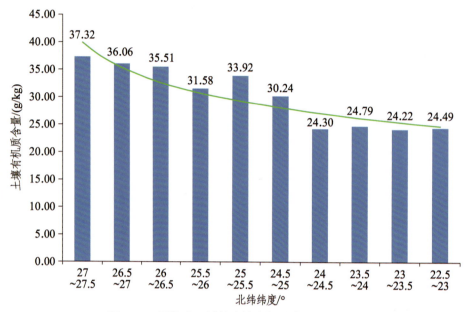

图2-6　不同纬度区域的土壤有机质含量变化情况

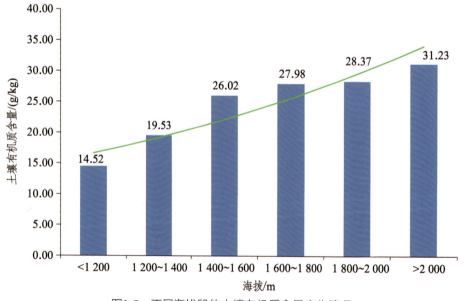

图2-7　不同海拔段的土壤有机质含量变化情况

3. 土壤速效氮

由图 2-8 和图 2-9 可知，在云产卷烟原料基地的纬度和海拔范围内，土壤速效氮随着纬度的降低呈现逐渐降低的趋势，随着海拔的升高呈现逐渐增加。

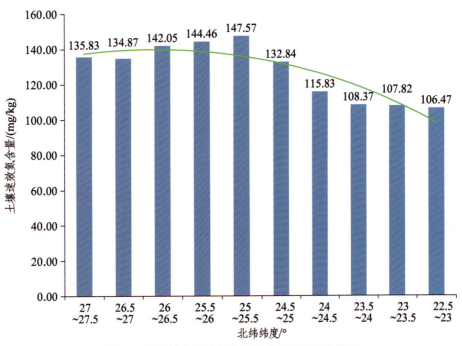

图2-8　不同纬度区域的土壤速效氮含量变化情况

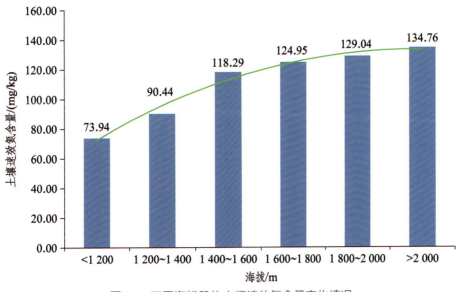

图2-9　不同海拔段的土壤速效氮含量变化情况

4. 土壤速效磷

由图 2-10 和图 2-11 可知，在云产卷烟原料基地的纬度和海拔范围内，土壤速效磷含量呈现中纬烟区高、低纬和高纬烟区低的分布特征，随着海拔的升高，土壤速效磷含量有逐渐增加的趋势。

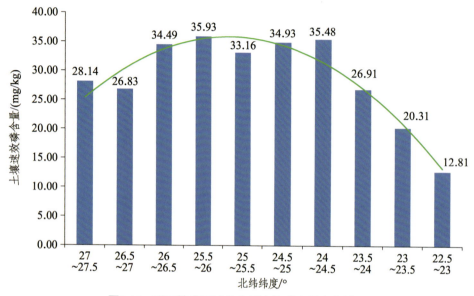

图2-10　不同纬度区域的土壤速效磷含量变化情况

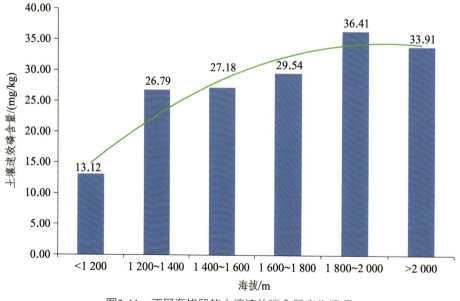

图2-11　不同海拔段的土壤速效磷含量变化情况

5. 速效钾

由图 2-12 和图 2-13 可知，在云产卷烟原料基地的纬度和海拔范围内，土壤速效钾含量随着纬度的降低呈现逐渐降低的趋势，不同海拔段内土壤速效钾含量的变化趋势不明显。

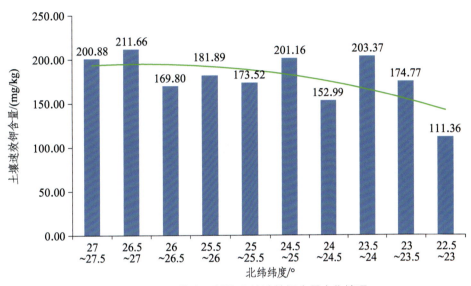

图2-12　不同纬度区域的土壤速效钾含量变化情况

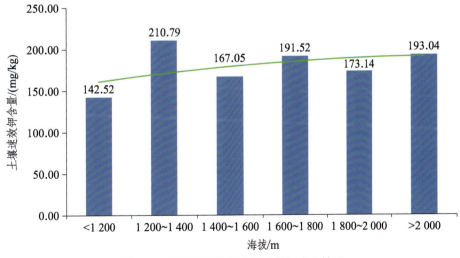

图2-13　不同海拔段的土壤速效钾变化情况

6. 土壤氯离子

由图2-14和图2-15可知，在云产卷烟原料基地的纬度和海拔范围内，随着纬度的降低，土壤氯离子含量有逐渐降低的趋势；随着海拔的升高，土壤氯离子含量有逐渐增加的趋势。

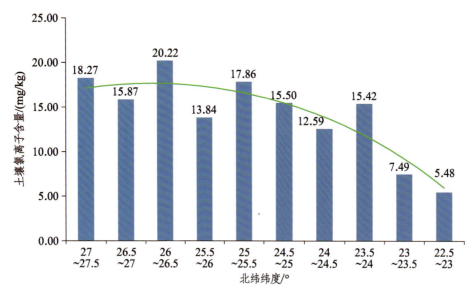

图2-14　不同纬度区域的土壤氯离子含量变化情况

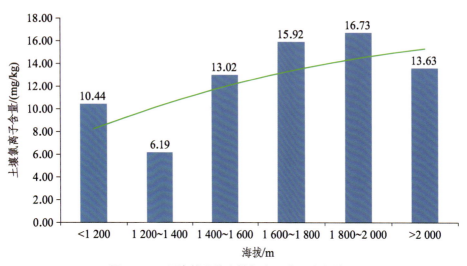

图2-15　不同海拔段的土壤氯离子含量变化情况

7. 小　结

综上所述，随着纬度及海拔的变化，土壤中的pH及有机质、速效氮、速效磷、速效钾、氯离子含量均呈现出一定规律的变化。这些变化规律，对依据纬度、海拔进行烟区的生态区划和制定相应的烟叶生产技术措施，均有十分重要的指导作用。

（三）烟叶质量水平

1. 烟叶烟碱含量

由图 2-16 和图 2-17 可知，在云产卷烟原料基地的纬度和海拔范围内，随着纬度的降低，烟叶烟碱含量有逐渐升高的趋势；随着海拔的升高，烟叶烟碱含量有逐渐降低的趋势。

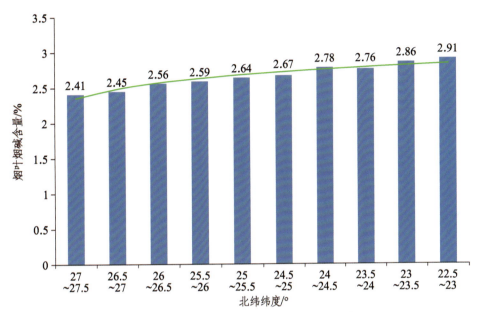

图2-16　不同纬度区域的烟叶烟碱含量变化情况

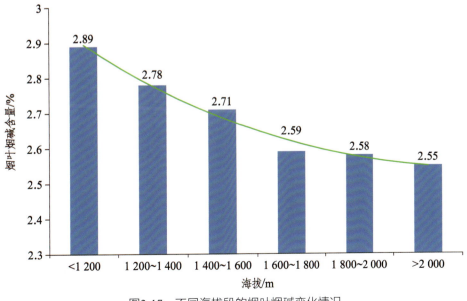

图2-17　不同海拔段的烟叶烟碱变化情况

2. 烟叶总糖含量

由图 2-18 和图 2-19 可知，在云产卷烟原料基地的纬度和海拔范围内，随着纬度的降低，烟叶总糖含量呈现逐渐下降的趋势，低纬度区域烟叶总糖含量较低；随着海拔的升高，烟叶总糖含量呈现出逐渐增加的趋势。

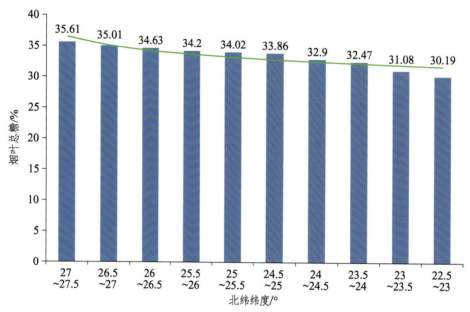

图2-18 不同纬度区域的烟叶总糖含量变化情况

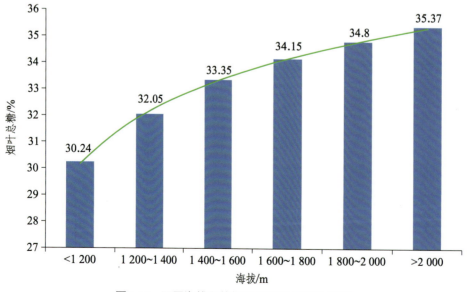

图2-19 不同海拔段的烟叶总糖含量变化情况

3. 烟叶还原糖含量

由图 2-20 和图 2-21 可知，在云产卷烟原料基地的纬度和海拔范围内，随着纬度的降低烟叶还原糖含量呈现出逐渐降低的趋势，随着海拔的升高烟叶还原糖含量呈现逐渐上升的趋势。

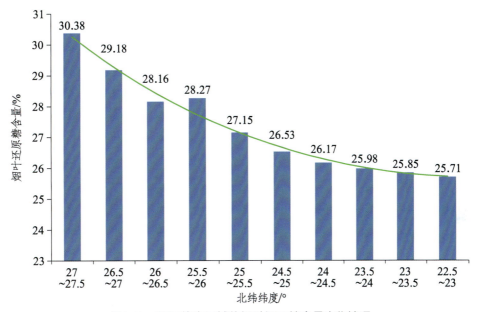

图2-20　不同纬度区域的烟叶还原糖含量变化情况

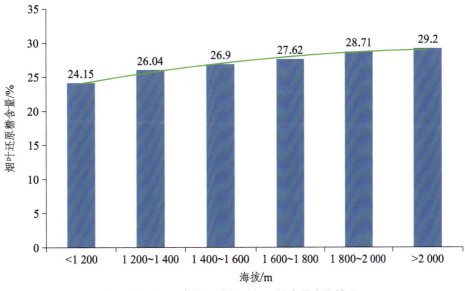

图2-21　不同海拔段的烟叶还原糖含量变化情况

4. 烟叶钾含量

由图 2-22 和图 2-23 可知，在云产卷烟原料基地的纬度和海拔范围内，随着纬度的降低，烟叶钾含量呈现出逐渐增加的趋势；随着海拔的升高，烟叶钾含量呈现逐渐下降的趋势。

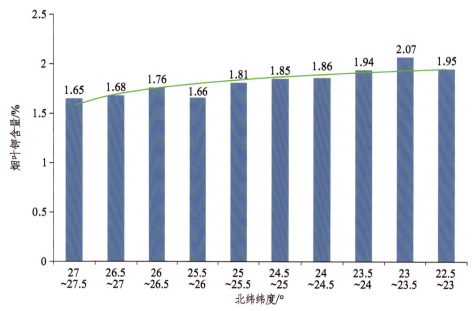

图2-22　不同纬度区域的烟叶钾含量变化情况

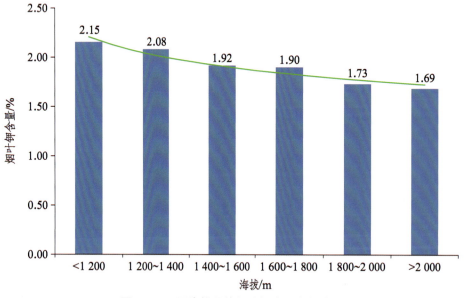

图2-23　不同海拔段的烟叶钾含量变化情况

5. 烟叶氯含量

由图 2-24 和图 2-25 可知，在云产卷烟原料基地的纬度和海拔范围内，烟叶氯含量在各个纬度区域具有一定差异，在 25.5° ~ 26°N 纬度区域内的烟叶氯含量最高（0.35 mg/kg），在 22.5° ~ 23°N 纬度区域内的烟叶氯含量最低（0.16 mg/kg）；随着海拔的升高，烟叶氯含量呈现逐渐增加的趋势。

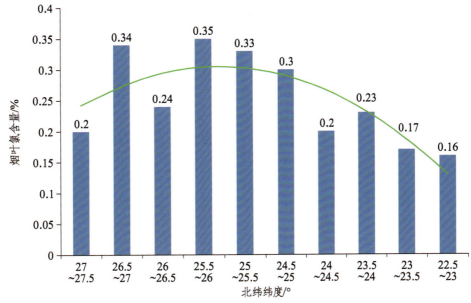

图2-24　不同纬度区域的烟叶氯含量变化情况

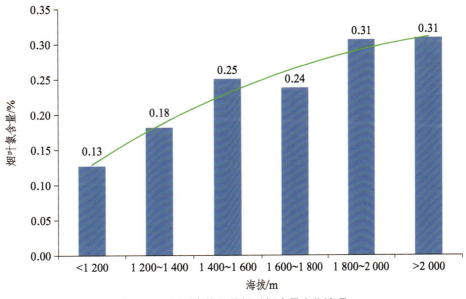

图2-25　不同海拔段的烟叶氯含量变化情况

6. 石油醚提取物

由图 2-26 和图 2-27 可知，在云产卷烟原料基地的纬度和海拔范围内，烟叶石油醚提取物含量随着纬度的降低呈现逐渐上升趋势，随着海拔的升高呈现逐渐降低趋势。

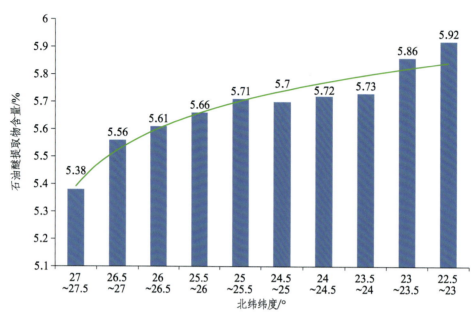

图2-26 不同纬度区域的烟叶石油醚提取物含量变化情况

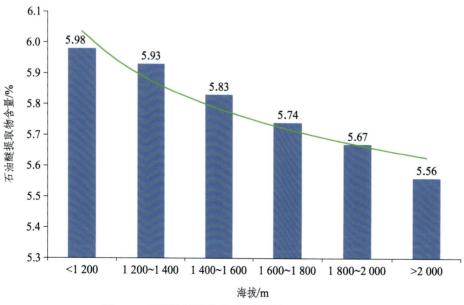

图2-27 不同海拔段的烟叶石油醚提取物变化情况

二、种植生态类型区划的要素和生态类型

（一）纬度与海拔分布特征

由表2-42可知，在云南中烟原料基地内，烟区的10个纬度区域（每0.5°纬度为1个纬度区域）和6个海拔区域（每200 m为1个海拔区域）在横向和纵向二维空间上形成了60个交叉网格区域，这60个网格区域也可看成是云南中烟原料基地在纬度与海拔二维空间上交汇形成的60个基本的生态单元。

表2-42　纬度与海拔二维空间上的植烟面积分布比例（%）

北纬纬度/（°）	海拔范围/m					
	1 000～1 200	1 200～1 400	1 400～1 600	1 600～1 800	1 800～2 000	2 000～2 200
27～27.5	0.07	—	0.25	0.21	1.78	0.57
26.5～27	0.22	—	—	0.11	0.38	0.48
26～26.5	—	0.18	0.20	0.48	3.25	2.72
25.5～26	0.04	0.10	0.47	1.48	5.53	4.08
25～25.5	—	0.58	1.38	5.91	10.35	3.28
24.5～25	1.85	0.99	4.69	3.21	7.80	3.31
24～24.5	2.48	1.44	3.06	4.25	3.40	0.68
23.5～24	1.53	1.67	4.88	2.28	0.82	0.16
23～23.5	1.23	1.19	1.25	2.23	0.57	0.28
22.5～23	0.22	0.15	0.07	0.19	—	—

在云南中烟原料基地内，纬度与海拔的跨度均较大，对这两个生态要素中的任一个进行单独分析都不能全面揭示生态环境对烟叶品质的影响规律。因此，必须将原料基地内10个纬度区域和6个海拔区域交叉形成的60个网格区域进行综合分析，才能弄清这60个生态单元内的生态条件、主栽品种的烟叶品质及其工业可用性等。

云南中烟原料基地88.15%的植烟区域分布在上述60个网格区域内的35个网格中，其分布范围涵盖23°～26.5°N、海拔1 200～2 200 m的整个植烟区域，该区域的最南端为普洱市宁洱县，最北端为曲靖市会泽县；最东端为文山州广南县，最西端为德宏州盈江县。

（二）气象要素特征

1. 烤烟大田期降雨

（1）从同一海拔的不同纬度来看，随着纬度的降低，烤烟大田期降雨量呈逐渐增加的趋势；从同一纬度的不同海拔来看，随着海拔的升高或降低，烤烟大田期降雨量的变化趋势不明显，说明在云南烟区降雨受纬度的影响比海拔大。

（2）不同纬度与海拔二维空间上烤烟大田期的降雨量变化情况如表2-43所示。在60个网格区域中，存在一条较为明显的"雨量分界线"，这条分界线以降雨量700 mm为界线，可将这60个网格区域划分为两部分。分界线以下的网格区域降雨量大于700 mm，分界线以上的网格区域降雨量小于700 mm。从行政区划范围来看，烤烟大田期降雨量大于700 mm的区域主要涵盖了云南省中低纬度的中低海拔烟区，主要包括红河、文山、德宏、普洱、临沧、保山、大理、楚雄、玉溪、昆明这10个市（州）的纬度22.5°～25.5°N且海拔1 000～1 800 m的植烟区域；烤烟大田期降雨量小于700 mm的区域，主要涵盖了云南省的中高纬度的中高海拔烟区，主要包括红河、文山、普洱、临沧、保山、大理、楚雄、玉溪、昆明、曲靖、昭通这11个市（州）纬度25.5°～27.5°N且海拔1 400～2 200 m的植烟区域。

表2-43 不同纬度与海拔二维空间上烤烟大田期的降雨量变化情况　　　　　单位：mm

北纬纬度/（°）	海拔范围/m					
	1 000～1 200	1 200～1 400	1 400～1 600	1 600～1 800	1 800～2 000	2 000～2 200
27～27.5	568	—	555	569	539	540
26.5～27	533	—	—	525	565	560
26～26.5	—	615	577	613	590	573
25.5～26	539	558	535	580	575	587
25～25.5	—	734	664	617	631	590
24.5～25	859	801	703	656	635	628
24～24.5	880	713	714	652	646	607
23.5～24	741	649	667	680	700	632
23～23.5	825	825	774	779	805	680
22.5～23	1010	983	983	916	—	—

2. 烤烟大田期均温

纬度与海拔二维空间上烤烟大田期的均温变化情况如表2-44所示。

（1）从同一纬度的不同海拔方向上看，随着海拔的升高，烤烟大田期均温呈逐渐降低的趋势；从同一海拔不同纬度方向上看，烤烟大田期均温的变化趋势不明显。这说明在云南中烟原料基地内，烤烟大田期均温受海拔的影响程度要高于纬度。

（2）在表2-44的60个网格区域中，存在一条较为明显的"温度分界线"，这条分界线将这60个网格区域划分为两部分，分界线左边的网格区域烤烟大田期均温在20℃以上，分界线右边的网格区域烤烟大田期均温在20℃以下。从行政区域来看：烤烟大田期均温大于20℃的区域主要位于云南省的中低海拔烟区，主要涵盖范围包括文山、红河、德宏、临沧、保山、大理、楚雄、玉溪、昆明、曲靖各市（州）海拔低于1 800 m的植烟区域，以及昭通市海拔低于1 600 m的植烟区域；烤烟大田期均温小于20℃的区域主要位于云南省的中高海拔烟区，主要涵盖范围包括文山、红河、德宏、临沧、保山、大理、楚雄、玉溪、昆明、曲靖这10个市（州）海拔高于1 800 m的植烟区域，以及昭通市海拔高于1 600 m的植烟区域。

表2-44　纬度与海拔二维空间上烤烟大田期的均温变化情况　　　　　　　单位：℃

北纬纬度/（°）	海拔范围/m					
	1 000～1 200	1 200～1 400	1 400～1 600	1 600～1 800	1 800～2 000	2 000～2 200
27～27.5	22.0	—	20.5	18.9	18.4	17.4
26.5～27	25.5	—	—	20.7	19.7	17.9
26～26.5	—	23.8	22.6	20.8	19.8	18.5
25.5～26	25.5	23.4	22.4	20.7	19.8	18.6
25～25.5	—	22.1	21.5	20.7	19.6	18.7
24.5～25	23.5	22.2	21.3	20.3	19.4	18.5
24～24.5	23.8	22.5	21.5	20.7	19.7	18.5
23.5～24	24.3	22.7	21.8	20.6	19.7	18.6
23～23.5	23.6	22.5	21.3	20.7	19.6	18.8
22.5～23	23.3	22.3	21.2	20.0	—	—

3. 烤烟大田期日照

纬度与海拔二维空间上烤烟大田期的日照时数如表2-45所示。

（1）由表2-45所知，从不同纬度及不同海拔方向上看，日照时数的变化规律不明显。

（2）在表2-45的60个网格区域中，存在两条明显的"日照分界线"，将这60个网格区域划分为3部分，深色网格区域烤烟大田期日照时数均在600 h以下，其余的网格区域烤烟大田期日照时数均在600 h以上。

从行政区域来看，烤烟大田期日照时数大于600 h的区域主要涵盖范围包括德宏州的全部植烟区域；文山州、大理州、楚雄州及保山市海拔低于1 800 m的植烟区域；红河州、临沧市、玉溪市海拔低于2 000 m的植烟区域；普洱市海拔低于2 200 m的植烟区域；曲靖市南部海拔低于1 600 m的植烟区域及昭通市全部植烟区域。

表2-45　纬度与海拔二维空间上烤烟大田期的日照时数　　　　　　　　单位：h

北纬纬度/（°）	海拔范围（m）					
	1 000~1 200	1 200~1 400	1 400~1 600	1 600~1 800	1 800~2 000	2 000~2 200
27~27.5	543	—	588	564	590	586
26.5~27	652	—	—	658	627	617
26~26.5	—	682	707	624	618	612
25.5~26	714	663	657	631	633	617
25~25.5	—	580	591	613	610	627
24.5~25	546	551	580	586	592	609
24~24.5	551	581	590	594	600	618
23.5~24	592	602	609	609	599	630
23~23.5	574	580	606	593	585	598
22.5~23	560	564	558	613	—	—

（三）生态类型区划

利用GIS空间叠加方法，将每个网格区域内烤烟大田期的主要气象因子（温度、雨量）与纬度、海拔等地理因子进行叠加，通过叠加分割将云南中烟原料基地划分为4个较大的生态类型区域，如表2-46所示。

云南中烟省内原料基地不同生态区域的范围及气候特点见表2-47。

（1）生态类型Ⅰ区。该区涵盖北纬25.5°～27.5°、海拔1 000～1 800 m区域；该区域的气象特点为烤烟大田期均温大于20℃（平均22.54℃）、降雨量小于700 mm（平均为564 mm）、日照时数600～700 h（平均640.25 h）。该区域属于云南中烟省内原料基地的高纬、中低海拔、中温、少雨、长日照区域。

（2）生态类型Ⅱ区。该区涵盖北纬22.5°～25.5°、海拔1 000～1 800 m区域；该区域的气象特点为烤烟大田期均温大于20℃（平均21.93℃）、降雨量大于700 mm（平均775 mm）、日照时数小于600 h（平均为583.61 h）。该区域属于云南中烟省内原料基地的中低纬、中低海拔、高温、多雨、中日照区域，46.74%的云产卷烟原料植烟区域分布在生态类型Ⅱ区内，位于22.5°～25.5°N，属于云南中烟原料基地的中低纬、中低海拔、高温、多雨、中日照区域，涵盖德宏、红河、文山、临沧、普洱、玉溪、保山、昆明、曲靖各市（州）海拔1 000～1 800 m的植烟区域。

表2-46　烤烟大田期降雨、均温与纬度、海拔叠加的网格区域分布

北纬纬度 / (°)	气象因子	海拔范围/m					
		1 000～1 200	1 200～1 400	1 400～1 600	1 600～1 800	1 800～2 000	2 000～2 200
27～27.5	均温	Ⅰ区 大田期均温大于20℃、大田期降雨量小于700 mm				Ⅲ区 大田期均温小于20℃ 大田期降雨量小于700 mm	
	降雨						
26.5～27	均温						
	降雨						
26～26.5	均温						
	降雨						
25.5～26	均温						
	降雨						

北纬纬度 /（°）	气象因子	海拔范围/m					
		1 000～1 200	1 200～1 400	1 400～1 600	1 600～1 800	1 800～2 000	2 000～2 200
25～25.5	均温	Ⅱ区 大田期均温大于20℃、 大田期降雨量大于700 mm				Ⅲ区 大田期均温小于20℃ 大田期降雨量小于700 mm	
	降雨						
24.5～25	均温						
	降雨						
24～24.5	均温						
	降雨						
23.5～24	均温					Ⅳ区 大田期均温小于20℃ 大田期降雨量大于700 mm	
	降雨						
23～23.5	均温						
	降雨						
22.5～23	均温						
	降雨						

（3）生态类型Ⅲ区。该区涵盖北纬24.0°～27.5°、海拔1 800～2 200 m区域，该区域的气象特点为烤烟大田期均温小于20℃（平均18.89℃）、降雨量小于700 mm（平均为590 mm）、日照时数600～700 h（平均为611.14 h）。该区域属于云南中烟省内原料基地的中高纬、高海拔、低温、少雨、长日照区域，有47.61%的植烟区域分布在生态类型Ⅲ区内，位于24.0°～27.5°N，属于云南中烟省内原料基地的中高纬、高海拔、低温、少雨、长日照区域，涵盖大理、楚雄、保山、昆明、曲靖、昭通各市（州）海拔1 800～2200 m的植烟区域。

（4）生态类型Ⅳ区。该区涵盖北纬22.5°～24°、海拔1 800～2 200 m区域，该区域的气象特点为烤烟大田期均温小于20℃（平均19.18℃）、降雨量大于700 mm（平均为728 mm）、日照时数小于600 h（平均为594 h）。该区域属于云南中烟省内原料基地的低纬、高海拔、中温、多雨、中日照区域。

表2-47 云南中烟省内原料基地不同生态区域的范围及气候特点

生态类型区域	北纬纬度/（°）	海拔范围/m	大田期	
			降雨量/mm	均温/℃
Ⅰ	25.5～27.5	1 000～1 800	＜700	＞20
Ⅱ	22.5～25.5	1 000～1 800	＞700	＞20
Ⅲ	24.0～27.5	1 800～2 200	＜700	＜20
Ⅳ	22.5～24.0	1 800～2 200	＞700	＜20

在4种生态类型区域中，生态类型Ⅱ区和生态类型Ⅲ区的植烟面积分别占云南中烟省内原料基地植烟面积的46.74%和47.61%，合计占云南中烟省内原料基地植烟面积的94.35%。

三、NC102品种的生态适应性评价

为更加准确地掌握NC102品种在不同纬度、不同海拔下的生态适应性，在纬度与海拔交汇的二维空间内设置试验点开展了烤烟主栽品种田间生态适应性种植研究。分别设置了北纬23°，24°，25°，26°，27°五个纬度点，在每个纬度点分别设置低（1 600 m）、中（1 800 m）、高（2 000 m）3个海拔段，共设15个纬度与海拔交汇的试验点，在每个试验点内分别安排两组NC102品种区域适应性种植试验，每组安排一个农户种植1亩NC102品种。根据该品种的烟叶产量、产值及感官质量评价，筛选出它的适宜种植区域。

（一）纬度和海拔对NC102品种烟叶产量和产值的影响

不同纬度、不同海拔种植的NC102品种烟叶产量和产值见表2-48。由表可知，NC102品种在北纬23°～26°、海拔1 600～2 000 m区域内烟叶产量和产值最高。

表2-48 不同纬度、海拔种植的NC102品种烟叶产量和产值

北纬纬度/（°）	产量/（kg/亩）			产值/（元/亩）		
	低海拔（1 600 m）	中海拔（1 800 m）	高海拔（2 000 m）	低海拔（1 600 m）	中海拔（1 800 m）	高海拔（2 000 m）
23	145	144	143	4 060	4 032	4 004
24	150	149	148	4 200	4 172	4 144
25	151	152	145	4 228	4 256	4 060
26	151	152	148	4 228	4 256	4 144
27	130	133	130	3 640	3 724	3 640

（二）纬度和海拔对NC102品种烟叶感官品质的影响

不同纬度、不同海拔区域种植的 NC102 品种烟叶的感官评价结果见图 2-28 和表 2-49。由图 2-28 和表 2-49 可知，在 23°～ 26°N、海拔 1 600 ～ 2 000 m，NC102 品种烟叶感官质量评价平均分为 79.49 分，高于 27°N、海拔 1 600 ～ 2 000 m 区域烟叶样品的感官评价平均分（78.25 分）。

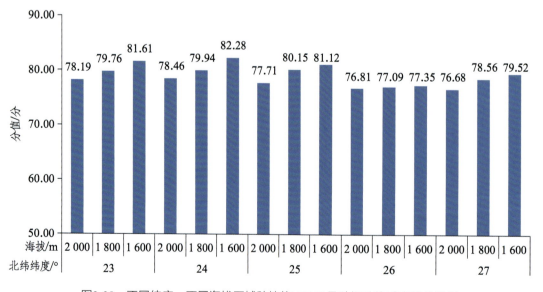

图2-28 不同纬度、不同海拔区域种植的NC102品种烟叶的感官评价结果

表2-49　不同纬度、海拔种植的NC102品种烟叶的感官质量评价结果

北纬纬度/（°）	海拔/m	感官质量评分/分
23	1 600	81.63
	1 800	79.76
	2 000	78.19
24	1 600	82.28
	1 800	79.94
	2 000	78.46
25	1 600	81.12
	1 800	80.15
	2 000	77.71
26	1 600	77.35
	1 800	77.09
	2 000	76.81
27	1 600	79.52
	1 800	78.56
	2 000	76.68

（三）纬度和海拔对NC102品种烟叶工业可用性的影响

由表 2-50 可知，NC102 品种烟叶可在云产卷烟高端、一类及二三类配方中应用的样品均主要分布于 23°～26°N、海拔 1 600～2 000 m 的区域，占烟叶样品总数的 88.57%。

表2-50　不同纬度、海拔的NC102品种烟叶样品的工业可用性（高端、一类及二三类）

北纬纬度/（°）	海拔/m	工业可用性评分/分
23	2 000	4
	1 800	4
	1 600	4
24	2 000	4
	1 800	4
24	1 600	4
25	2 000	4
	1 800	3
	1 600	3
26	2 000	3
	1 800	3
	1 600	4
27	2 000	3
	1 800	2
	1 600	2

综上所述，NC102 品种适宜在 23°～26°N、海拔 1 600～2 000 m 区域内种植。

四、NC102品种的种植区划

由上述研究可知，在云南中烟原料基地内，NC102品种最适宜种植在23°～26°N、海拔1 600～2 000 m的区域，该区域的可植烟面积分布见表2-51。

表2-51　NC102在纬度和海拔二维空间的最适宜植烟区面积　　　　　　　　单位：亩

北纬纬度/（°）	海拔范围/m	
	1 600～1 800	1 800～2 000
23～23.5	162 366	41 507
23.5～24	165 671	59 374
24～24.5	309 261	247 385
24.5～25	233 524	567 639
25～25.5	430 089	752 669
25.5～26	107 508	402 451

由表2-51可知，在云南中烟省内原料基地，NC102品种的最适宜种植区的总面积为348万亩，占云南中烟原料基地可植烟面积（723万亩）的48.13%。NC102品种在纬度和海拔二维空间内的最适宜种植区分布见表2-52。

表2-52　NC102品种在纬度和海拔二维空间内的最适宜植烟区（县、乡）分布

北纬纬度/（°）	海拔范围/m	
	1 600～1 800	1 800～2 000
23～23.5	个旧：保和、卡房镇；建水：官厅、坡头；蒙自：冷泉、水田、芷村；石屏：牛街；沧源：糯良、岩帅；双江：邦丙、大文；景谷：半坡；墨江：龙潭；麻栗坡：董干；马关：八寨、浪桥；文山：平坝、小街、新街；元江：那诺	沧源：单甲、团结；双江：忙糯；澜沧：文东；墨江：景星；文山：坝心；元江：羊街

续表

北纬纬度/ (°)	海拔范围/m	
	1 600～1 800	1 800～2 000
23.5～24	建水：李浩寨、利民；石屏：龙朋；耿马：芒洪乡；临翔：博尚、圈内、章驮；墨江：团田；镇沅：和平；广南：五珠；新平：平掌；元江：咪哩、因远	建水：普雄；开远：碑格；石屏：大桥、哨冲；耿马：大兴；永德：崇岗；镇康：忙丙、木场；墨江：新抚；新平：建兴；元江：龙潭
24～24.5	昌宁：更戛；双柏：爱尼山；弥勒：五山；凤庆：郭大寨；永德：班卡；云县：茶房、大朝山西、栗树；丘北：宝正塘；峨山：大龙潭、甸中；红塔：北城、春和、大营街、玉区域路；华宁：宁州、华溪、青龙、通红甸；江川：大街、九溪、路居、前卫；通海：四街	施甸：酒房；芒市：五岔路；弥勒：东山、西二；晋宁：夕阳；永德：乌木龙；云县：涌宝；景东：大朝山、曼等；镇沅：九甲；丘北：新店；峨山：富良棚、塔甸；江川：安化、江城、雄关；通海：河西、九街、里山、纳古、兴蒙、杨广；新平：新化
24.5～25	隆阳：西邑；施甸：何元、木老元、水长；腾冲：清水；楚雄：东华；双柏：独田；南涧：无量；梁河：平山；泸西：午街、中枢；石林：板桥、大可、鹿阜、石林；凤庆：大寺乡；师宗：龙庆；易门：六街	龙陵：腊勐、龙新、镇安；施甸：摆榔、太平、姚关；楚雄：八角、大地基、大过口、新村、子午；禄丰：土官；南华：马街；弥渡：牛街；南涧：宝华；梁河：小厂；陇川：护国；芒市：江东；泸西：白水、金马、旧城；安宁：八街、草铺、禄脿、县街；晋宁：二街、晋城、六街、双河；石林：圭山、西街口、长湖；凤庆：鲁史乡；陆良：芳华、马街；师宗：彩云、大同、丹凤、葵山、竹基；澄江：九村、龙街、右所；易门：小街

续表

北纬纬度/ (°)	海拔范围/m	
	1 600~1 800	1 800~2 000
25~25.5	昌宁：大田坝；隆阳：板桥、汉庄、金鸡、辛街；腾冲：北海、滇滩、猴桥、界头、腾越；楚雄：东瓜、鹿城、三街；禄丰：和平、妥安、中村；南华：红土坡、罗武庄、一街；姚安：大河口；弥渡：德苴、红岩、弥城、新街；巍山：大仓、庙街、南诏、巍宝山、五印、永建；祥云：鹿鸣、漾濞：瓦厂；永平：博南、厂街；富民：赤鹫、款庄、罗免、散旦、永定；禄劝：崇德；宜良：马街、汤池；富源：十八连山、竹园	隆阳：水寨、瓦度；腾冲：马站；楚雄：苍岭、吕合、树苴；禄丰：碧城、广通、勤丰、仁兴、一平浪；牟定：安乐、蟠猫；南华：龙川、沙桥、雨露；姚安：官屯、弥兴、太平；巍山：马鞍山、紫金；祥云：沙龙、云驿；永平：龙街镇；嵩明：牛栏江、嵩阳、小街、杨林、杨桥；寻甸：羊街、宜良：九乡；富源：老厂、营上；陆良：板桥、大莫古、活水、小百户、中枢；罗平：阿岗、富乐、老厂、马街；马龙：大庄、旧县、马过河、纳章；麒麟：茨营、东山、三宝、潇湘、越州
25.5~26	隆阳：瓦马；大姚：龙街、赵家店；武定：狮山、田心；永仁：宜就；宾川：大营、平川、乔甸；漾濞：漾江；永平：龙门；富民：东村；禄劝：翠华、屏山、团街；寻甸：金所、金源；富源：大河	腾冲：明光；大姚：金碧、六苴、新街；牟定：戌街；武定：插甸、万德；姚安：栋川、光禄、适中；元谋：羊街；宾川：鸡足山、拉乌；大理：海东、上关、双廊、挖色、喜洲；洱源：邓川；祥云：东山、禾甸、刘厂、米甸；漾濞：苍山西、太平；永平：北斗；云龙：团结；寻甸：功山、河口、柯渡、七星、仁德；富源：中安、会泽：田坝；马龙：王家庄；麒麟：西山、珠街；宣威：羊场；沾益：菱角、盘江、西平

第三章

NC102品种的栽培技术

烟草的一生包括营养生长和生殖生长两个阶段。根、茎、叶的生长为营养生长，花、果实、种子的生长是生殖生长。烟叶生产以采叶为目的，主要应促进营养生长，这样才能提高产量和质量。

第一节　NC102品种的生育期

烟草的生育期有两个方面的含义：一是指烟草从播种、出苗到烟叶成熟所经历的天数，如图 3-1（a）所示。它包括营养生长和生殖生长两大阶段；从生产角度看，可分为苗床和大田两个生产栽培过程。二是指烟草从播种出苗到烟草工艺成熟所经历的天数，如图 3-1（b）所示。

生产上通常将烟草的苗床和大田两大阶段再细划为 10 个生育时期，如图 3-2 所示。

种子

烟草种子非常小，直径约0.5mm，1g大约有12 000粒。因此它被种植在苗圃中，然后移植到大田中

播种

播种到穴盘中，水上漂浮育苗

出苗

烟草归类于茄科烟草属，它起源于美洲，在全球广泛种植

花

为了给起主导作用的叶片提供养分，烟草一开花，花朵就被剪掉

烘烤

通常自然干燥需要2个月时间，但引入干燥机，可以在5~7天内干燥

收获

从烟苗移栽到大田第一次采收需要70~75天

叶

开花时，烟株长到约120cm或更长，大约有20~25片叶子

（a）生育期一

苗床育苗　　　大田移栽　　　大田种植　　　田间采收　　　烤房干燥

（a）生育期二

图3-1　烤烟生育期

苗床阶段

出苗期　　　十字期　　　猫耳期　　　剪叶期　　　成苗期

大田阶段

还苗期　　　团棵期　　　旺长期　　　现蕾期　　　成熟期

图3-2　NC102品种的生育期

一、苗床阶段及其管理要求

苗床阶段是指从播种到移栽的一段时期，云南膜上移栽的烟苗苗期一般为 55 ~ 65 d，膜下移栽的烟苗苗期一般为 35 ~ 40d。根据烟叶的生长状态又可细分为出苗期、十字期、猫耳期、剪叶期和成苗期。

1. 出苗期

出苗期是指从播种到两片子叶露出地面平展开的一段时期，包括种子萌发和出苗两个过程。出苗一般需要 9 ~ 12 d。育苗后 7 ~ 10 d 以 1% 的浓度施第一次肥，间苗后 3 ~ 5 d 施第二次肥，后期看苗长势，间隔 7 d 按需求施肥，到猫耳期，看苗长势，以 1.5% 的浓度按需求施肥。

2. 十字期

十字期是指从出苗到第 3 片真叶出生，这时第 1、2 片真叶大小相似，并与两片子叶交叉呈十字形状，称为十字期。这是烟株从"异养"向"自养"阶段的过渡期。该时期的管理要求是保温保湿（相对湿度 85% ~ 90% 为宜）。

3. 猫耳期

猫耳期是培育壮苗，促进根系发育的关键时期，一般为 20 ~ 25 d。猫耳期的管理重点是以施肥管理、病虫害防治为中心，促进烟苗的苗壮生长。NC102 品种猫耳期长势和叶形如图 3-3 所示。

图3-3　NC102品种猫耳期长势和叶形

4. 剪叶期

烟草漂浮育苗，通过剪叶可以改善烟苗通风透光条件，控制烟苗徒长，调节烟苗根系和地上部分茎叶生长的关系，增强烟苗抗逆力。NC102 品种剪叶长势如图 3-4 所示。剪叶期管理具体要求如下：

（1）适度剪叶。当烟苗茎秆长至 3 ~ 5 cm 高（苗最高点距顶芽 5 ~ 6 cm）开始第一次剪叶。剪叶位置应在距顶芽 2.5 ~ 3 cm，以后每 5 ~ 7 d 剪叶 1 次。过早或过度剪叶，会降低烟茎高度，且可延迟移栽后烟苗早期生长，使现蕾开花期推迟。

图3-4　NC102品种剪叶长势

（2）平剪叶片。采用平剪法剪去叶片的1/2以上。如果是手工剪叶，可先剪去下部1～2个发黄叶片，然后采用平剪的方法剪去中上部叶片的1/3～1/2。如果是机器剪叶，则只采用平剪的方法剪去中上部叶片的1/3～1/2。剪去生长过快的叶片，抑制其生长，使生长慢的小苗尽快地赶上来，以保证烟苗生长的整齐一致。

（3）不伤生长点。剪叶以不伤到生长点为原则。根据移栽时期可进行最后一次剪叶，剪叶后4～5 d移栽为宜。

（4）清洁和消毒。剪叶是病害传播的主要渠道，因此要特别注意剪叶器具的消毒和剪叶后残叶的清除。

5. 成苗期

成苗期是指从第7片真叶萌发到烟苗达到适合移栽标准的时期。NC102品种成苗期长势和叶色如图3-5所示。此期烟苗已有完整的根系，输导组织已经健全，幼苗生长加快。对幼苗要适当控制水分供应，促进幼苗整齐健壮生长，增加抗逆能力，同时还要加强病害管理，防治病、虫害。苗期主要病害有炭疽病、猝倒病和立枯病、黑胫病，可喷施1∶1∶（160～200）倍的波尔多液，或80%的代森锌、58%甲霜灵·锰锌。在剪叶的过程中要预防好黑胫病，不能剪到茎秆，剪叶器具要用75%的酒精消毒，剪叶时消毒1次/盘，也防治传染性的病害互相传染。苗期虫害主要有蚜虫，育苗池防虫网夹紧并喷施70%的吡虫啉1 000～1 500倍液。这是保证壮苗、健苗，减轻苗期和大田期病害的关键。

（a）长势

（b）叶色

图3-5　NC102品种成苗期长势和叶色

二、大田阶段及其管理技术

从烟草移栽到烟叶采收完毕，称为大田阶段，NC102品种一般为120 d左右，根据烟草发育过程分为还苗期、团棵期、旺长期、现蕾期、成熟期。

（一）大田移栽

1. 移栽期的确定

影响移栽期的主要因素有气候条件、品种特性、土壤类型和栽培制度等。我国烟草主产区的黄淮流域以南区域，春烟多在3月下旬左右移栽，夏烟常在5月中旬前移栽。云南省绝大多数种夏烟。

（1）气候。气候条件中，温度、降雨和霜冻是主要影响因素。烟叶是喜温农作物，生长的最低温度为10℃。因此，春烟移栽需要日平均气温稳定在12～13℃、10 cm地温达10℃以上、不再有晚霜时进行，否则易产生早花现象。

（2）品种。对低温反应敏感的品种，生活在较长低温环境中易早花，易感气候斑和花叶病，这类品种应适当晚栽。如黄淮烟区的NC82品种，易受低温影响发生早花，有效叶数减少，故应在春季适当推迟移栽。易感赤星病和根部病害的品种适当早栽。不易早发和生育期短的品种适当晚栽，反之则适当早栽。在云南省参数烟区NC102品种一般在4月底、5月初膜下移栽。

（3）土壤。土壤黏重地块，发老不发小，要适当晚栽；壤土、砂壤土应适当早栽。

（4）茬口。春烟移栽以不影响后作为前提，尽量把移栽期安排在最佳条件下，以获得高品质的烟叶。云南夏烟前茬一般为油菜、小麦，油菜、小麦收获后移栽越早越好。

2. 移栽技术

（1）选天移栽。春烟移栽时，气温低，最好在无风的晴天下午进行。夏烟移栽时，气温较高，日照充足，应避开中午烈日，最好是傍晚移栽，防止烟苗失水过多而延长还苗期。同时，切忌在雨天或雨后土壤湿度过大时抢栽，尤其某些土质黏重的地块，易板结，不易发棵。移栽时，如果太干，可以先在土壤里浇水，等水充分吸收后再移栽，也可以明水栽烟，同样能提高烟苗的成活率。

（2）拉线定株栽烟前应按计划的株距在垄上横拉细绳定株距，用脚踩绳，或用草木灰、细炉渣点穴。

（3）施肥。如果天干，以水施追肥为主，如果雨水多的话，团棵培土后，可以将追肥后剩下的肥料，大压肥施进去。

（4）壮苗移栽。挑选健苗、壮苗移栽。

（二）大田阶段生长发育过程

1. 还苗期

还苗期是指从移栽到成活的时期，一般历时 7 ~ 10 d。移栽后若遇低温阴雨，还苗时间会延长。

2. 团棵期

团棵期是指从还苗到株高30 ~ 35 cm，展开叶 12 ~ 16 片（因品种而异），烟株叶片自然横向发展，宽度为株高的 2 倍，2 片心叶竖起靠拢，整个株形呈扁球形的一段时期。NC102 品种团棵期田间长势和单株如图 3-6 所示。

（a）田间长势

（b）单株长势

图3-6　NC102品种团棵期长势

3. 伸根期

伸根期是烟苗移栽到大田后的根系生长高峰期，此期地下部生长比地上部快，侧根和细根大量发生，根系干重和体积迅速增长。团棵期生产管理应注意既要促进根系发展，又要加速地上部生长，提早搭好优质适产的架子。NC102品种伸根期田间长势如图3-7所示。

（a）长势1

（b）长势2

图3-7　NC102品种伸根期田间长势

4. 旺长期

旺长期是指从植株团棵到主茎顶端出现花蕾的时期，为25～30 d。旺长期以营养生长为主，同时花芽开始分化，侧根和细根继续生长，不定根大量出现，到现蕾时，根系体积达最大值，茎秆迅速伸长，在距地面35～70 cm高处，叶片大而重叠，散开成喇叭状。从花芽分化到现蕾，植株叶片数已固定。旺长期田间管理应注意协调个体和群体之间的关系，使其生长稳健、旺而不疯，达到"上看一斩齐，行间一条线"的长势和长相，如图3-8所示。该时期的中心任务为促烟株稳长，促叶片增重，使烟田个体与群体协调发展，烟株旺长不徒长，达到"上看一斩齐，行间一条缝，干净利落"的长相和"稳健生长，开桔开片"的长势，为优质、稳产奠定基础。

图3-8　NC102品种旺长期田间长势

在 NC102 品种旺长期，主要做好以下管理技术：

（1）在施足底肥的基础上，浇好旺长水。以水调肥，以肥促长，根据土壤肥力和烟株长相、长势，做到促中有控、促而不过，生长中期要使用高钾肥料。

（2）及时做好病虫害防控工作。旺长期是各部位叶片生长发育的关键时期，也是病、虫害多发期。病害主要有根结线虫病、白粉病、赤星病等；虫害有烟青虫、蚜虫及金龟甲等。

（3）注意防涝、防积水。

5. 成熟期

成熟期是指烟株现蕾到叶片采收结束的时期。烟株现蕾以后，烟株下部叶逐渐衰老，叶片由下而上逐渐落黄成熟。在现蕾后，烟株由营养生长转入生殖生长，由于烟叶生产以采叶为目的，在生产上应采取打顶和除腋芽的措施，控制生殖器官和腋芽的生长。NC102 品种现蕾期、开花期与成熟期田间长势如图 3-9、3-10、3-11 所示。

图3-9　NC102品种现蕾期田间长势

图3-10　NC102品种开花期田间长势

图3-11　NC102品种成熟期田间长势

（1）成熟烟叶的共同特征：叶尖、叶缘下垂，茎叶角度增大，叶色由绿转绿黄，中部以上叶面出现黄斑、凹凸不平、有淀粉颗粒集中，叶面茸毛脱落，有光泽，树脂类分泌物逐渐增多，主脉发白、发亮，采收时易于摘下，断面整齐。

（2）不同部位烟叶的成熟特征：下部叶包括脚叶和下二棚，约占植株总叶数的25%。当叶片绿色稍退、部分变黄时，要及时采收烘烤，以避免养分过度消耗。中上部叶，包括腰叶和上二棚叶，约占植株总叶数的55% ~ 65%，应在主脉发白、叶耳变黄、充分成熟时采收。顶叶约占植株总叶数的15% ~ 20%。顶叶的成熟过程较缓慢，需达到充分成熟或稍过熟时采收。顶叶干物质积累较多，叶片较厚，接受阳光时间较长，成熟前叶面出现黄斑，要结合上部叶采收后间隔的时间（10 ~ 15 d），对顶叶成熟程度进行综合判断，以确定采收的时间。

第二节　NC102品种的生长发育条件

一、光热条件

（一）日照强度

烟草是喜光作物，光照条件对烟草的生长及品质形成都有很大的影响。光照不足时，叶片形态上表现为细胞分裂慢，倾向于细胞延长和细胞间隙加大，特别是机械组织发育很差，植株生长纤弱，速度缓慢，干物质积累也响应减慢，致使叶片大而薄、油分少、内在品质差。在强烈日光照射下的烟叶，表现在叶片形态上有较多较大较长的栅栏组织细胞，同时栅栏组织和海绵组织细胞壁均加厚，机械组织发达，主脉突出，叶肉变厚。烤烟在生育期要求日光充足而不十分强烈，每天光照时间以 8 ~ 10 h 为宜，尤其在成熟期，光照充足是生产优质烟叶的必要条件。大田生长期要求日照时数 500 h 以上，其中成熟期日照时数要求 280 h 以上。

（二）日照时数

光照对烟草生长的影响不仅在于强度和波长，还在于光照时间的长短。大多数烟草品种，对光照的反应是中性的；只有多叶型品种，是典型的短日照作物；而少叶型品种对光照的反应不敏感，缩短光照时间，并不能使植株提前现蕾。光照时间的长短，不仅影响烟草的发育，而且与烟草生长也有密切关系。在一定范围内，光照时间长，延长光合作用，可以增加有机物的合成。当光照减少时，则烟株生长缓慢，叶片减少，植株矮小，叶片黄绿，甚至发生畸形。在一般生产情况下，烟草在大田的生长期间日照时数最好达到 500 h，日照百分率达到 40%，采收期间日照时数最好达到 280 h，日照百分率达到 30%，才有利于生产出优质烟叶。大田期间日照时数在 200 h 以下，日照百分率在 25% 以下，采收期间日照时数在 100 h 以下，日照百分率在 20% 以下，烟叶的品质差。

（三）热量条件

1. 烟草的三基点温度

三基点温度是作物生命活动过程的最适温度、最低温度和最高温度的总称。烟草在最适温度下，生长发育迅速而良好；在最高和最低温度下，烟草生长发育受到抑制，如果继续升高或降低，就会对作物产生不同程度的危害，直至死亡。三基点温度是最基本的温度指标，它对于确定烟草种植的布局、季节安排、农业措施有着十分重要的意义。烟草的三基点温度为：最低温度8℃、最适温度28℃、最高温度35℃。

烟草是喜温作物，生长的温度范围较广，地上部为8～38℃，最适温度是28℃左右，成熟期时，在20～28℃的范围内，烟叶质量有随着平均温度升高而变好的趋势。地下部分为8～40℃，最适温度是31℃左右。烟草种子发芽的适宜温度为25～28℃，在适宜温度内，温度高，出苗早，幼苗生长快。低于18℃，种子发芽缓慢，超过35℃时，会遭受热害，影响正常发芽。烟草移栽时，气温至少要达到12℃，地温达到10℃以上。在大田生长前期，日平均气温持续低于18℃，将抑制生长发育，容易导致早花，从而减产降质。在大田生长阶段的中后期，日平均气温低于20℃，烟叶同化物质的转化和积累便受到抑制，烟叶正常成熟受到影响，气温越低，形成的烟叶质量越差。

2. 积温对烟草生长发育的影响

积温有物理积温（生育期间昼夜平均温度的总和）、活动积温（烟草生育期间高于生物学下限温度的总和）和有效积温（活动积温和生物学下限温差即有效温度的总和）。烟草生产期间，只有积温满足其生长发育的需要，才能获得稳产优质的烟叶。烤烟全生育期的有效积温为2 200～3 000℃。不同生长阶段的积温要求为：（1）苗期，从播种到移栽，一般需要有效积温为250～350℃，充足的积温可促进幼苗健壮；（2）团棵期，需要有效积温400～600℃，是茎叶快速生长的关键；（3）成熟期，需要有效积温为800～1 200℃，充足积温可保证烟叶更好品质的形成。如果生长期间的昼夜平均温度较低，植株为满足自己所需要的温度总和，生长期延长，也直接影响叶片的产量与品质。昼夜温差大，有利于烟草的生长，但对烟叶的品质来说，成熟期温差小反而更为有利。平均气温高的地区，烟草生长期较短；相反，平均气温低的地区，烟草生长期较长。

3. 温度对烟草花芽分化的影响

温度是影响烟草花芽分化的主要因素。20℃以上的温度有利于烟草的营养生长，不利于烟草的花芽分化，20℃以下的温度则促进烟草的发育，缩短烟株花芽分化的时间。在13～18℃的温度下，烤烟花芽分化只需17.5 d，叶数也显著变少；在23℃下，花芽分化所需的时间比在13～18℃下长1倍多；而在28℃下，花芽分化受到抑制，茎生长点一直分化叶片，叶片数大幅增加。低温对花芽分化的影响，主要在于促进生长点早日结束叶片的分化而转向花芽的分化，在花芽分化开始以后，低温延迟从开始分化到开花的时间，高温反而能提高花芽分化的速度。在20～30℃的高温下，烤烟从花芽开始分化到开花的过程只需24 d，而在10～20℃的低温下这段过程却延长到36 d。一般情况下，较高和较低的温度能促进烟株由营养生长转向生殖生长；烟草在可变营养生长期内，11 ～ 13℃的低温能抑制生长促进发育（早花），而20℃以上高温则促进生长而抑制发育。

4. 温度对烟叶品质的影响

烟草生产不但要求气温适宜于烟株的生长，还要求气温适宜于烟叶优良品质的形成。当播种出苗期气温低于11℃，或移栽后气温低于13℃，烟株易发生早花，而且烟叶品质差。烟草成熟期日均温低于16℃，烟叶品质也很差；而20 ～ 25℃的气温烟叶品质优良；气温超过35℃，则烟碱含量过高。烟叶成熟期的气候条件对烟叶的质量影响最大，通常认为气温在20 ～ 25℃、光照充足、降雨量较少而不干旱的条件下，有利于烟叶的成熟和烟叶品质的提高，否则将影响烟叶的正常成熟和品质。

5. 无霜期

烟草原产于热带和亚热带，在温暖条件下生长最快，决定烟草分布范围的主要条件是无霜期的长短。就烤烟来说，在温度适宜条件下，从移栽到成熟采收结束需120 d左右，如果无霜期较短，烟株未能完成其完整的生长发育过程就遭受低温或霜冻，收获产品烟叶无法成熟正常收获，所以，烤烟生产要求产区无霜期的天数至少有120 d。

二、水分条件

烟草比较耐旱，一般是生长前期需水少，中期最多，后期少。苗床期土壤水分保持在田间持水量的70%左右为宜；移栽期到还苗期，叶面蒸腾量小，平均每天耗水量3.5 ～ 6.4 mm；还苗期到团棵期，平均每天耗水量6.6 ～ 7.9 mm，土壤水分保持在田间持水量的60%为宜，低于40%则生长受阻，高于80%则根系生长较差，对后期生长不利；团棵期至现蕾期，平均每天耗水量7.1 ～ 8.5 mm，土壤水分保持在田间持水量的80%为宜，此期如缺水，生长受阻，若长期干旱，会出现早花；现蕾期至成熟期，平均每天耗水量5.5 ～ 6.1 mm，土壤水分保持在田间持水量的60%为宜，此期水分应稍少些，可提高烟叶品质，如土壤水分过多，易造成延迟成熟和品质下降。

降水对烟草的影响，不决定于年降水量的大小，而主要决定于雨量的分布：旺长期前，适度的干旱能促进根系发育，月降水量80 ～ 100 mm；旺长期，月降水量100 ～ 200 mm；成熟期降水量少，烟叶较厚，烟碱与含氮化合物含量高而含糖量低，此期以月降水量100 mm左右为佳。烟草遇旱、遇涝都会影响烟叶的质量和产量。总体上，在温度和肥力适中的条件下，降水充足，土壤湿度大，烟株茎叶生长旺盛，叶片大而薄，产量高，但烟叶细胞间隙大，组织疏松，调制后颜色淡，香气不足，烟碱含量较低。降水不足，土壤干旱，烟株生长受阻，叶片小而厚，质量差。

移栽期降水较多有利于还苗，还苗后水分少些有利于伸根，团棵期和旺长期需要充足的雨水，但成熟期水分需要量相对要少，便于成熟采收。烟叶生长大田期的水分供应，对烟叶生长发育及烟叶质量、产量影响很大。烟叶团棵期土壤水分不足，根系发育不良，叶片生长迟缓。旺长期水分不足，烟叶发育受到严重抑制，烟株矮小，叶片窄长，组织紧密，叶色暗绿。成熟期烟叶含水量不足，烘烤时不能正常落黄，而且叶片粗糙，含氮化合物和烟碱含量增高，香气物质的合成减少，烟叶香气质量差。烟草大田期对水分的要求有前期少、中期最多、后期少的特点。

云南烟区大田期月平均降雨量为 130 ~ 210 mm。云南主要烟区育苗阶段（3 ~ 4 月）的降水量较少，月降水量为 10 ~ 50 mm，目前绝大部分地方都有浇水或灌溉条件，降水不会对烟苗生长构成影响，特别是由于这段时间降水少，气温相对较高，光照充足，对培育壮苗十分有利。凡是降水较多的年份，往往日照较少，气温较低，烟苗的生长较差。移栽期主要在 5 月上旬，降水量适中，月降水量为 60 ~ 100 mm，能满足优质烤烟生长的需要，再加上温度较高、日照充足，有利于蹲苗，促进根系生长，为烤烟优质适产打下基础。旺长期（6 月）云南烟区降水充足，月降水量为 100 ~ 200 mm，再加上和煦的光照、适宜的温度，对烤烟生产十分有利。成熟采烤期（7 ~ 8 月），降水适中，前期月降水量 200 mm 左右，后期降水减少，月降水量 100 mm 左右，符合烟叶成熟期对水分的要求。此外，云南雨量分布还有一个特点，雨日多，降水强度小，降水的有效性高。6 ~ 8 月云南主要烟区的雨日为 55 ~ 60 d，占年雨日的 50% 左右，其平均雨日雨量为 7 ~ 8 mm，年单日最大降水量一般为 50 ~ 100 mm，其降水强度远小于我国黄淮、福建等烟区。因此，云南烟区独特的降水气候特点是烤烟优质的一个重要因素。

三、养分需求

营养物质是烟草生长发育与品质形成的基础。而且，同其他作物一样，烟草从土壤、肥料和其他环境中吸收各种化学物质，并通过一定的代谢活动将这些物质转化成自己的机体或能源。烟草营养特性，指的不完全是烟草生物学的要求，而是以获得优良品质烟叶为目标的营养过程。

烟草施肥的目的不但要提高单位面积上的产量和经济效益，更为重要的是要有利于烟叶品质的形成与提高，这是烤烟施肥的最终目的和烤烟产品质量的最终体现。烟叶产质量是土壤、气候环境与人为因素（品种、施肥等）综合作用的结果。在这一体系中，施肥是最大的可变因素，施肥首先影响烟草根系的土壤环境，进而影响烟叶产质量，三者之间存在着必然的联系。而且，土壤与施肥问题是决定烟草生产能否持续、稳定发展的重要因素。

（一）施肥量与养分配比

在目前的生产技术水平下，一般确定适宜施肥量时，应以保证获得最佳品质和适宜产量为标准，根据确定的适宜产量指标所吸收的养分数量，再依据烟田肥力的情况等，来设计施肥量与养分配比。

1. 氮素肥料的适宜用量

经多年多点试验，在精耕细作的条件下，中等肥力土壤上种植烟草 K326、云烟 85、云烟 97、云烟 87、NC102 等需肥量大的品种，适宜的施氮量一般为 6 ~ 8 kg/ 亩；"红大"、KRK26 等需肥量少的品种为 3 ~ 6 kg/ 亩，其中，"红大"为 3 ~ 5 kg/ 亩，KRK26 为 4 ~ 6 kg/ 亩。

2. 磷肥用量的确定

烟草对磷素的吸收量远少于氮、钾元素，仅为氮量的 1/4 ~ 1/2。但由于磷肥的吸收利用率低，磷的利用率仅 5% ~ 10%，所以生产上的施用量往往与氮量相当或稍多一些。经研究，云南烟草氮磷比（$N:P_2O_5$）可普遍地由过去的 1:2 降至 1:（0.5 ~ 1.0）。在一般情况下，如施用了 12:12:24、10:10:25、15:15:15 的烟草复合肥后，就不必再施用普钙或钙镁磷肥；如施用的烟草复合肥是硝酸钾，每亩施用普钙或钙镁磷 20 ~ 30 kg，就可满足烟草生产的需要。磷肥可根据土壤分析结果和所用复合肥进行有针对性地施用。

3. 钾肥用量的确定

烟草对钾素的吸收量是三要素中最多的，当钾供应充足时，氮钾量的吸收比（N/K_2O）为 1.5 ~ 3。在速效钾比较丰富的土壤（200 mg/Kg 以上），肥料中氮钾比为 1:1 即可；速效钾比较低的土壤，肥料中氮钾比则以 1:（2 ~ 3）为宜。氮、磷、钾比例，要根据具体田块中有效氮、磷、钾的含量，作相应的调整。从施钾水平来看，当施钾量（K_2O）达 20 kg/ 亩，烟叶钾含量并不随施钾量的增加而提高。

此外，施用氮肥和钾肥的比例还与氮肥用量有很大关系，在低施氮水平下的钾肥配比要高于高施氮水平下的钾肥配比，如种植"红大"、KRK26 等品种，施氮 4 ~ 6 kg/ 亩，氮钾比（$N:K_2O$）应采用 1:（2.5 ~ 3.0）；如种植 K326、云烟 85、云烟 87、NC102 等品种，施氮 6 ~ 8 kg/ 亩，氮钾比可采用 1:（2 ~ 3）。总之，每亩施钾量可掌握在 15 ~ 20 kg 范围内。

（二）施肥方法与时期

不同气候条件下，不同土壤性状的烟田由于养分的释放和流失、吸收情况不同，就须采用不同的施肥方法，以充分发挥肥料的效益，调节烟株的养分供应。多数采用基肥和追肥相结合的方法。为了促进烟株前、中期生长，大多采用重施基肥，将全部施肥量的 2/3 或者更多些当作基肥，其余作追肥。追肥的作用，不仅在于保证生育中、后期的氮素供应，防止成熟期过早地脱肥早衰，同时可以根据田间烟株的长相、土壤及气候情况，增减原定的追肥数量，以校正原定的计划用肥量。如果全部肥料都做基肥使用，那么遇到设计的施肥量过多时，就难以挽回对品质的不良影响。所以追肥也是调整氮素的一个补救措施。而且追肥时可以对弱苗、小苗偏施，促其赶上壮苗，也是达到田间生长一致的有效手段。对于那些保水、保肥力差，潜在氮素比较少，后期供氮能力弱的烟田，以及前、中期雨水过多，土壤与养分流失严重的地区，追肥更是保证烟株中、后期氮素养分供应，稳定产量和品质的有效手段。

15N 示踪试验得出，氮肥利用率以全条施处理较低，2/3 基肥 1/3 追肥处理居中，1/3 基肥+2/3 追肥较高。一般情况下，为实现减肥增效目标，云南多数烟区常规田块基肥比例 60%，追肥比例 40%，砂质土或干旱区基肥比例 50%，追肥比例 50%。

掌握恰当的施肥方法与时期可以提高烟草产质量和肥料利用率。在实际生产中，施肥方法与时期上应注意以下问题：

（1）复合肥和硫酸钾应根据地下水位和土壤肥力高低而定，提倡少施或不施塘肥（土壤肥力低则少施，土壤肥力高则不施），重定位环状施肥或追肥（地下水位低则重定位环状施肥，如地烟和山地烟；地下水位高则重追肥，如田烟）。

（2）普钙或钙镁磷肥适宜作条施，即理墒前均匀撒施于烟墒底部，可以提高肥效。另外，钙镁磷肥属碱性肥料，不宜与复合肥或硫酸钾等酸性肥料混合施用，以免发生化学反应而降低肥效，并且在酸性土壤上施用效果较好。

（3）防止肥料与烟株概系直接接触，可采用环状施肥，使肥料与烟株保持 10～15 cm 的距离，以免烧苗。

第三节　育苗技术

烤烟NC102品种与常见品种采用的育苗技术基本一致,烤烟育苗是通过人工调控光、温、水、肥等环境条件,利用专用设施与规范化操作,培育出健壮、整齐、无病虫害烟苗的关键生产环节(张艳　等,2019)。其核心目标是实现烟苗根系发达、抗逆性强、移栽成活率高,为优质烤烟生产奠定基础。烤烟育苗技术涵盖漂浮育苗、砂培育苗、湿润育苗等多种方法,并配套场地管理、育苗管理及病虫害综合防控,具有科学性、规范性和可推广性。

一、主要育苗技术简介

(一)漂浮育苗技术

漂浮育苗技术是现代烟草农业中一项重要的育苗方法,它通过将烟草种子播于装有轻质育苗基质的育苗盘中,使育苗盘漂浮在营养液表面,利用基质毛细管作用为烟苗提供水分和养分。这项技术起源于20世纪80年代的美国,90年代后期引入我国并逐步推广,现已成为我国主产烟区的主要育苗方式(王刚　等,2017)。与传统育苗方式相比,漂浮育苗具有显著优势,首先,烟苗生长环境可控,成苗整齐一致;其次,减少了土传病害的发生;再次,节约用水,提高肥料利用率;最后,便于机械化操作,减轻劳动强度。据统计,采用漂浮育苗技术可使烟苗成活率提高15% ~ 20%,移栽后成活率提高10%以上,为烤烟优质高产奠定基础。

(二)砂培育苗技术

砂培育苗技术是一种以砂体替代传统基质的集约化育苗技术,结合了湿润育苗与漂浮育苗的优势。该技术通过播种至大十字期采用湿润管理、后期转为漂浮育苗的方式,实现资源节约与环保效益(刘国顺,2018)。其核心在于利用砂体的透气性、保水性和低成本特性,结合精准的环境调控,培育出根系发达、抗逆性强的优质烟苗。与漂浮育苗技术相比,首先,砂培育苗的砂体材料(如山砂、河砂)来源广泛,成本较传统草炭基质降低约70%,减少了不可再生的草炭资源消耗,符合可持续发展需求;其次,砂体结构促进根系发育,烟苗移栽后无还苗期,抗逆性显著提升。

（三）湿润育苗技术

湿润育苗技术是一种结合漂浮育苗技术与托盘育苗技术优势的集约化育苗技术。其核心特点为"干湿交替管理"，即在封盘前采用浅水层漂浮状态（水位 1.5 ～ 2.0 cm），封盘后转为湿润喷淋模式，通过精准调控水肥供应（胡志明 等，2020），促进烟苗根系发育与抗逆性提升。湿润育苗环境适应性强，通过改变营养液供给方式（由上至下间歇喷洒），使基质温度受环境气温调控而非营养液影响，有效解决了漂浮育苗在早春低温地区因营养液吸热导致基质温度不足的问题，提高了种子萌发率（发芽率提升 15% ～ 20%）。尤其在云南、贵州等高海拔烟区，该技术显著缩短育苗周期，烟苗移栽后无还苗期，抗旱能力增强（黄成江 等，2015）；通过干湿交替的水分管理模式，促进根系有氧呼吸，减少水生根比例，形成发达侧根，根冠比提高30% 以上，茎秆粗壮且叶片厚实；通过减少泥炭使用量（基质中添加 30% 黄泥土），基质成本降低 25% ～ 30%，且育苗盘采用耐腐蚀的聚苯乙烯材料，可重复使用 3 ～ 5 年，较漂浮育苗的泡沫盘寿命延长 2 倍。此外，用水量仅为漂浮育苗的 1/3，适合缺水地区推广。间歇式供水减少藻类滋生，避免漂浮育苗常见的"盐霜"现象，降低硫酸铜等化学药剂的使用频率。同时，基质通透性改善，有效抑制根黑腐病、猝倒病等土传病害。

二、育苗场地和设施

（一）场地选择的基本原则

（1）地势条件：选择地势平坦、向阳背风、排水良好的场地，坡度不超过 5°，避免低洼积水区域，防止雨季淹苗。场地应具备良好的自然排水条件或建设完善的排水系统。

（2）环境要求：场地周边环境需清洁，无污染源，距离居民区、畜禽养殖场、垃圾处理场等潜在污染源 500 m 以上。同时应避开工业废气排放源和交通主干道，确保空气质量符合《环境空气质量标准》（GB 3095—2012）二级标准要求。

（3）水源条件：需要充足、清洁的水源供应，水质应符合《农田灌溉水质标准》（GB 5084—2021）要求，pH 值 6.5 ～ 7.5，总盐含量低于 1 g/L，无有害物质污染。水源应方便接入育苗场地，供水系统稳定可靠。建立严格的营养液监测制度，定期检测营养液 pH 值 6.0 ～ 7.0、EC 值1.0 ～ 2.5 mS/cm 和营养元素含量。需配备专门的营养液配制区和储存容器，避免交叉污染。

（4）交通条件：育苗场地应靠近烟田或交通便利，便于育苗物资运输和烟苗配送，但需与主要交通干线保持适当距离，减少粉尘污染风险。

（二）基础设施的要求

1. 育苗棚结构

建设标准化的育苗棚，一般采用钢架或竹木结构，覆盖无滴长寿塑料薄膜（厚度0.08 ~ 0.12 mm），透光率≥85%。一是大棚，棚体设计需考虑抗风压（≥8级风）、雪压（≥15cm积雪）能力（王彦亭 等，2009），单体跨度一般为6 ~ 8 m，棚高2.2 ~ 2.5 m，可由多个单体组合为多联体，长度视需要而定，这种设施保温性能好，适合早春低温季节育苗。二是中棚，单体跨度4 ~ 6 m，一般为单体，投资较少；三是小拱棚，简单易建但温度波动大。

2. 苗床建设

需建设标准苗床，床面平整，边缘整齐，面积根据育苗盘的规格而定，深度为5 ~ 20 cm，床间走道宽40 ~ 50 cm。苗床底部需夯实平整，用0.10 ~ 0.12 mm的黑色薄膜铺底。

3. 消毒设施

需配备完善的消毒设施，包括育苗盘消毒池、场地消毒设备和操作人员消毒设施。

4. 温湿度调控设备

需配备温度计、湿度计等监测仪器，遮阳网以及必要的加温设备、通风设施和防虫设施，确保育苗环境可控。

5. 营养液循环系统

大型漂浮育苗基地需配备营养液循环泵、过滤装置和消毒设备，小型育苗点至少应配备水质检测仪器（pH计、EC计等）和手动搅拌工具。

6. 育苗盘规格

标准化育苗盘规格，便于机械化播种与剪叶操作。目前常用的育苗盘规格为68 cm×34 cm×6 cm，有162孔、200孔和392孔三种规格（杨宇虹 等，2005）。162孔盘适合培育壮苗，200孔盘兼顾苗质与数量，392孔盘育苗密度大但苗相对较弱。

7. 辅助设施

物资储存室、消毒更衣室等辅助设施，面积根据育苗规模确定。

（三）各类烤烟育苗方式特有的场地和设施要求

1. 烤烟漂浮育苗特有的场地和设施要求

（1）场地特殊要求。

场地承重能力需特别加强，因漂浮育苗池水深度通常保持8 ~ 10 cm，每平方米水质量约80 ~ 100 kg，加上育苗盘和支架重量，对地面承重有较高要求。场地平整度要求极高，池底高低差不超过 5 mm/m（陈风雷　等，2012），确保营养液深度均匀一致。因为漂浮育苗对水质变化敏感，所以需特别考虑水源的便利性和水质稳定性。

（2）特有设施设备。

漂浮池系统：标准漂浮池一般采用砖混结构或专用塑料池，在制作苗池时依照漂浮格盘的规格数量确定苗池大小，使格盘摆放后不暴露水面，以防止水面产生绿藻。深度 15 ~ 20 cm，池底铺设防渗膜（厚度 ≥ 0.3 mm）。池体应坚固、无渗漏，池壁垂直，池间走道宽度不小于50 cm。

加热系统：在低温地区需配备池水加热设备（如电热管、太阳能加热系统等），保持水温在 18 ~ 25℃范围内。

2. 烤烟砂培育苗特有的场地和设施要求

（1）场地特殊要求。

场地周边应设置防尘设施，因砂粒易被风吹散，造成环境污染和基质损失。砂培场地应靠近优质砂源，减少运输成本，砂粒需经过严格筛选和阳光（紫外线）消毒处理。

（2）特有设施设备。

砂处理设备：使用砂粒筛选机或者网筛，筛除不符合要求的颗粒，单体砂体粒径不得大于0.8 cm。

3. 烤烟湿润育苗特有的场地和设施要求

（1）场地特殊要求。

湿润育苗是在多水的环境中培育烟苗，苗床温度相对较低。因此苗床地要选择在有利于温度提高的背风向阳位置，场地周边应设置防风屏障，减少风干效应，尤其在干旱地区更为重要。

（2）特有设施设备。

湿润苗床：苗床底部需铺设保水层（如无纺布或粗砂层），上方放置育苗盘。苗床设计为"回"字形，中央设操作区，四周为育苗区，便于人工补水。

喷雾系统：需配备半自动或自动喷雾设备，包括加压水泵、输水管网和旋转喷雾头（喷雾半径 1.5 ~ 2 m），喷雾均匀度 ≥ 85%。

湿度调控系统：需配备基质湿度传感器（监测深度 5 ~ 8 cm）和联动控制系统，实现湿度自动调节（保持基质含水量 60% ~ 70%）（胡保文　等，2019）。

三、育苗管理

选用包衣种子可提高播种效率，播种期应根据移栽期倒推确定，一般冬季苗 60 ~ 70 d，春季大苗 50 ~ 60 d，春季小苗 40 ~ 45 d。采用专用播种机或人工播种，每穴播 1 ~ 2 粒，播种深度 2 ~ 3 mm，播后轻压使种子与基质充分接触。

（一）漂浮育苗管理

1. 播种

（1）基质处理：漂浮育苗专用基质的材料包括 60% ~ 70% 的草炭、膨化珍珠岩和蛭石等各占 15% ~ 20%，添加 2% 生物炭可提升基质保水性 15%，播种前调整基质水分至手握成团、触之即散的状态。

（2）环境控制：播种后维持水温（25±1）℃，空气湿度 85% ~ 90% 持续 48 h。使用智能温控系统，出苗整齐度提升至 98.7%。

2. 水肥管理

营养液施用：采用 N∶P∶K=20∶10∶20 的育苗专用肥，分批次施用肥料（李伟，2018），根据池水容量决定施肥量。第一次施肥在苗盘入水前，每千克水加 0.5 g 育苗肥；第二次施肥在播种 4 周后，每千克水加 0.5 g 育苗肥；第三次施肥在移栽前 2 周进行，每千克水加 0.5 g 育苗肥。

3. 炼苗

移栽前 7 ~ 10 d 开始采取控水、控肥、通风等措施炼苗，炼苗程度以烟苗不发生永久性萎蘼为度，炼苗时应保持防虫网。延长揭膜时间至每日 8 ~ 10 h；昼温逐步降至 18 ~ 20℃，夜温逐步降至 12 ~ 14℃。揭膜处理能使自然风吹拂烟苗，提高烟苗茎秆的抗折力，视各地区情况需要，也可每天使用风机（3 m/s）吹拂 2 h 代替自然风。

（二）砂培育苗管理

1. 播种

（1）基质配置：使用山砂或河沙，0.63 ~ 5 mm 粒径的沙粒应占沙体总体积的 41% ~ 70%，其中 2.5 ~ 5.0 mm 粒径的沙粒应占总体积的 25% 以内，沙体的饱和持水量较低，重金属离子不超标。沙体质量检验方法按 GB/T 14684 建设用砂的规定执行。

（2）砂体水分管理：装盘时沙的水分宜控制在 4% 左右，即手捏有湿润感觉，落地即散，装盘后底孔无砂粒漏出。水分不足时加洁净水拌匀，水分超限时晾晒。

2. 水肥管理

（1）水分调控：分 3 个阶段进行水分管理。第一个阶段是沙体水分饱和阶段，苗盘放入育苗池后，加水深度 2.5 cm，持续保持沙体表面湿润；第二个阶段是沙体干湿交替阶段，出苗达到 95% 直到大十字期，干的状态保持沙体颜色变淡发白或手摸沙体无潮湿感，湿的状态加水深度 2.5 cm，每 4 ~ 8 d 为 1 个周期；第三个阶段是漂浮阶段，大十字期到炼苗保持水深 7 ~ 10 cm。

（2）营养液调控：湿润育苗阶段，播种 25 d 前按施氮 0.024% 的营养液，视烟苗长势，播种 25 ~ 45 d 按施氮 0.024% ~ 0.06% 的营养液浓度递增施用，应采用清水—营养液—清水—营养液的方式交替进行；漂浮育苗阶段按施氨 0.015 6% ~ 0.019 2% 浓度施肥，大十字期（播种后 45 d）施 1 次，第二次剪叶（播种后 55 d）施一次。

3. 炼苗

移栽前 7 ~ 10 d 揭膜（保留防虫网），反复进行干湿交替，干的状态是指中午烟苗发生姜蔫和早晚能恢复的状态，湿的状态是指喷水使砂体湿润的状态。

（三）湿润育苗管理

1. 播种

（1）基质处理：按照基质:填充土（无任何污染的犁底层黄土）为 2:1 的比例（刑延德 等，2002），混合洒水搅拌均匀，水分不可过多，基质搅拌好后要达到手握成团、触之即散的程度。

2. 水肥管理

（1）水分调控：出苗至齐苗，育苗池水深度严格控制在 1.5 cm 以内，不可过深，确保基质处在湿润状态；齐苗后，当烟苗达到 2 片真叶后，育苗池水深最高控制在 1.0 cm，当池中水干，苗盘基质表面开始干爽时，及时补充水分。烟苗达到 4 ~ 6 片真叶后，采用盘面喷施的方式供应养分和水分（刘添毅 等，2008），逐渐减少供水量，促进烟苗地下部生长，形成发达根系。

（2）施肥方案：出苗至齐苗，营养液氮素浓度保持在 150 ~ 250 mg/kg，确保养分供给，提高出苗率（王绍坤 等，2000）；4 ~ 6 片真叶后肥料喷施浓度控制在 1 200 mg/kg，施肥后育苗基质达到充分湿润。为了防止叶片上残留的肥料灼伤烟苗，施肥后务必浇洒适量清水，清洗掉叶面上残留的肥料。

3. 炼苗

控水炼苗：烟苗 7 片真叶后逐渐开始炼苗，减少浇水的次数和浇水量，间断供水，干湿交替实现晴天中午烟苗轻度姜蔫，早晚恢复供水。

揭膜炼苗：第一次剪叶后进行揭膜炼苗，初期揭开四周棚膜，促使烟苗逐步适应外界环境，后期将膜全部揭去，使烟苗完全适应外界气候如遇雨及时盖膜（丁明石，2013）。

烟苗移栽前15 d补充营养液，移栽前1 ～ 3 d根据烟苗生长情况决定是否喷施钾肥。

四、苗期主要病虫害防治

（一）烤烟育苗期主要病虫害防治的意义

烤烟育苗期是烟株生长的关键阶段，也是病虫害易发、高发的敏感期。此阶段若防治不当，不仅会导致烟苗弱化、成苗率低，还可能将病原体或虫害带入大田，引发大田期病害流行，直接影响烤烟的产量和品质。例如，在苗期炭疽病严重时可导致整畦烟苗倒伏枯死，发病率高达90%以上；蚜虫等虫害不仅直接危害烟苗，还可能传播病毒病，导致烟株生长发育不良好，烟叶品质下降，种植效益降低。因此，加强育苗期病虫害防治是实现"无病壮苗"的核心目标，也是保障烟叶优质高产、降低农药残留、推动绿色农业发展的关键举措。

（二）综合防治策略

1. 预防为主

育苗前严格消毒基质、器具，采用包衣种子和漂浮育苗技术，操作人员避免在棚内吸烟，隔离病原。

2. 生态调控

推广"以虫治虫"技术（如蚜茧蜂、捕食螨、蠋蝽），减少化学农药使用。

3. 动态监测

设立病虫观测点，结合剪叶、间苗等操作及时清除病株，全面覆盖防虫网，阻止成虫迁入，阻断传播链。

4. 科学用药

交替使用不同作用机制的药剂，避免抗药性产生。

（三）主要病害防治

1. 立枯病

烟草立枯病的症状主要表现为叶片枯萎、茎秆腐烂和根系死亡。初期，受感染的叶片会出现黄化和萎蔫现象，茎秆会出现褐色斑点和腐烂症状，随后逐渐扩展到整个植株，导致植株死亡。主要采取：

（1）科学预防：搞好苗床温湿度管理，注意通风换气，降低育苗棚内的空气湿度，及时清除病苗和死苗；及时间苗，炼苗，以避免幼苗徒长、瘦弱，降低植株抗性。

（2）化学防治：当苗床开始零星出现立枯时，要立即拔去病株，并在苗床上撒些干草木灰，及时喷洒以下农药：20%噁霉·稻瘟灵乳油 1 000 ～ 1 500 倍液，25% 吡唑醚菌酯悬浮剂 30 ～ 36 mL/ 亩。

2. 炭疽病

幼苗叶片出现暗绿色水渍状小斑点，逐渐扩大为红褐色圆斑，中央灰白色，湿度大时病斑合并成片，导致叶片枯焦；茎部病斑呈黑褐色梭形凹陷，严重时幼苗折倒死亡。主要在发病前可用 1 : 1 : 180 波尔多液进行预防。发病后，可用 10% 多抗霉素可湿性粉剂 90 g/ 亩，30% 苯醚甲环唑悬浮剂 33 g / 亩喷雾。

3. 猝倒病

幼苗根茎部褐变软腐，严重时成片倒伏死亡。适时揭膜，加强通风，控制温湿度。烟苗生长至大十字期后用波尔多液 1 : 1 : 180（李梅云　等，2011）每隔 7 ～ 10 d 喷一次；发现田间开始发病，可用 25% 甲霜灵可湿性粉剂 500 倍液灌根，每株 30 mL。每隔 7 天喷 1 次，连喷 3 次。

4. 黑胫病与根黑腐病

黑胫病表现为茎基部黑褐色腐烂，根黑腐病则根系变黑腐烂，两者均导致烟苗萎蔫死亡。无病史田块应在发病初期及时用药，可用 50% 烯酰吗啉 1 000 倍液、50% 氟吗·乙铝可湿性粉剂 600 倍液或 58% 甲霜灵锰锌 600 ～ 800 倍液等药剂喷淋茎基部。

5. 花叶病（病毒病）

叶片出现黄绿相间斑驳、皱缩畸形，植株矮化。移栽前喷施 1 次 8% 宁南霉素水剂 1 600 倍液、24% 混脂·硫酸铜水乳剂 900 倍液等抗病毒剂。

（四）主要虫害防治

1. 蚜虫

吸食烟苗汁液，传播病毒病，导致叶片卷曲、生长停滞。主要采取投放捕食螨以虫治虫；用 25% 噻虫嗪水分散粒剂 8 000 ～ 10 000 倍液、20% 啶虫脒可湿性粉剂 8 000 ～ 10 000 倍液等药剂进行喷雾防治。

2. 小地老虎

小地老虎啃食茎基部，导致幼苗断裂。可选择 10% 烟碱乳油 800 倍液、0.3% 苦参碱水乳剂 500 ～ 800 倍液、40% 辛硫磷乳油 1 000 ～ 1 500 倍液等药剂对烟株及根际土壤喷雾或灌根。

3. 野蛞蝓

野蛞蝓主要在夜间进食，烟苗六叶期时野蛞蝓可吃掉心叶和生长点，形成多头苗。野蛞蝓大规模发生时可将叶片吃光，仅剩叶脉。采取撒施生石灰隔离带，或用菜叶诱捕后集中处理；药剂防治喷施稀释 800 ～ 1 000 倍液灭蛭灵。

4. 烟青虫

幼虫蛀食嫩叶和茎秆，影响烟苗正常生长。主要采取释放螳螂，捕食烟青虫幼虫；选用 0.5% 苦参碱水剂 600 ～ 800 倍液、10% 烟碱乳油 600 ～ 800 倍液、0.3% 印楝素乳油 800 ～ 1 000 倍液、16 000 IU/mg 苏云金杆菌可湿性粉剂 50 ～ 75 g/ 亩等药剂进行喷雾防治。危害风险较大时，选用 25 g /L 溴氰菊酯乳油 1 000 ～ 2 500 倍液、5% 甲氨基阿维菌素苯甲酸盐可溶性粒剂 3 ～ 4 g / 亩等药剂进行喷雾防治。

第四节　大田管理

一、土壤保育

（一）轮作与间作

1. 轮作缓解连作障碍

烟草多年连作会引起肥料利用率、土壤 pH、土层有机质、氮和钾含量等各方面的变化。随着植烟年限的延长，土壤中氮、磷、钾肥的利用率也逐年降低，平均每年氮肥下降 4.8%，磷肥下降 0.7%，钾肥下降 3.2%，因此烤烟与其他作物合理轮作可提高土壤速效养分含量和土壤酶活性，调节土壤微生物群落结构，消减烤烟连作障碍，最终达到烤烟稳产、增产的目的（凌爱芬　等，2022）。

2. 间作绿肥作物

种植紫云英、苕子等绿肥作物，翻压还田后增加土壤有机质。绿肥在分解过程中能够显著释放氮、磷、钾等养分，绿肥的分解有助于土壤团粒结构的形成和稳定。冬闲期种植绿肥能够显著提升土壤有机质含量，改善土壤结构。绿肥的根系和分泌物在土壤中形成有机与无机复合体，增强土壤的团聚作用。绿肥还田后，土壤中的大团聚体数量增加，提高了土壤的稳定性和抗侵蚀能力（曹卫东，2024）。

（二）有机肥与生物炭改良土壤

1. 有机肥替代部分化肥

施用腐熟农家肥、堆肥或商品有机肥（如腐殖酸类），减少化学氮肥用量。施用有机肥能够显著提高烤烟的产量和产值。研究表明，施用有机肥后，烤烟产量可提高 5% ~ 8%，产值可提高 12% ~ 20%。特别是在有机质含量较低的土壤中，施用有机肥对提高烤烟产量和产值的效果更为显著，可提高烟叶经济产值 20% 左右（冯厚平，2017）。

有机肥还能改善烟叶的化学成分，提高烟叶的感官评吸质量。施用有机肥可以提高烟叶中钾、还原糖等有益成分的含量，同时降低烟碱和总氮含量，使烟叶化学成分更加协调，从而提高烟叶的香气质量和整体品质。研究表明，有机肥替代 30% 化肥可提高土壤有机质 15% ~ 20%（李自林，2024）。

2. 生物炭应用

将秸秆炭化后施入土壤，改善酸性土壤 pH，增强保水保肥能力。生物炭在烤烟生产中的应用能够显著改善土壤环境，提高烟叶产量和品质，并增强烟草的抗病能力。生物炭处理后的烟叶总糖和还原糖含量较对照处理显著增加，分别增加了 16.47% 和 10.82%，而烟碱含量则无明显变化。然而，生物炭的施用效果受到多种因素的影响，包括施用方式、土壤类型以及与其他肥料的配施等，未来需要进一步的研究以优化其应用效果（李茂森，2022）。

（三）减少土壤侵蚀与酸化

1. 等高线种植与覆盖

在坡地烟田采用等高垄作，配合地膜或秸秆覆盖，减少水土流失。等高线起垄有助于改善土壤的容重和 pH 值，从而提升土壤肥力。这种起垄方式能够显著降低土壤容重，同时增加土壤的孔隙度，这对于改善土壤结构和增强土壤的通气性具有显著效果（管赛赛，2016）。

此外，等高线起垄方式与覆盖物的结合，如秸秆覆盖，可以显著提高烤烟的农艺性状。在这种组合下，烟株的株高、茎围和叶面积等指标均表现优异，特别是有效叶数和上部叶叶面积达到最高值，显示出其在促进烟株生长方面的显著优势。

2. 石灰调节酸性土壤

施用石灰是提高酸性土壤 pH 值的有效方法。研究表明，施用石灰可使土壤 pH 值提高 0.79 至 1.12 个单位，改善土壤酸碱度环境。这一效果在移栽后 60 天尤为显著，土壤 pH 值可提升 1.24 至 1.58 个单位。在酸性土壤中，石灰的施用能够促进烤烟的根系生长，使烟叶的 SPAD 值增加 0.42 至 2.76，从而提高烟株干物质的积累。此外，石灰还能显著增加烤烟的株高、茎围和叶面积系数，特别是在移栽 75 天后，株高、节距、有效叶片数和叶面积系数均为最高。施用石灰后，土壤的碱解氮和有效磷含量显著提高，这有助于烤烟的生长和发育。然而，石灰的施用也可能降低土壤速效钾的有效性，这与土壤中钙离子增加导致的钾固定有关。因此，在施用石灰的同时，适当配施钾肥是必要的，以维持土壤钾素的平衡（王新月　等，2021）。

（四）微生物调控

1. 功能微生物菌剂

微生物菌剂能够显著改善土壤理化性质，提高土壤酶活性，增加土壤微生物数量。施用微生物菌剂可以降低土壤中酚酸含量，调节土壤微生态环境，促进烟叶生长。

2. 蚯蚓养殖与土壤动物保护

减少翻耕深度，保留蚯蚓等土壤动物活动，促进有机质分解。蚯蚓通过取食、消化、排泄等活动，能够显著提高土壤有机质含量，增加土壤孔隙度，降低土壤容重，从而改善土壤的物理和化学性质。这一过程不仅提高了土壤的通气性和保水能力，还增强了土壤的团粒结构，有助于作物根系的生长和营养吸收（李晓娜，2016）。

（五）精准施肥

1. 测土配方施肥

烤烟测土配方施肥是一种科学合理的施肥方法，通过测定土壤养分含量，结合烤烟的需肥规律，制定适宜的肥料配方，以提高烤烟产量和品质，减少环境污染。基于土壤检测结果（如 N、P、K、pH、有机质等），制定定制化施肥方案，以避免过量施肥导致的盐渍化，减少肥料浪费（袁富平，2016）。

2. 长期定位监测

建立烟田土壤质量监测网络，定期评估重金属、有机污染物及微生物多样性。结合 GIS 和遥感技术，实现土壤健康动态管理。

（六）深翻

垂直深旋耕结合施碱性有机肥和生物质炭被证明能够有效改良酸性土壤，提高土壤肥力，并改善烤烟的根际土壤环境。这种耕作方式显著降低土壤容重，提高土壤孔隙度及水解性氮、有效磷、速效钾、水溶性氯含量，从而增强土壤的调酸效果。

深耕和深松可以增加土壤的透气性和保水性，有利于根系生长。研究表明，通过 020 cm 土壤与 >2 040 cm 土壤互换，旋耕深度 30 cm 的方式进行耕层重构后种植烟草，其农艺性状最佳，产量最高（较未处理土壤提高 14.31%）（李震，2021）。

二、水肥管理

（一）水分管理

烟草在田间生长发育前期，土壤水分含量为其田间持水量的 60% 时，有利于协调烟株的地下部与地上部的生长发育，可为烟株以后的正常生长发育奠定良好的基础；生长发育中期是烟株旺盛生长阶段，耗水较多，土壤水分含量达到田间持水量的 70% ~ 80% 时较为有利；烟株生长发育后期，为了烟叶正常成熟，防止吸收过多的氮素，土壤水分含量以田间持水量的

60% ～ 70% 为宜。

烤烟大田期水分管理需遵循"前控、中促、后控"原则，依据生育阶段动态调控土壤含水量：伸根期（移栽后 20 d 内）控水促根，土壤持水量保持 60% ～ 70%，避免过早灌溉抑制根系发育；旺长期需水量占全生育期 50% 以上，持水管理需达 70% ～ 80%，干旱时通过滴灌（每株每次 0.8 ～ 1.0 L）或隔沟灌溉补水 2 ～ 3 次，结合水肥一体化技术提升利用率（肥料浓度 0.5%，减施纯氮 1 ～ 1.5 kg/亩）；成熟期控水防贪青晚熟，持水量降至 60% 左右，多雨时及时清沟排水，防止积水导致"水烘"或病害。灌溉方式需因地制宜，田烟采用隔沟交替灌溉，山地烟优先滴灌或穴灌，同时需通过"三看"（看天、看地、看烟）综合判断。建议全生育期推广滴灌技术实现精准供水，采收前 15 d 统一断水以确保烟叶成熟度。该方案通过建立"水分 - 养分 - 生长"协同调控体系，可实现 NC102 品种的优质高效生产（龙光海，2016；丁福章，2009）。

可采取以下 3 种方式进行水分管理：

（1）使用灌溉技术，滴灌系统：铺设滴灌带（间距 1.2 m，滴头流量 2 L/h），旺长期灌水量 20 ～ 27 m³（亩·次）。

（2）水肥一体化：结合硝酸钾（0.3%）、腐殖酸液肥（500 倍液）同步追施。

（2）沟灌控制：水深不超过垄高 1/3，灌后 24 小时排除积水，防止根系缺氧。

（二）滴灌与沟灌技术对比分析

滴灌与沟灌效率与成本对比如表 3-1 所示。

应根据不同的情况，选择灌溉方式：滴灌适用于干旱区、坡地或高附加值烟田，优先配套腐殖酸水溶肥；沟灌适用于水源充足、地势平坦区域，需加强排水管理。

表3-1　滴灌与沟灌效率与成本对比

指标	滴灌系统	传统沟灌
水分利用率/%	85 ～ 90	50 ～ 60
用工成本/（日/亩）	1	2
设备投资/（元/亩）	800	133
增产效果/%	8 ～ 12	基准

（三）养分管理

1. 施肥原则

根据的研究，NC102品种的大田种植施肥遵循"控氮、稳磷、增钾"原则。相较于普通烤烟品种，NC102 氮磷钾比例 $N:P_2O_5:K_2O=1:0.8:(2.5 \sim 3.0)$（周绍松　等，2023）。

研究结果表明，NC102 品种的田间最佳技术措施组合为施纯氮量 6.5 kg/ 亩，株距 60 cm，留叶数 20 片（刘红光，2015）。

2. 基肥管理

每亩烟田基肥使用中腐熟农家肥、腐殖酸生物有机肥、烟草专用复合肥、硫酸钾用量如表 3-2 所示（周敏　等，2023）。

表3-2　不同种类基肥对烤烟土地的效果影响

肥料类型	用量/（kg/亩）	有效成分含量	功能
腐熟农家肥	200～233	有机质≥30%	改良土壤结构
腐殖酸生物有机肥	100～133	$N+P_2O_5+K_2O \geq 6\%$	促根、增香、抗病
烟草专用复合肥	40～50	12:10:24	基础氮磷钾供应
硫酸钾	10～13.3	KO≥50%	补钾降碱

3. 追肥管理

NC102 品种不同大田生长期追肥使用量及功能如表 3-3 所示。

表3-3　NC102品种不同大田生长期追肥使用量及功能

生育期	追肥时间（移栽后天数）/d	肥料类型	用量/（kg/亩）	功能
伸根期	15～20	硝酸钾（叶面喷施）	0.33～0.53	促根壮苗
旺长期	35～40	硝酸钾（滴灌）	5.33～6.67	促叶片扩展
打顶后	50～55	腐殖酸液肥（500倍液）	叶面喷施2次	促成熟、增香气

4. 特殊土壤条件下的施肥调整

采用有机无机相结合方式，具体为：腐殖酸生物有机肥占总氮30%～50%，可提高烟叶新植二烯含量40%～60%，提升烟叶品质（敖金成 等，2011）。对于常规地块与连作地块需要不同的方案：

（1）常规地块。可采用腐熟农家肥200 kg/亩（有机质≥30%），腐殖酸生物有机肥100 kg/亩（腐殖酸≥20%，活菌数≥2亿/g），烟草专用复合肥20 kg/亩（N∶P$_2$O$_5$∶K$_2$O=12∶10∶24）等不同方法。腐殖酸生物有机肥施用对比效果见表3-4。综合烟叶产量和质量，腐殖酸最适宜占总量的比例为30%～50%。

表3-4 腐殖酸生物有机肥施用效果对比结果

处理（腐殖酸占比）/%	产量/（kg/亩）	产值/（元/亩）	上等烟叶比例/%	新植二烯含量/（μg/g）	感官质量评分（总分100分）/分
对照0	160c	2 650.8c	66.7c	301.35d	40.8d
15	189.6b	3 205.6b	62.6d	342.67c	48.3c
30	163.91a	2 798.14a	67.8a	549.38a	50.6a
50	178.68ab	3 003.73ab	70.5a	371.12b	49.0b
70	161.92c	2 663.58c	68.1b	312.02d	48.6c

（2）连作地块。可采用增施生石灰50 kg/亩（调节pH值至6.5～7.0），添加微生物菌剂（枯草芽孢杆菌≥5×10^8 CFU/g）20 kg/亩，抑制土传病害。结合地块条件，选择施肥方法，对于平摊坝区可采用条施。沿垄中线开沟深15～20 cm，肥料与土壤混匀后覆土。时间选择上，移栽前20～30 d完成，避免烧苗。

5. 其 它

控制氮肥（纯氮）总量 ≤ 10 kg/ 亩，防止硝酸盐淋溶污染地下水。暴雨后及时补施钾肥（50 kg/hm²），减轻渍害对根系损伤。

三、耕整地

（一）耕整地

耕整地是指通过适当的土地处理方法，将烤烟种植区域进行整平、细化，并形成起垄、打塘的标准化管理模式。实施耕整地主要作用在于：

1. 改善土壤结构

通过整地起垄，改善土壤结构，调节土壤湿度，优化烟田生态环境。可以提高土壤温度，促进烟苗生长，增加通风透光性，减少病虫害的发生。

2. 提高水肥利用率

减少水土流失，提高水肥利用率，减少耕耘劳动强度，从而提高农民种植效益。

3. 减少病虫害

冬季深耕可以减少病原菌的越冬场所，冻死越冬害虫，深翻土层可打破犁底层，使土壤经过雪凝冷冻后自然疏松，从而减少地下害虫。

4. 优化烟叶生长环境

通过合理施肥和起垄，可优化烟叶生长环境，确保烟叶的优质适产。起垄的效果需要在晴天或阴天、土壤墒情适宜时进行，要求垄高 20 ～ 25 cm、垄宽 60 ～ 70 cm、垄体饱满、垄面平整、垄向平直、土壤细碎；打塘间距。目前市面上存在适用于多种地形的机械化设备，可将垄高设计的相对规范。

（二）地块规划与排水系统设计

1. 地块规划原则

在针对种烟地块规划时，需要遵循最基本的规模连片：单块面积 ≥ 15 亩，长宽比 ≤ 3∶1，便于机械化作业。尽量减少坡度限制，将坡度 ≤ 5°，超过时需修筑梯田，田面高差 ≤ 20 cm。

2. 排水系统设计

排水系统设计是最直接能解决旱涝情况的办法，例如采用三沟配套，即：

（1）垄沟：深度 25 ～ 30 cm，沟底宽 20 cm，排除垄面积水。

（2）腰沟：深度 35 ~ 45 cm，间隔 50 ~ 60 m，连接垄沟与围沟。

（3）围沟：深度 50 ~ 60 cm，环绕地块，接入外部排水渠。

（三）耕整地标准与机械化作业流程

耕地的深度应在 35 cm 以上，以确保土壤的透气性和保水性得到改善。深耕深翻有助于熟化土壤，使土壤中的有机质分解，增加土壤的孔隙度，从而为烤烟的生长提供良好的土壤环境对于田烟及山地烟，起垄参数为垄高 35 ~ 40 cm，垄底宽 120 cm，垄面宽 80 cm，垄沟宽 40 cm。垄向南北走向，坡度＞3° 时沿等高线起垄，减少水土流失。

对于机械化作业流程，实施旋耕整地。具体为：1GQN-250 型旋耕机，作业深度 20 cm，碎土率 ≥ 90%。开沟起垄采用 2CM-2 型起垄机，垄高误差 ≤ 2 cm，垄体紧实度适中（容重 1.2 ~ 1.3 g/cm³）。覆膜保墒：选用地膜（厚度 0.01 mm），膜间重叠 5 cm，压实边缘。

四、移　栽

NC102 品种的移栽以"壮苗早栽、精准密植、水肥协同"为核心，结合窝施底肥与动态补苗，确保群体整齐度，为高产优质奠定基础。

（一）适龄苗标准

1. 大　苗

在大苗壮苗形态指标中，茎秆为茎高 8 ~ 10 cm，茎粗 ≥ 0.6 cm，节间短缩，韧性好，叶片数 6 ~ 8 片，叶色深绿，无病斑或虫害。根系发达，白根占比 ≥ 80%，根冠比（根干重 / 茎叶干重）≥ 0.3。

2. 小　苗

烤烟的膜下小苗移栽通常在 35 ~ 40 d 进行，成苗标准为 4 叶 1 心至 5 叶 1 心，苗高 5 ~ 7 cm，茎高 1 ~ 1.5 cm。这种标准的幼苗具备较高的营养协调性和抗病能力，能够显著提高移栽成活率。

（二）移栽密度与株行距优化

移栽密度需要遵循密度调控原则。具体为：

（1）肥力匹配：高肥力地块（速效氮 ≥ 150 mg/kg）密度 1 100 株 / 亩，中低肥力地块 1 200 株 / 亩。

121

（2）气候适配：光照充足区行距 1.2 m × 株距 0.55 m，阴雨区放宽至 1.3 m × 0.60 m。

移栽密度与株行距对产量及产值的影响如表3-5所示。综合烟叶产量和质量，NC102品种种植的最适宜株距为 0.55 ~ 0.60 m

表3-5 移栽密度与株行距对产量及产值的影响

株距/m	产量/（kg/亩）	产值/（元/亩）	上等烟比例/%
0.50	146.5b	3 234.8 b	62.8b
0.55	163.91a	3 547.76 a	67.5a
0.60	154.01ab	3 324.89 ab	65.3ab

（三）穴施底肥与定根水管理

采用穴施底肥技术，具体为：每亩施烟秆炭基肥 66.7 ~ 80 kg（N 8.50%、P_2O_5 5.06%、K_2O 14.51%）；移栽前按穴深 15 cm 施入，与穴土混匀，避免根系直接接触肥料。

需科学调控要定根水。用水量方面：每穴浇水量 2 ~ 3 L，渗透深度 ≥ 20 cm。水质：pH 值 6.5 ~ 7.0，EC 值 ≤ 1.0 mS/cm，避免含盐量过高。还可以加入增效剂，添加 0.1% 黄腐酸钾，促进根系伤口愈合，还苗期缩短 2 ~ 3 d。

（四）补苗与弱苗复壮技术

补苗应在移栽后的 2 ~ 5 d 内进行，以确保烟苗能够迅速适应新环境并正常生长。补苗时，应选择健壮且与原始品种一致的烟苗，以提高成活率。为促进补苗的快速生长，可以施用偏心水和偏心肥，增加浇水量，并确保每株烟苗得到充足的营养。补苗过程中应特别注意剔除死苗、弱苗、病苗及异形苗，以防止病害的传播。同时，应根据土壤条件和烟苗生长情况，适当调整施肥和浇水策略，以确保烟苗的健康成长，晴天傍晚进行，避开正午高温。

弱苗复壮措施具体为：第一，采用施偏心肥。0.3% ~ 0.5% 硝酸钾溶液灌根，每株 200 ~ 300 mL。第二，叶面调控。喷施 0.1% 磷酸二氢钾 +0.01% 芸苔素内酯，每周 1 次，连续 2 周。由表 3-6 可知，移栽后 3 d 内补苗、成活率和单株产量最优。

表3-6 补苗时效性对产量的影响

补苗时间（移栽后天数）	成活率/%	单株产量/g
≤3 d	98.5a	185.6a
4～7 d	92.3b	172.4b
>7 d	78.9c	150.2c

五、中耕培土

（一）小培土与大培土操作要点

在小培土（移栽后 15 d 左右），其操作目的是促进不定根萌发，稳固烟株基部。结合追肥（硝酸钾 50 kg/hm²）扒土至茎基部，形成"猫耳状"垄体。培土高度 5～8 cm，垄面覆盖率 ≥90%，避免埋没心叶。小培土后根系干重增加 25%～30%（周敏 等，2023）。

在大培土（团棵期，移栽后 35 d），揭除地膜，清理残膜碎片，减少土壤污染。培土高度至 35～40 cm，垄体坡度 ≤30°，增强抗倒伏能力。使用机械辅助，采用培土机作业，效率 ≥0.5 hm²/d，培土均匀度误差 ≤3 cm。

由表 3-7 可知，培土高度 35～40 cm 时，NC102 品种倒伏率较低，根系干重增加。

表3-7 不同培土高度对烟株抗倒伏的影响

培土高度/cm	倒伏率/%	根系干重/（g/株）	产量/（kg/hm²）
30	12.5b	18.3b	156.69b
35	6.8a	22.7a	165.9a
40	5.2a	23.1a	167.37a

（二）促熟措施

促熟措施分为化学促熟技术与环割技术。其中化学促熟技术可使用脱落酸（ABA）喷施，在打顶后 10 d 喷施 15～18 μmol/L ABA，促进烟叶落黄，成熟期提前 5～7 d。或采用硝酸钾增效，添加 0.5 ~ 0.6 g/L 硝酸钾，提高中部叶钾含量 15% ~ 20%，降低烟碱 0.1% ~ 0.2%。而环割技术，在茎基部距地面 10 cm 处对称环割两半圈（深度至木质部），阻断养分向顶端运输（见表 3-8）。

表3-8　叶面肥配比对烟叶化学成分的影响

处理	总糖/%	烟碱/%	钾含量/%	糖碱比
清水对照	22.4c	3.7a	1.2c	6.05c
0.5 g/L硝酸钾	24.2b	3.5ab	1.5b	6.91b
15 μmol/L ABA	25.9a	3.2b	1.6ab	8.10a
ABA+硝酸钾	26.8a	3.0b	1.8a	8.93a

六、封顶抑芽与合理留叶

（一）打顶时机对烟叶品质的影响

现蕾打顶（50%中心花开放）可阻断顶端生长优势，促进养分向叶片分配，提高中部叶占比（增加 10% ~ 15%）。扣心打顶（花蕾未显露）可提早调控养分，降低上部叶烟碱含量 0.2% ~ 0.3%，但需警惕早衰风险。

由表 3-9 可知，现蕾期打顶兼顾产量和品质，烟碱含量适中（2.5% ~ 3.0%）。

表3-9　不同打顶时期对产量的影响（刘红光　等，2015）

打顶时期	产量/（kg/亩）	产值/（元/亩）	上等烟比例/%	烟碱含量/%
现蕾期	165.9a	4 213.9a	65.4a	2.8b
扣心打顶	154.01b	3 989.49b	63.7b	2.5a
开花期	146.5c	3 674.7c	60.2c	3.1c

（二）化学抑芽与人工抹芽协同管理

在化学抑芽技术中，采用仲丁灵乳油（36%浓度）200 倍液，或氟节胺（25%悬浮剂）150

倍液。打顶后 24 h 内，喷头距腋芽 10 ~ 15 cm 定向喷雾，每株药液量 5 ~ 10 mL。需要注意避免高温时段（> 30℃）施药，防止药害。而人工抹芽操作需要遵循"三早"原则：早抹（芽长 ≤ 2cm）、勤抹（3 ~ 4 d/ 次）、彻底抹（连带芽基）。工具消毒措施为抹芽刀片浸泡 75% 酒精，防止病害传播。为此，采用化学抑芽加人工抑芽协同方式，抑芽率最高。

不同抑芽方式效果对比如表 3-10 所示。

表3-10　不同抑芽方式对比效果

抑芽方式	抑芽率/%	用工成本/（日/hm²）	烟叶钾含量/%
化学抑芽	85 ~ 90	5 ~ 8	1.6b
人工抹芽	95 ~ 98	25 ~ 30	1.8a
化学+人工	98 ~ 100	10 ~ 12	1.7ab

（三）留叶数优化与分层采收技术

高肥力地块（速效氮 ≥ 150 mg/kg）留叶 22 片，中低肥力留叶 20 片。而 NC102 的品种特性决定 NC102 耐肥性强，留叶数过多易导致叶小、糖分分散（总糖 < 24%）。还需采用分层采收技术，上部叶在打顶后 25 ~ 30 d 采收，喷施 0.3 ~ 0.5 mmol/L 亚精胺促进成熟。而中部叶间隔 10 ~ 15 d，叶片主脉变白 2/3 时采收，避免过熟。下部叶则是叶片黄化面积 ≥ 80% 时及时采烤，减少底烘损失。

七、机械化作业

NC102 品种机械化、智能化与规模化种植需以"高效、精准、减耗"为目标，优选适配机械，融合物联网与 AI 技术，推动烟叶生产从劳动密集型向技术密集型转型。

（一）深翻整地机械选型与效率分析

由表 3-11 可知，主流机型中，以 1LF-435 型翻转犁应用较为广泛，其耕深范围：25 ~ 45 cm，碎土率 ≥ 85%。作业效率为 7.5 ~ 18 亩 /h，燃油消耗量 0.8 ~ 1 L/ 亩。而 1GQN-250 型旋耕机的：耕深 20 cm，碎土率 ≥ 90%，配套动力 ≥ 90 马力[①] 的拖拉机。

---

① 1马力≈735W。

表3-11　不同旋耕机作业效率及碎土率

机型	作业效率/（亩/h）	碎土率/%	油耗/（L/hm²）
传统铧式犁	9	70	1.2
1LF-435翻转犁	15	85	0.93
1GQN-250旋耕机	22.5	90	0.67

在黏重土壤，优先选用翻转犁，深耕打破犁底层；而在砂壤土中旋耕机快速整地，降低成本。

（二）无人机植保与智能水肥系统

由表3-12可知，与人工喷雾相比，无人机植保效率更高，更能节省药液和人工成本。大疆T50农业无人机，载药量50 kg，喷幅10 m。飞行高度2～3 m，速度6～8 m/s，雾滴粒径150～200 μm。防治黑胫病药剂（如烯酰吗啉）雾滴覆盖率≥90%。

表3-12　不同旋耕机作业效率及用工成本

作业方式	效率/（hm²/h）	药液节省率	用工成本/（元/hm²）
无人机	4～6	20%～30%	150
人工喷雾	0.3～0.5	基准	600

智能水肥系统在固定育苗点已经逐渐使用。采用物联网传感器（土壤湿度、EC值、pH值）实时监测。中央控制器按需调配水肥，误差±5%。水肥配方为旺长期 $N:P_2O_5:K_2O=1:0.5:3$，成熟期调整为 $1:0.2:4$。智能系统对水肥利用率的影响见表3-13。由此可知，使用智能水肥系统做对比，水分利用率与氮肥利用率，产量均有明显增幅。

表3-13　智能系统对水肥利用率的影响

处理	水分利用率/%	氮肥利用率/%	产量增幅/%
智能水肥系统	92a	65a	12a
传统灌溉	60b	45b	基准

（三）半自动采收设备应用案例

除栽种外，收割采收机器也在逐渐改善，例如 4YQ-2A 型采收机。采收效率为 4.5 ~ 7.5 亩/d，人工辅助率 ≤ 30%。针对可用叶位，中部叶与下部叶，破损率 ≤ 5%。基于智能分选，基于图像识别技术，自动分级烟叶（上等烟识别准确率 ≥ 85%）。避免工人无法正确识别的情况。

与传统相比，采收成本降低 40%（从 80 元 / 亩降至 48 元 / 亩）。烟叶完整率提高 15%，上等烟比例增加 8%。

第五节　大田病虫害防治

一、科学防治原则

烤烟大田病虫害的科学防治应遵循"预防为主，综合防治"的植保方针，构建以农业防治为基础、生物防治为核心、物理防治为辅助、化学防治为补充的绿色防控体系。

烟草病虫害绿色防控技术体系是指以确保烟草生产、质量和生态环境安全为目标，以减少化学农药使用为目的，优先采用生态调控、生物防治、物理防治和科学用药等环境友好型的技术措施，控制烟草病虫危害的行为。促进传统化学防治向绿色防控的转变，是烟草病虫害综合防治的深化和发展。在烟叶生产中，要坚持新发展理念，以生态优先、绿色发展为导向，遵循有害生物综合治理基本原则，综合运用生物防治、农业防治、生态调控、理化诱控、精准施药等技术手段，努力实现高效、环保的病虫害防控，确保烟叶生产安全、质量安全和烟区生态安全。

二、主要病害防治

NC102品种高抗黑胫病（0号小种），抗TMV、PVY、TEV，低抗青枯病，中感赤星病、野火病、气候性斑点病，易感根结线虫病。江龙等人研究发现，与云烟87相比，NC102品种对花叶病、赤星病、野火病、黑胫病的抗性较强（江龙　等，2022）。

（一）烟草赤星病

烟草赤星病是由烟草赤星病菌（*Alternaria alternata*）引起的一种烟草叶部病害，NC102品种为中感赤星病。雨量大，雨日多，则发病早，病害流行快；雨量少、昼夜温差较大时，夜间露水多，湿度大，叶片保持水膜的时间也长，也有利于孢子的产生和侵染；若天气干旱，发病则轻。最适宜发病的温度范围在23.7～28.5℃。

1. 症状及发病时期

烟株打顶后，叶片进入成熟阶段时发病。烟草赤星病以叶片发病为主，严重时茎部、蒴果也可发病。烟草赤星病最初在叶片上出现黄褐色圆形小斑点，以后变为褐色。斑最初直径0.1 cm，以后逐渐扩展，可达1～2 cm。病斑褐色，呈圆形或不规则圆形，病斑产生明显的同心轮纹，质脆、易破，病斑边缘明显，外围有淡黄色晕环。病斑中心有黑色的霉状物，为病菌的分生孢子和分生孢子梗，天旱时在病斑中部产生裂孔，病害发生严重时，许多病斑相互遇合，形成大的病斑，易造成大片枯斑，破裂脱落。

2. 主要防治措施

（1）农业防治：第一，适时育苗、移栽。烟草赤星病主要发生在烟草生长后期，在叶片即将成熟时有利于发生和流行。要根据品种的特性，进行合理密植（NC102 田块建议 900 ~ 1 100 株/亩），尤其是烟草赤星病严重的地区，要求成株期不封行，连片面积适中，不要过大，避免病害更加流行，难以控制。第二，要注意增施钾肥。钾肥有利于提高烟株的抗病性。第三，做到测土施肥，以避免氮肥过多，造成烟株贪青晚熟。第四，要合理轮作。烟草赤星病菌可随病株残体在土壤中存活 2 年以上。因此，如果连年种植，土壤中的病菌会积累得越来越多，易导致烟草赤星病的发生和流行。

（2）生物防治：喷施枯草芽孢杆菌（100 亿芽孢/g）或淡紫紫孢菌制剂，抑制病原菌扩展，从而达到防治目的。

（3）化学防治：打顶前喷施 80% 波尔多液 600 ~ 750 倍液进行预防。发病初期选用 40% 菌核净可湿性粉剂 1 000 ~ 1 200 倍液、10% 多抗霉素 800 ~ 1 000 倍液或 30% 苯醚甲环唑悬浮剂，间隔 7 ~ 10 d 喷施 1 次，连续 2 ~ 3 次，注意药剂轮换。

（二）烟草野火病

烟草野火病是由丁香假单胞烟草致病变种（*Pseudomonas syringan pv. tabaci*）引起的烟草叶部病害。该菌的寄主范围较广，除侵染烟草外，还能侵染豇豆、大豆、番茄、胡椒、曼陀罗等。NC102 品种为中感野火病。降雨多，湿度大，会导致野火病大流行。机械损伤和虫伤会导致病菌从伤口迅速成功地侵入，也会造成野火病大面积发生。

1. 症状及发病时期

烟草野火病在烟草的整个生育期均可发生，但以大田后期为主，主要危害叶片，也危害茎、萌果和萼片等。幼苗受害腐烂可造成大片死苗；叶片发病初期为淡黄色晕斑，随后病斑中心产生褐色坏死小圆点，周围有典型的黄色晕圈，以后病斑逐渐扩大，直径可达 1 ~ 2 cm。严重时病斑愈合后形成不规则大斑，上有不规则轮纹；茎上发病后产生长梭形病斑，初呈水渍状，后渐变褐色，周围晕圈不明显，略有下陷。在多雨潮湿天气，病斑扩展速度快，多个病斑愈合形成不规则的褐色大斑，外围有黄色较宽的晕圈，后期病斑破裂穿孔；在暴雨和晴天交替的天气下，田间病害可迅速扩散蔓延，导致该病危害更加严重。

2. 主要防治措施

（1）农业防治：第一，轮作与清洁，实行2～3年与非茄科作物（如水稻、玉米）轮作，及时清除病残体并深翻土壤。第二，肥水管理，控制氮肥用量，增施磷钾肥（氮磷钾比1:1～2:3），避免田间积水。

（2）生物防治：喷施枯草芽孢杆菌或淡紫紫孢菌制剂，抑制病原菌扩展。

（3）化学防治：第一，预防性喷药，团棵期至现蕾期喷施1:1:160波尔多液或20%噻菌铜1 000倍液。第二，治疗性用药，发病初期选用50%氯溴异氰尿酸1 000～1 500倍液或4%春雷霉素600倍液，间隔7～10 d喷施2～3次；也可以采用77%硫酸铜钙可湿性粉剂25 g/亩喷施叶面。

（4）应急措施：暴风雨后及时排水并补喷杀菌剂，摘除病叶集中销毁。早期发现少量病叶时，应及早摘去或提早采收脚叶，以防蔓延，并用80%的波尔多液可湿性粉剂600倍液喷施叶面。

（三）气候性斑点病

烟草气候性斑点病是空气中臭氧（O_3）毒害而引起的一种非侵染性病害。NC102品种中感气候性斑点病。一般情况下，晴天发病轻，但低温、多雨、日照少、持续阴雨骤然转晴的天气，发病重。

1. 症状及发病时期

烟草气候性斑病主要在团棵期至旺长期发病，苗期很少发病。发病部位多发生在烟株中部和下部已展开的叶片上，并呈规律性分布，叶尖、叶基、叶中部较为集中，多沿叶脉两侧组织扩展。有时中部叶片严重受害而下部叶片却无症状；有时也上升到顶叶上。

因病害发生时期和发生条件的不同，病害的症状类型有较大差异，主要表现为白斑型、褐斑型、环斑型、雨后黑褐斑型、尘灰型、坏死褐点型、非坏死褐色型、成熟叶褐斑型等类型。具体为：

（1）白斑型：主要发生在团棵期后的中、下部叶片上。病斑一般为圆形、近圆形或不规则形，直径大小为1～3 mm，中间坏死，四周失绿。初为水渍状，后变成褐色，在48 h内再变为灰白色或白色，病斑周围褪绿变黄，斑点常集中在主脉和侧脉的两侧；在已经伸长的叶片上，多出现在叶尖附近；发病后期，病斑中心坏死凹陷，病斑周围略显凸起，严重时病斑中心穿孔、脱落；有时多个病斑遇合后会形成大的穿孔，可使叶片破烂不堪。

（2）褐斑型：主要发生在团棵期后的中、下部叶片上。病斑一般圆形、近圆形或不规则形，直径大小为 1 ~ 3 mm。褐斑型病斑的形状与白斑型类似，主要区别是病斑长期保持褐色，不再变为灰白色或白色。病斑内缘颜色较深，病健交界更加明显。

（3）环斑型：病斑常在白斑和褐斑的周围形成 1 个或多个（多数为 2 ~ 3 个）多点间断组成的轮环，与烟草环斑病毒病的环状相似。环斑型病斑与白斑型病斑可以同时出现在一个叶片上，其数量不等，斑点色泽有白色和褐色两种。环斑直径为 1 ~ 5 cm，甚至更大。

（4）雨后黑褐斑型：病斑初期主要在叶缘或叶脉两侧，水渍状，随着病情的发展病斑迅速扩大，变成黑褐色，病斑呈不规则形，组织坏死。该症状主要发生在排水不良、隐蔽或生长差的烟株上。

（5）尘灰型：尘灰型的病斑极小，且相互紧靠，类似尘灰落在叶片上一样。初为灰白色，后变成褐色，多发生于嫩叶叶尖、叶缘或生长稍差、较薄的叶片上，受害处未发现穿孔现象。

2. 主要防治措施

（1）农业防治：增施钙肥和钾肥，增强叶片抗逆性，减少细胞膜损伤，避免过量施氮导致叶片柔嫩易感病；叶面补微肥，喷施含锰、锌、硼的叶面肥（如硫酸锰 0.1% 溶液），缓解症状。合理灌溉，保持土壤湿润但避免积水，干旱时及时灌溉，减少逆境胁迫。适当稀植，改善通风透光，降低田间湿度。

（2）化学防护：喷施 0.1% ~ 0.2% 抗坏血酸（维生素 C）或 0.01% 水杨酸，缓解氧化应激；臭氧高峰期前喷施 EDTA 螯合铁或苯并噻二唑（BTH）诱导抗性。喷施百菌清（虽非直接杀菌，但可增强叶片抗逆性）。

（3）应急措施：发现病斑后，立即摘除严重病叶，喷施磷酸二氢钾（0.3%）+ 芸苔素内酯促进恢复。污染天气预警，提前喷水冲洗叶面污染物，或喷施石灰水稀释液（0.5%）中和酸性物质。

（四）烟草青枯病

烟草青枯病是由青枯雷氏菌（*Ralstonia solanacearum*）引起的细菌性土传病害。NC102 品种低抗青枯病。高温和高湿是青枯病流行的先决条件。气温在 30 ~ 35℃，湿度在 90% 以上时，病害常常较为严重。

1. 症状及发病时期

烟草青枯病在苗期和大田期均可发生，属于典型的维管束病害，根、茎、叶各部位均可受害，但以根、茎危害为主。

烟草青枯病最典型的症状是叶片枯萎，枯萎的叶片仍呈绿色，故称青枯病。被感染的病茎和叶脉的导管常变成褐色至黑色，外表出现黑色条斑，有的黑色条斑一直延伸到烟株顶部，甚至枯萎的叶柄上都有黑色条斑。病株发病的一侧叶片枯萎，无病一侧的叶片生长正常，呈现"半边疯"症状。

烟株病茎横切，可见一侧的维管束变成褐色至黑色，病茎髓部变成蜂窝状或全部腐烂，形成仅留木质部的空腔。天气潮湿时，用力挤压病茎切口处，可见黄白色乳状黏液从切口处渗出，即细菌的"菌脓"。

发病初期，拔起病株，可看到病茎一侧的根系腐烂；随着病害进一步发展，大部分根系腐烂，变成深褐色至黑色。土壤湿度大时，大的根软腐发黏，至此地上部分全株枯死。

2. 主要防治措施

（1）农业防治：与非寄主作物轮作3年以上，如水稻、玉米、小麦等禾本科作物，避免与茄科、豆科、花生轮作，水旱轮作效果最佳（淹水半年可显著降低病原菌数量）。酸性土壤每亩撒施生石灰50～100 kg，调节 pH 至 6.5～7.0（抑制病菌繁殖）。增施磷钾肥，避免偏施氮肥；补充钙肥增强导管抗侵染能力。

（2）生物防治：移栽时用枯草芽孢杆菌、解淀粉芽孢杆菌沟施或蘸根用量2～5 kg/亩；可以采用哈茨木霉与腐熟有机肥混合施用；也可以用链霉菌制剂灌根；大蒜素、苦参碱等提取物灌根，从而起到抑制病原菌增殖的作用。

（3）化学防治：发病初期选用20%噻菌铜悬浮剂500～700倍液于团棵期到旺长期灌根，每株50～100 mL，7～10 d/次，连续2～3次。

（五）烟草普通花叶病毒病（TMV）

烟草普通花叶病毒病（TMV）是由烟草普通花叶病毒引起的一种烟草病毒病害。NC102品种抗TMV。该病发病的最适宜温度为28～30℃，高于38℃或低于10℃则很少发病。

1. 症状及发病时期

TMV 在烟草苗床期至大田成株期均可发生。烟株只要某个叶片或某个部位染病，便会形成系统侵染，整株带毒。

受侵染的烟株，首先是叶脉组织变成淡绿色，迎光透视呈半透明状，即所谓"明脉"。几天后，形成淡黄色与绿色到浓绿色相间的斑驳，即所谓"花叶"。根据田间出现的症状不同，可为轻型花叶和重型花叶两类。

（1）轻型花叶。轻型病株与健株无多大差别，一般仅在叶尖或全叶表现明脉现象；稍重时，出现深色与浅色黄绿相间的花叶斑驳，叶片基本不变形，但叶肉会出现明显变薄或厚薄不均的现象。

（2）重型花叶。重型花叶的叶色浓淡不均，出现黄绿相间的镶嵌状症状。由于组织感病毒刺激，一部分叶肉细胞增多或增大，而另一部分叶肉细胞则不增加，致使叶片厚薄不匀，泡斑明显。病叶边缘多向背面翻卷，叶片皱缩扭曲，呈畸形，有时有缺刻或呈带状。早期发病，烟株矮化，生长迟缓，重病株花变形，果小而皱缩，种子多数不能发芽，后期发病仅上部嫩叶边缘花叶；有的则仅在权叶上出现花叶。

天气炎热干燥时，在典型花叶症状的烟株上，中、下部叶片也可出现大面积褐色坏死斑，即"花叶灼斑"。

2. 主要防治措施

（1）农业防治：与非茄科作物（如水稻、玉米）轮作2~3年，避免与茄科或十字花科作物连作；及时拔除病株，操作时先健株后病株，避免吸烟或汁液接触传播；增施磷钾肥（N∶P∶K=1∶1∶3），避免氮肥过量，增强植株抗性。

（2）生物防治：熊果酸（UA）和4-甲氧基香豆素可诱导烟草抗氧化酶活性，抑制TMV增殖，效果与香菇多糖相当（Lin Cai al et.，2020）；喷施枯草芽孢杆菌或淡紫拟青霉，竞争性抑制病毒传播。

（3）化学防治：可选用2%宁南霉素水剂200~250倍液、0.5%菇类蛋白多糖水剂、20%盐酸吗啉胍可湿性粉剂300~400倍液、0.5%氨基寡糖素水剂400~600倍液、2%氨基寡糖素水剂500~600倍液、20%吗胍·乙酸铜可湿性粉剂500~700倍液、24%混脂·硫酸铜水乳剂600~900倍液、8%混脂·硫酸铜水乳剂500~1 000倍液、20%吗胍·乙酸铜可溶性粉剂800~1 200倍液叶面喷雾，每7~10 d/次，共喷施3~4次。

（六）烟草马铃薯Y病毒病（PVY）

烟草马铃薯Y病毒病是由烟草马铃薯Y病毒引起的一种烟草病毒病害。NC102品种抗PVY。烤烟移栽后气候干旱，旺长前后气温波动较大，出现冷雨或热风等急剧变化天气时，病害往往发生比较严重。

1. 症状及发病时期

烟草马铃薯Y毒病在苗期至成株期均可发病，但在大田成株期发病较多。与TMV类似，PVY属于系统侵染，整株发病。

烟草感染马铃薯Y病毒后，因品种和病毒株系的不同，所表现的症状有明显差异，主要表现为以下两种类型。

（1）普通株系。普通株系病毒侵染的烟株，一般在尚未发育成熟的叶片上表现为轻微斑驳；

而在较大的叶片上，则沿叶脉两侧形成暗绿色的脉带，在脉带之间表现为黄化，在叶基部的裂片上，这种脉带比较明显，有时植株会出现矮化，叶片出现卷叶扭曲等现象。

（2）脉坏死株系。脉坏死株系病毒侵染的烟株，叶脉变成深褐色至黑褐色；坏死斑常延伸到中脉，甚至进入茎的维管束和髓部，引起叶片死亡。有时坏死仅限于支脉和主脉稍，叶片尚能保持一段时间的活力；烟株变矮，叶片皱缩并向内卷曲。叶片上有时出现褐色或白色坏死斑，斑点的大小、颜色和形状差异较大。在有些病株上，叶片出现斑驳后呈干燥或烧焦状，小叶脉变褐色、枯死，这种症状极为普遍。

2. 主要防治措施

（1）农业防治：与非茄科作物（如水稻、玉米）轮作 2 ～ 3 年，避免与马铃薯、茄科作物邻作，烟田周边种植向日葵或谷子阻隔蚜虫迁飞；避免干旱或涝害，增强植株抗性。

（2）生物防治：喷施苦参碱、藜芦提取物或 0.2% 阿维菌素 +2% 苦参碱 700 倍液防治蚜虫；β - 罗勒烯（1 ～ 25 μmol/L）处理烟株可显著抑制 PVY 侵染。

（3）化学防治：发病初期喷施 20% 病毒 A500 倍液、6% 病毒克 800 倍液或 24% 毒消 800 倍液，间隔 7 ～ 10 d，连用 2 ～ 3 次；避蚜防病，移栽时穴施 15% 铁灭克（100 g/ 亩）或喷施 50% 抗蚜威 4000 倍液，减少传毒介体。

（七）烟草蚀纹病毒病（TEV）

烟草蚀纹病毒病（TEV）由烟草蚀纹病毒（*Tobacco Etch Virus*）引起，属马铃薯 Y 病毒组，是一种严重危害烟草的病毒性病害。NC102 品种抗 TEV。该病适宜发病温度为 25 ～ 30℃，高温（>30℃）可能导致隐症，低温（< 20℃）延缓症状表现，干旱或骤雨后的高温高湿环境易诱发病害，蚜虫活动频繁时传播加剧，大风天气促进叶片摩擦传毒，氮肥过量或遮阴地块发病较重。烟草蚀纹病毒病和烟草气候性斑点病的区别主要有：烟草蚀纹病毒病在后期叶肉均坏死穿孔，而烟草气候性斑点病基本不穿孔；烟草蚀纹病毒病的斑点分布无规律，而烟草气候性斑点病的斑点常呈圆圈型和线条状。

1. 症状及发病时期

苗期至成株期均可感染，但症状多在旺长期至打顶后显现。

初期叶面有绿小黄点或白色条纹，后扩展为褐色线状蚀刻斑，严重时叶肉坏死脱落仅留叶脉骨架；茎秆产生干枯条斑，髓部坏死，植株矮化。

2. 主要防治措施

（1）农业防治：清除病残体及杂草，增施钾肥，避免氮肥过量；烟田覆盖银灰膜或周边种植玉米、向日葵驱避蚜虫。

（2）生物防治：枯草芽孢杆菌或淡紫拟青霉可抑制病毒扩散；参考 PVY 防治蚜虫方式进行用药。

（3）化学防治：发病初期喷施 2% 宁南霉素、20% 病毒 A 或 24% 混脂·硫酸铜，间隔 7 ~ 10 d 连用 2 ~ 3 次；喷施 50% 抗蚜威或 10% 吡虫啉，减少蚜虫数量。

（八）烟草番茄斑萎毒病（TSWV）

烟草番茄斑萎毒病是由番茄斑萎病毒引起的局部地区危害严重的病害。主要通过蓟马传播，也易通过汁液摩擦接触传染。至少有 8 种蓟马可以持久性传播该类病毒，包括西花蓟马、烟蓟马、苏花蓟马、苜蓿蓟马、棕榈蓟马等。番茄斑萎毒病属病毒寄主范围较广，可侵染 70 余属 1 000 余种植物。

1. 症状及发病时期

烟草全生育期均可发病。病株初期表现为发病叶片半叶点状密集坏死，且不对称生长；发病中期，病叶出现半叶坏死斑点和脉坏死，顶部新叶出现整叶坏死症状；发病后期，烟株进一步坏死，茎秆上有明显的凹陷坏死症状，且对应部位的髓部变黑，但不形成碟片状，最终导致烟株整株死亡。

2. 主要防治措施

（1）农业防治：铲除田间及周边杂草（如鬼针草、蒲公英等），减少蓟马越冬基数；避免与茄科作物（番茄、辣椒等）连作或邻作，烟田远离蔬菜种植区；育苗棚覆盖 60 目防虫网，移栽前剔除病苗，加强田间管理，及时拔除病株并深埋；田间设置蓝色黏虫板（18 ~ 25 块 / 亩），高度与烟株顶端平齐，诱杀蓟马。

（2）生物防治：育苗期释放捕食螨（100 头 / 盘）防治蓟马；叶面喷施 8% 宁南霉素 1 000 倍液、3% 超敏蛋白 1 500 倍液或 5% 氨基寡糖素，间隔 10 d 喷 2 ~ 3 次，增强烟株抗性；使用多粘类芽孢杆菌或荧光假单胞菌灌根。

（3）化学防治：选用 60 g/L 乙基多杀菌素（50 mL/ 亩）、70% 吡虫啉水分散粒剂（5 g/ 亩）、40% 啶虫脒（12 g/ 亩）等，轮换用药以避免抗性。施药时间以清晨或傍晚为主，重点喷施叶片背面及茎基部。发病较重区域需对烟田及周边 30 m 内作物和杂草统一喷药，以彻底消灭蚜虫。

（九）烟草白粉病

烟草白粉病是由二孢白粉菌（*Erysiphe cichoracearum DC*）引起的一种烟草叶部真菌病害。

该病易在温暖、潮湿、日照较少的地区发生，在高海拔的山区及丘陵地区发生较多；在平原地区及通风透光较好的烟田发病较轻，在靠近湖泊、河流、水沟、沼泽、池塘、建筑物、墙边、森林及其他遮阴物的烟田，密度过大的烟田发病重。病菌适宜侵染湿度一般为 73% ~ 83%；最适侵染温度为 16 ~ 23.6℃。NC102 品种为多叶形品种，过度密植易大面积爆发白粉病。

1. 症状及发病时期

烟草白粉病在苗期及大田期均可发生，以大田期危害为主。其主要危害叶片，严重时可危害茎秆。主要症状是先从下部叶片发病，发病初期，在叶片正面呈现白色微小的粉斑，随后白色粉斑在叶片正面扩大，严重时白色粉层布满整个叶面。白粉病与霜霉病的症状主要区别是：白粉病的霉层在叶片正面，颜色为白色，而霜霉病的霉层在叶片背面，颜色为灰蓝色。

2. 主要防治措施

（1）农业防治：控制氮肥，增施磷钾肥（推荐 N:P:K=1:2:3 或 1:2:2），增强烟株抗病性；叶面补充钙肥和硅肥，提高叶片抗侵染能力；及时摘除病叶和底脚叶，减少菌源；高垄深沟栽培，雨后及时排水，降低田间湿度；合理密植，改善通风透光条件。

（2）生物防治：白僵菌、绿僵菌等真菌制剂可抑制分生孢子萌发；喷施 8% 宁南霉素或 5% 氨基寡糖素，激活烟株免疫反应。

（3）化学防治：在发病初期开始喷药防治，视病情情况，每隔 7 ~ 10 d 喷药 1 次，重点喷在中下部叶片上，可选用 20% 腈菌唑微乳剂，每亩有效成分用量为 4 ~ 5 g；30% 己唑醇悬浮剂，每亩有效成分用量为 3.6 ~ 5.4 g；30% 氟菌唑可湿性粉剂，每亩有效成分用量为 3 ~ 4.5 g。

（十）烟草黑胫病

烟草黑胫病是由烟草疫霉（*Phytophthora nicotianae Brada cle hann*）引起的一种土传真菌性病害。NC102 高抗黑胫病。烟草黑胫病在高温高湿条件下易发病，一般在较高温度（约 25 ~ 32℃）和充足湿度（土壤湿度或积水）条件下，田间才陆续出现症状；温度 28 ~ 32℃，雨后相对湿度持续 80% 以上 3 ~ 5 d，即可引发流行。日均气温低于 20℃基本不发病。

1. 症状及发病时期

黑胫病在苗期很少发生，主要对大田期烟株产生危害。苗期受害呈猝倒状。旺长期烟株发病时，茎秆上无明显症状，而茎基部出现缢缩的黑色坏死斑，根系变黑死亡，导致叶片迅速凋萎、变黄下垂，呈穿大褂状，严重时全株死亡。黑胫为此病的典型症状，病菌从茎基部侵染并迅速横向和纵向扩展，可达烟茎 1/3 以上，纵剖病茎，可见髓干缩呈褐色碟片状，其间有白色菌丝。在多雨潮湿季节，孢子通过雨水飞溅可以从茎秆伤口处侵入，形成茎斑，使茎易从病斑处折断形成"腰烂"；孢子飞溅到下部叶片侵染，则形成直径 4 ~ 5 cm 的坏死斑，又称"猪屎斑"。

2. 主要防治措施

（1）农业防治：实行轮作，间隔 2 年或 3 年栽烟，有条件的地方可以实行水旱轮作。适时早栽，使烟株感病阶段避过高温多雨季节。采用高垄栽烟，可防止田间过水、积水。

（2）生物防治：移栽时使用枯草芽孢杆菌抑制病原菌生长。

（3）化学防治：播种后 2 ~ 3 d 或烟苗零星发病时，用药剂喷洒苗床进行防治，连续 1 ~ 2 次；在移栽时或还苗后施药 1 次；发现黑胫病零星发生时进行施药，以后每隔 7 ~ 10 d 施用 1 次，连续用药 2 ~ 3 次，基本上可以控制该病的危害。施药方法是向茎基部及其土表浇灌。目前常用杀菌剂有 25% 甲霜·霜霉威可湿性粉剂 600 ~ 800 倍液、58% 甲霜·锰锌可湿性粉剂 600 ~ 800 倍液、80% 烯酰吗啉可湿性粉剂 1 250 ~ 1 500 倍液、72.2% 霜霉威盐酸盐水剂 1 000 倍液等。

（十一）烟草根黑腐病

烟草根黑腐病是由根串珠霉（*Thielaviopsis basicola*）引起的烟草根部病害，主要以厚垣孢子和内生分生孢子在土壤、病残和粪肥中越冬，成为第二年初侵染源，田间发病最适宜温度在 17 ~ 23℃，土壤湿度大尤其接近饱和点时易发病，土壤 pH ≤ 5.6 时极少发病。

1. 症状及发病时期

烟草根黑腐病俗称烂根、黑根等，从烟草幼苗期至成株期均可发生，主要发生在烟株根部，因发病根部组织呈特异性黑色坏死而导致烟苗死亡或地上部分生长不良。幼苗很小时，病菌从土表茎部侵入，病斑环绕茎部，向上侵入子叶，向下侵入根系，使整株腐烂呈现"猝倒"症状；较大的幼苗感病后，根尖和新生的小根系变黑腐烂，大根系上呈现黑斑，病部粗糙，严重时腐烂。病苗移栽至大田后生长缓慢，植株矮化，中下部叶片变黄、易萎蔫，可在病部上方培土处新生大量不定根，而使其后期恢复生长。

2. 主要防治措施

（1）农业防治：采用高垄栽培，施用腐熟的有机肥，适当控制土壤的发病条件，如土壤温湿度、pH 以及土壤菌等。

（2）生物防治：移栽时使用枯草芽孢杆菌或解淀粉芽孢杆菌抑制病原菌生长。

（3）化学防治：可在烟苗移栽时土穴施药，发病初亦可喷施 70% 甲基硫菌灵可湿性剂 800 ~ 1 000 倍液。

（十二）根结线虫病

烟草根结线虫病是由根结线虫（*Meloidogyne spp*）侵染引起的重要土传病害，主要危害烟草根系。NC102品种易感根结线虫病，尽量避开"秋发地"和根结线虫危害较重的区域种植。

1. 症状及发病时期

（1）地上部症状：发病初期，烟株生长缓慢，叶片发黄、萎蔫，类似缺肥或缺水症状；中后期叶片自下而上变黄，叶尖、叶缘出现褐色坏死斑，呈倒"V"形扩展，严重时整株矮化和早衰。

（2）地下部症状：根部形成大小不一的瘤状根结（初为乳白色，后变褐），须根减少，严重时根系肿胀呈"鸡爪状"；后期根结腐烂中空，仅存根皮和木质部，丧失吸收功能。

该病病原以卵或2龄幼虫在土壤或病残体中越冬，通过病土、灌溉水及农事操作传播，适宜发病条件为土温25～30℃、土壤湿度40%～70%。

2. 主要防治措施

（1）农业防治：与禾本科作物（如水稻、玉米）轮作3年以上，水旱轮作效果最佳。夏季高温闷棚（覆膜灌水，保持55℃以上10 d）。冬季深翻晒田，减少越冬虫卵。培育壮苗，避免带病移栽；起高垄、及时排水，避免干旱或积水加重病害。

（2）生物防治：施用淡紫拟青霉、蜡质芽孢杆菌等微生物菌剂，抑制线虫繁殖；增施有机肥，调节土壤pH至中性，减少线虫存活。

（3）化学防治：移栽前沟施或穴施药剂，如3%克百威颗粒剂（3 kg/亩）、0.5%阿维菌素颗粒剂（2～3 kg/亩）、10%噻唑膦颗粒剂（2 kg/亩），注意避免伤根。用1.8%阿维菌素乳油1 000倍液或淡紫紫孢菌制剂灌根，每株0.5 kg，间隔10～15 d。

三、主要虫害防治

（一）烟 蚜

1. 危害特点

烟蚜是世界性分布的害虫，是烟草上最主要的害虫之一，其从苗床期直至采收前期都有发生。无论若蚜或成蚜都聚集在烟株叶背和幼嫩组织上，以刺吸式口器插入叶肉、嫩茎、嫩蕾、花果吸食汁液，使烟株生长缓慢，烟片变薄，严重时导致失水而使叶片卷缩、变形，内含物减少，烤后呈褐色，品质低劣，而且难于回潮，极易破碎。蚜虫分泌的"蜜露"常诱发煤烟病。此外，蚜虫还传播烟草黄瓜花叶病毒病和烟草马铃薯 Y 病毒病、烟草蚀纹病毒病等。

烟蚜食性较杂，在国内已发现 170 多种寄主植物，除危害烟草外，还危害油菜、白菜、甘蓝、萝卜、辣椒、马铃薯、黄瓜、芥菜及其他多种杂草。

2. 综合防治方法

（1）苗期综合防治：采用 40 目尼龙防虫网对育苗棚门窗及通风口进行全封闭覆盖，可有效阻隔蚜虫等害虫侵入，同时，建议在育苗棚周边设置 2 m 宽的防虫网隔离带，进一步降低虫害风险。

定期对苗床周边 500 m 范围内的大棚和露地蔬菜进行蚜虫防治，特别是在通风排湿前 48 h 实施。对育苗棚内出现的蚜虫，均可选用 5% 吡虫啉乳油 1 000 ~ 1 200 倍液或 3% 啶虫脒 1 500 ~ 2 000 倍液进行喷施防治，或采用 1.8% 阿维菌素乳油 4 000 ~ 6 000 倍液进行喷雾防治。施药间隔 10 ~ 15 d，全生育期最多使用 2 次，注意轮换用药以避免抗药性产生。

（2）大田期综合防治：在大田移栽时，可采用银灰色或白色地膜覆盖技术，减少烟蚜迁入大田危害；及时打顶抹杈，将所打掉的烟杈带出田外集中处理；及时清除烟田杂草，恶化烟蚜的食物环境；施肥过量会导致烟株后期长势过旺，烟杈容易大量发生，有利于烟蚜的滋生；采用黄板诱集、黏蚜板、杀虫灯等多种手段进行集中诱杀。

可以采用蚜茧蜂等天敌进行防治，在害虫发生的关键时期释放到烟田中，增加烟田天敌的种群数量，增强天敌对害虫的自然控制力，从而控制烟蚜的发生和危害。在烟株团棵和旺长等关键时期，及时使用 3% 啶虫脒乳油 1 500 ~ 2 500 倍液或 5% 吡虫啉乳油 1 000 ~ 1 200 倍液等进行喷雾防治，也可用 70% 吡虫啉可湿性粉剂 3 ~ 4 g/ 亩等喷雾防治。施药的重点部位是烟株上部幼嫩叶片的背面。

（二）蓟　马

1. 危害特点

危害烟草的蓟马以西花蓟马和黄蓟马为主，蓟马以其锉吸式口器刮破烟株表皮，用口针插入芽、心叶、花等器官吸取汁液，被害叶片初呈白色斑点后连成片，危害严重时叶片变小、皱缩，甚至造成烟株枯萎。蓟马是番茄斑萎病毒传毒昆虫，在烟苗上还可传播番茄斑萎病毒。

2. 综合防治方法

（1）农业防治：对土壤进行消毒处理，清除田边花卉、杂草，销毁蓟马生活环境和繁衍场所。烟苗育苗大棚保持密封，覆盖 60 目防虫网以防蓟马迁入。

（2）物理防治：在苗圃地、田间挂蓝色黏板或安放盛水的蓝色盘诱捕蓟马。

（3）化学防治：选用25%噻虫嗪水分散粒剂3 000 ～ 4 000倍液、70%吡虫啉可湿性粉剂12 000 ～ 13 000倍液或3%啶虫脒乳油1 500 ～ 2 500倍液等内吸性杀虫剂。

（三）金龟甲

1. 危害特点

烟田里的主要种类有马娟金龟甲、棕色鳃金龟、铜绿丽金龟等。成虫危害烟草叶片，造成缺刻、破损；幼虫为害烟草根部，影响烟株生长发育。

2. 综合防治方法

（1）农业防治：加强田间管理，中耕，清除田边、埂边杂草。深耕细耙，破坏幼虫和蛹的越冬场所使其暴露死亡。

（2）物理防治：利用成虫趋光性和趋湿性等特点，在成虫发生季节用杀虫灯诱杀成虫。也可在烟田安装盛有石灰水的水盆诱杀成虫。

（3）药剂防治：用50%辛硫磷乳油拌细土进行土壤处理，辛硫磷与土的比例为1∶10，每亩施用毒土30 ～ 40 kg，整地时将毒土翻入土壤内，可毒杀大量潜伏在土中的成虫。另外，在红薯和马铃薯地及杂草上喷施杀虫剂可减少迁入烟田的虫源。

（四）烟青虫

1. 危害特点

烟青虫在烟草现蕾以前，危害心芽与嫩叶，吃成小孔洞，严重时把叶肉吃光，仅留叶脉；留种田烟株现蕾后，危害蕾、花、果，有时还能钻入嫩茎取食，造成上部幼茎、嫩叶枯死。

2. 综合防治方法

（1）耕作灭蛹：烟草收获后进行冬耕冬灌，能够杀死大部分越冬蛹。

（2）灯光捕杀成虫：利用频振式杀虫灯诱杀成虫。

（3）捕杀幼虫：幼虫危害期，傍晚及时下田检查心叶、嫩叶，如发现新鲜虫粪，就捕杀周围幼虫。

（4）药剂防治：烟青虫幼虫2龄前，用12.5%高效氟氯氰菊酯悬浮剂8 ～ 12 mL/亩，兑水后均匀喷施叶片1次。使用甲氨基阿维菌素苯甲酸盐时（用0.5%微乳剂20 ～ 30 mL/亩），可喷施2次。也可在烟青虫1 ～ 2龄幼虫中、高峰期，用100亿孢子/mL短稳杆菌悬浮剂500 ～ 700倍液均匀喷雾。注意大风天或预计1 h内有降雨勿喷施上述药剂。烟青虫和蚜虫混合发生的烟区，在烟青虫幼虫始发盛期，用60%氯虫·吡蚜酮水分散粒剂8 ～ 10 g/亩，兑水后均匀喷施叶片正反面，注意使用该药时应避免与强酸或强碱性农药混用，以免降低药效。也可采用微生物菌剂，如苏云金杆菌（BT乳剂，200～400倍液）、核多角体病毒（500～700倍液）或短稳杆菌悬浮剂。

（五）地老虎

1. 危害特点

地老虎主要有小地老虎、大地老虎和黄地老虎。地老虎主要危害苗床和移栽至团棵的烟苗。3龄前幼虫在植株上取食嫩叶成小孔洞或缺刻。3龄后幼虫食量增大，除取食嫩叶外，还常常取食烟苗基部，切断烟株，造成缺苗，大田期造成断行。

2. 综合防治方法

（1）栽培防治：锄草灭虫清除田间杂草，可消灭大量虫卵和幼虫；捕捉3龄以上的幼虫，可在早晨到田间进行。

（2）物理防治：设置多频振式杀虫灯诱杀成虫。

（3）化学防治：先将麦麸或豆饼或棉籽饼等饵料炒熟，再拌入40%辛硫磷，药量、水量和饵料量的比例为0.1:（100～300）:1 000,饵料拌成后稍闷片刻,于傍晚撒施田间; 或每隔3～4 m刨一个碗大的坑，放一捏毒饵后再覆土，每隔2 m左右1行，用毒饵量为22.5～37.5 kg/hm^2，防治效果较好；可用40%辛硫磷1 000～1 500倍液或2.5%溴氰菊酯1 200倍液，施药时间以18时以后效果较好。

（六）蝼　蛄

1. 危害特点

蝼蛄主要有非洲蝼蛄和华北蝼蛄。蝼蛄以成虫和若虫在烟草苗床土壤中活动，将土面造成不规则的隧道，使烟草与土壤分离，导致烟苗失水死亡。同时，蝼蛄还在土壤中取食烟种，幼根及幼茎被害处呈乱麻状，使幼苗枯死。移栽后一个月内的烟苗仍然可受蝼蛄的危害。

2. 综合防治措施

（1）栽培防治：采用堆粪诱杀，因为蝼蛄有趋骡、马粪习性，可通过堆粪诱杀，减少成虫的数量。

（2）化学防治：采用毒饵法防治，参照地老虎的防治方法。

（七）斜纹夜蛾

1. 危害特点

斜纹夜蛾又称莲纹夜蛾，俗称夜盗虫、乌头虫等，是一种暴食性害虫。小龄幼虫群集叶背啃食，3龄后分散危害叶片、嫩茎。轻则食成缺刻，重则将叶片食光。

2. 综合防治方法

（1）栽培防治：冬耕灭蛹；清除杂草。结合田间作业，可摘除卵块及幼虫扩散危害前的被害叶；清晨在烟田捕杀幼虫，及时打顶抹杈。

（2）物理防治：设置频振式杀虫灯诱杀成虫。

（3）生物防治：可用夜蛾诱捕器在成虫交配期诱捕（杀）雄性成虫或干扰其交配，能有效控制靶标害虫数量，达到防治害虫的目的。性诱剂的诱芯田间设置高度，距地面1 m左右，防治效果较好。

（4）化学防治：幼虫3龄以前，可用0.5%苦参碱水剂600～800倍液、40%灭多威可溶粉剂1 000～1 500倍液或2.5%溴氰菊酯乳油1 000～2 500倍液或2.5%高效氯氟氰菊酯乳油1 000～2 000倍液叶面喷雾防治。施药时应选择在18时以后进行，使药剂能直接喷到虫体和食物上，触杀、胃毒并进，增强毒杀效果。

四、烟草营养失调症

（一）烟草氮素营养失调症

氮素营养不足的田间主要表现为：生长缓慢，植株矮小，可能出现早花；叶片小，较薄；先从下部叶开始，颜色逐渐变淡，呈黄色或黄绿色；可引起烟叶假熟，或出现烟株脱肥现象。

氮素过量，氮代谢失调，植株生长迅速，叶片肥大而粗糙，含水量大，组织疏松，颜色深绿，植株发育和烟叶的工艺成熟期推迟，不能适时成熟落黄；严重过量时产生"黑爆烟"，难以烘烤（烤青或烤糟），烤后烟叶呈青褐色，叶片薄而轻，叶片的化学成分也向着不利的方向转化，蛋白质和烟碱含量增高，碳水化合物含量降低，烟味辛辣，品质严重下降。

对烤烟而言，氮肥的施用要考虑烤烟对氮肥的特殊要求，即"少时富、老来贫"，充分满足烤烟早期生长特别是旺长期对氮素的大量需求；另一方面，要提高氮肥利用率，减少氮肥的损失。因此，烤烟氮肥施用的总原则是宜早不宜晚，因地制宜控制确定施肥量，合理追施，适当深施。

（二）烟草磷素营养失调症

烟株缺磷主要表现为烟株生长迟缓。苗期缺磷，叶片小，色泽暗绿色。大田期缺磷，整株叶色深绿，节间缩短，上部烟叶呈簇生状，叶片短而窄。烈日下，大田缺磷的烟株中上部烟叶易发生凋萎，烟株继续缺磷，老叶开始出现枯死的叶斑，有的斑连成块，枯焦，叶斑内部色浅，周围深棕色呈环状。

磷素过多时，会影响烟株对锌、铁、锰等微量元素的吸收，常会造成烟叶成熟推迟、不能正常落黄、烟叶过厚、燃烧性差等问题。

由于磷在土壤中易被固定，利用率低，加之产区每年都会施用含有磷的烟草专用复合肥等肥料，较少会出现缺磷的症状。一般情况下，磷肥在基肥施用后不再单独追施，但用作基肥的复混肥中磷含量过低时（磷含量低于氮含量的50%），可加入适量的普钙或钙镁磷肥予以补充。

（三）烟草钾素营养失调症

烟株缺钾的具体症状为叶尖和叶缘组织停止生长，而内部组织继续生长，致使叶尖和叶缘卷曲，叶片下垂；在叶尖和叶缘处出现缺绿斑点，斑点中心部分随即死亡，变成红铜色的小点；这些斑点逐渐扩大，连接成枯死组织，即"焦尖""焦边"；随后穿洞成孔，叶片残破；这种症状往往发生在下部叶片，然后很快发展到植株的上部。烟株缺钾症状与发生根结线虫病的烟株地上部表现相似。

缺钾对烟叶品质的影响较大。缺钾的烟叶调制后组织粗糙，叶面发皱，而且燃烧性差。一般认为，钾素过量对烟叶产量和品质不会产生明显的不良影响，但会增加烟叶原生质的渗透性，使烤后的烟叶吸水量增大，易于霉变，不耐储藏。

烤烟钾营养调控措施主要为：在烟株旺长期前后，每公顷追施5～10 kg硫酸钾，以补充土壤速效钾供应；若烟株出现缺钾症状，可喷施0.3%～0.5%磷酸二氢钾溶液1～2次，快速缓解钾缺乏；土壤含水量直接影响钾离子的有效性和迁移扩散能力，适宜的土壤水分可促进钾的质流和根系吸收，通过调节土壤水分能够有效促进烟株对钾肥的吸收利用；硝态氮可促进钾吸收，而铵态氮则抑制钾吸收，因此应提高硝态氮肥比例，并增施有机肥以改善土壤结构，增强保水保肥能力，促进烟株根系发育，从而提高钾肥利用率。

（四）烟草钙素营养失调症

钙作为不易移动和再分配的营养元素，缺素症状一般首先出现在根尖、顶芽等部位。烤烟缺钙时，由于细胞分裂和伸展受阻，烟株表现为生长迟缓，随着生长过程的推进，嫩叶叶缘和叶尖向下卷曲，逐渐呈扇贝状，叶片变厚，严重时叶尖和叶缘枯死脱落，但对已经成型的老叶影响不大。

钙过多时本身并不对植物形成毒害，主要的风险是其与其他阳离子如钾、镁和其他微量元素之间的拮抗作用，可能导致其他矿质元素的缺乏。

植烟土壤缺钙时，一般可向土壤中施入生石灰、熟石灰、石灰石粉等进行补充。在施入量的确定中，应充分考虑土壤 pH 值（pH 值低于 5.5 的土壤易缺钙）和土壤质地，pH 值越低，土壤质地越黏，相应的用量越大。具体施用时，以撒施方式为主，耕地前后各撒一半，以使石灰和土壤充分混合。

（五）烟草镁素营养失调症

缺镁时，影响叶绿素形成，初期叶片发黄，严重时叶片上叶脉之间的颜色发生变化，即叶脉绿色，叶片其余部分白化；由于镁能从下部叶片向上部叶片转移，所以缺镁症状从下部叶片开始，逐渐向中、上部扩展。

镁与钙、钾等阳离子存在拮抗作用。钾和镁均为阳离子，在根系吸收时共享转运通道（如非选择性阳离子通道），高钾浓度会抑制镁的吸收，过量钾阻碍镁从根部向地上部的运输，导致叶片等代谢活跃部位镁分配不足（朱晨宇 等，2024）；过量镁会抑制根系对钙的吸收，导致缺钙（如叶尖焦枯、叶片畸形），影响烟株正常代谢。烟叶中镁含量过高会降低燃烧速率，导致烟灰发黑、燃烧不充分，增加焦油生成，影响吸食品质。镁过量可能削弱烟株对病害（如花叶病、赤星病）的抵抗力，因代谢失调导致细胞壁强度下降或抗病物质合成减少。

对出现缺镁症状的烟田，喷施 0.5% ~ 1.0% 硫酸镁溶液，能显著提高叶片含镁量。

（六）烟草硫素营养失调症

缺硫症状的体现在部位上有所差别。一般首先出现在上部叶，颜色淡绿色至淡黄色，叶脉黄白色、中下部叶褪绿并有黄色斑驳。由于蛋白质合成受阻，叶绿体不能形成，幼芽首先变黄，逐渐向下扩散。

由于生产中有较多的硫酸盐肥料，一般不会出现缺硫的问题，更应该注意硫中毒的发生。硫供应过量时，表现为叶片暗黄色至暗红色，并向叶片中部或叶缘扩展，在叶片产生溃水区，有白色的坏死斑点。

在田间诊断缺硫可采用 0.5% 硫酸亚铁叶面喷施 1 ~ 3 次或将 1 ~ 2 kg 的硫酸钾溶解于水中根部浇灌。

（七）烟草铜素营养失调症

土壤有效铜用DTPA（二乙烯三胺五乙酸）提取小于0.2 mg/kg时，可视为缺铜。缺铜对幼叶和顶端生长影响较大。烟株生长势弱，新叶失绿，发白干枯，叶尖扭曲，叶边黄灰色，同时会出现侧芽增多的现象。

铜供应过多时，叶片也会出现失绿的现象，同时根系生长发育受阻，侧根和根毛数量减少。

发现烟株缺铜时，可以通过多次叶面喷施质量分数为0.01% ~ 0.02%的硫酸铜溶液或者波尔多液进行补充。

（八）烟草锌素营养失调症

烟草缺锌时，生长趋缓，烟株矮小；顶叶簇生，叶片畸形，叶片较小，叶缘呈波浪状或叶片向上卷曲；老叶失绿，叶上有枯褐斑。同时，缺锌会导致烟叶易感病毒病。

烟株锌中毒常引起幼叶失绿，光合作用受到抑制、根系的伸长受阻，甚至烂根死亡。

植物缺锌可以通过土壤和叶面施用无机盐硫酸锌得到矫正，施用石灰提高土壤pH值可降低锌含量和减轻锌中毒。

（九）烟草锰素营养失调症

土壤有效态锰小于3.0 mg/kg或烟叶内锰含量低于20 mg/kg时可视为缺锰。缺锰烟叶脉间失绿，呈花纹状，沿支脉及叶缘变黄褐色，缺锰烟叶软下披，开始有黄褐色小斑点，逐渐扩展分布于整个叶面。

缺锰所致的叶斑易与气候斑相混淆，因为它们都出现在中下部叶片上，形态诊断的同时进行烟叶分析和土壤分析，是区别缺锰与气候斑的最好方法。

缺锰时，可以叶面喷施EDTA-Mn（乙二胺四乙酸锰）或0.05% ~ 0.1%的硫酸锰溶液1 ~ 2次。

（十）烟草硼素营养失调症

烟草缺硼时，初期顶部幼叶呈浅绿色，叶基灰白，幼芽畸形、扭曲；上部叶失绿并变窄、变尖，最后顶芽死亡；根、茎肿胀，细胞壁变软，皮层易剥落。

硼素过多则幼株先呈中毒症状，下部叶片的叶缘先呈黄褐色，逐渐干枯。

当土壤含硼<0.5 mg/kg或植株含硼<20 mg/kg（水溶性硼）时，可视为缺硼。用0.1% ~ 0.25%的硼砂溶液叶面喷施，或每公顷用7.5 kg硼砂与其他肥料混匀施用，以预防烟株缺硼。

（十一）烟草氯素营养失调症

烟株缺氯时，烟叶叶肉和叶脉失绿，叶片萎蔫，根系伸长受限。但由于灌溉水等外源物质的施入，烟株一般不会出现缺氯症状。氯过量，烟株生长受阻，中下部叶片肥厚，叶缘向上翻卷，叶色黄化，上部叶片深绿。烤后叶面为光滑状，呈现不均匀的暗淡色彩，吸湿性大，存放时颜色变深，并产生不良气味。

一般认为，低氯土壤中氯含量 ≤ 30 mg/kg；中氯土壤中氯含量 30 ~ 45 mg/kg；高氯土壤中氯含量 >45 mg/kg（刘鹏 等，2013）。在氯含量较低的土壤可以使用部分氯化钾代替硫酸钾，不仅可以降低成本，更能提高烟叶的经济效益。对于氯含量中等的土壤，可通过多施硝态氮肥来减少烟株对氯的吸收。高氯土壤不建议种植烟草。

（十二）烟草钼素营养失调症

缺钼烟株比正常烟株瘦弱，茎秆细长，叶片伸展不开，呈狭长状；下部叶片小而厚，叶片节间距拉长。在田间诊断缺钼很难，烟叶含钼小于 0.1 mg/kg，可视为缺钼。

发现烟株缺钼时，可在团棵期和旺长期叶面喷施 0.05% ~ 0.2% 的钼酸铵溶液 1 ~ 2 次。

（十三）烟草铁素营养失调症

土壤有效态铁小于 2.5 mg/kg 或烟叶内铁含量低于 50 mg/kg 时可视为缺铁。铁在烟株体内不容易转移，因此缺铁首先表现为顶端和幼吐失绿黄化、脉间失绿，叶脉仍然保持绿色；严重缺铁的烟株上部的幼叶整片黄化，叶片基部黄褐色，叶脉绿色，叶片呈网纹状，老叶仍然保持绿色。

诊断缺铁后，在田间可采用 0.5% 硫酸亚铁喷施 1 ~ 3 次，也可叶面喷施 0.75mg/kg 的柠檬酸铁溶液。

五、主要绿色植保技术

（一）蚜茧蜂

烟蚜茧蜂防治烟蚜技术是利用烟蚜茧蜂自然寄生烟蚜的特点，影响烟蚜繁殖能力，减少烟蚜数量，达到控制烟蚜对烟叶的危害的目的，是一项结合生态效益、经济效益和社会效益的绿色蚜虫防控措施（王太忠 等，1979）。

1. 生物学特性与寄生机制

雌蜂产卵于烟蚜体内，幼虫孵化后以蚜虫组织为食，最终形成僵蚜（寄生率可达 70%），成蜂羽化后继续寻找新寄主。蚜茧蜂仅寄生烟蚜等少数蚜虫，对非靶标生物无害。其生存的适宜温度为 20 ～ 25℃，湿度 60% ～ 80%，生命周期约 7 d，蚜虫密度下降后蜂群自然消亡。

2. 规模化繁育技术

选用云烟 87 等抗病品种，通过漂浮育苗培育健壮烟苗，接蚜 15 d 后单株蚜量可达 2 000 头。

云南玉溪建成全球最大僵蚜生产线，采用"均质繁蜂—自动计数—精准分装"技术，僵蚜率超 90%，繁蜂量达 10 万头 /m²。

3. 田间释放与防治效果

烟蚜始发期（单株 5 ～ 10 头）首次放蜂，旺长期补放 1 ～ 2 次。僵蚜盒（1 盒 / 亩）悬挂于烟株中下部，或无人机精准投放。

（二）叉角厉蝽

叉角厉蝽防治鳞翅目害虫技术是利用叉角厉蝽取食鳞翅目害虫，减少鳞翅目害虫数量，达到控制鳞翅目害虫对烟叶危害的目的。

鳞翅目害虫幼虫的粪便会诱导叉角厉蝽寻找猎物的行为，叉角厉蝽通过视觉、触角以及喙识别并搜寻锁定目标害虫，当叉角厉蝽取食鳞翅目害虫时，首先将喙刺入害虫体内，并注入唾液麻醉和分解猎物体液后吸食，致害虫死亡。

（1）释放时机：烤烟旺长期—现蕾期（每年 6 ～ 7 月），上午 8：00 ～ 12：00 最佳，当天释放结束。

（2）释放数量：依据害虫实际发生数量，当鳞翅目害虫虫株率达 2% 时，每亩释放 1 次 3 ～ 5 龄若虫或成虫 20 头，后期根据害虫的数量进行补充释放。

（3）释放方法：选择害虫危害集中的地区释放，按 2 亩大田释放 1 杯进行点状释放，释放时将释放纸杯撕口拉开扣紧，用筷子或竹签插通释放纸杯底部将其固定在烟株根部地上，让其自行爬出。

（4）注意事项：

① 收到产品后应及时投放，上午释放最优，需当天放完。

② 释放时不能直接放在地面上，防止蚂蚁攻击。

③ 释放后遇到大风、阴雨天 2 ～ 4 h 后进行补放。

④ 释放叉角厉蝽前后一周内不可使用杀虫剂。

⑤ 鳞翅目害虫虫株率超过 5% 要配合进行化学防治。

（三）夜蛾黑卵蜂

夜蛾黑卵蜂主要是用来防治烟草夜蛾类害虫，是利用夜蛾黑卵蜂自然寄生夜蛾类害虫虫卵的特点，影响夜蛾类害虫繁殖能力，减少夜蛾类害虫数量，达到控制夜蛾类害虫对烟叶危害的目的。

（1）释放时机：参照本地往年夜蛾类害虫预测预报结果，大田期发现夜蛾类害虫成虫（诱集到成虫或者目测发现成虫）即可释放夜蛾黑卵蜂（卵）卡，可对烟草夜蛾类害虫起到较好的预防作用。应选择晴天或多云天气的清晨或傍晚进行释放，阴天可全天释放，禁止雨天释放。

（2）释放数量：可根据夜蛾类害虫发生情况按照益害比1∶30的比例进行释放。发生初期（百株虫量低于20头时）、呈点状分布或小面积发生时，可按照每卡1 000头/亩的标准进行点状释放；大面积发生时，建议多点多次释放，或协同开展一次化学防治。

（3）释放方式：将蜂（卵）卡直接悬挂在烟株中部叶柄基部。蜂（卵）卡悬挂到田间后，通常24 h左右即开始羽化并进行交配，之后又寻找新的夜蛾卵块进行产卵、寄生。长此以往便可在夜蛾类害虫发生早期有效压制其种群数量，从而达到防控的目的。

（4）注意事项：搬运装卸产品应轻拿轻放，不得挤压；收到产品后最好当天释放，如遇到天气等不可抗力因素不能当天释放的，应贮存在通风、透气、阴凉的室内，并在3天内释放完毕；有温湿度可控条件的区域，可贮存在温度为15℃、相对湿度为65%～75%的环境中；释放点尽量避开或者远离色板（尤其是黄板）；释放后15 d内避免使用化学杀虫剂。当百株虫量超过20头时，应先使用高效低毒的化学药剂压低虫量，15 d后再释放夜蛾黑卵蜂；也可直接配合性诱捕器等物理防治措施协同开展。

（四）捕食螨

捕食螨防治烟草有害蓟马技术是利用捕食螨取食蓟马，减少蓟马数量，达到控制蓟马对烟叶危害的目的。日均捕食蓟马10头左右，若螨和成螨均可捕食。

（1）释放时机：参照本地往年烟草苗期蓟马类害虫预测预报结果，苗棚内蓟马始见期即可释放捕食螨；考虑到蓟马体型较小，难以观测，建议在烟苗全部出整齐后即可释放捕食螨，可对苗期蓟马起到较好的预防作用。

（2）释放数量及方式：可根据苗期蓟马类害虫发生情况按照益害比10∶1的比例进行释放；实际操作时，当苗期百株蓟马虫量低于25头时，建议按照每亩2 500头/杯（折算大田面积，下同）的标准进行点状释放。释放时将装有捕食螨的释放杯置于苗盘上，在苗期农事操作时避免歪倒，同一播种批次苗棚应同一时间释放。

（3）注意事项：搬运装卸产品应轻拿轻放，不得挤压；收到产品后最好当天释放，如遇到不利天气等不可抗力因素不能当天释放的，应贮存在通风、透气、阴凉的室内，并在3天内释放完毕；有温湿度可控条件的区域，可贮存在温度为10～15℃、相对湿度为60%～80%的环境中；释放后15 d内避免使用化学杀虫剂。当苗期百株蓟马虫量超过25头时，应先使用高效低毒的化学药剂压低虫量，15 d后再释放捕食螨。建议在释放前，在育苗场地外围四周铺设废旧遮阴网阻隔蓟马，并开展一次化学防治效果更佳。

（五）烟草内源抗病毒制剂

（1）作用机理：烟草内源抗病毒组份可有效抑制烟株体内病毒增殖，抑制率达到68.2%。

（2）保护作用：提前施用烟草内源抗病毒组份可以有效控制病毒在烟株体内的传播，防止烟株感染。

（3）治疗作用：感病烟株施用烟草内源抗病毒组份能有效缓解病毒对烟株生长的影响，解除矮化，增加叶片数量及促进叶片开片。

（4）应用方法：65 g/亩（1袋/亩），1 000倍水溶解，移栽后1周内50 mL/株灌根；或65 g（1袋）兑水3吨配合膜下小苗移栽时浇灌。用量65 g/亩（1袋/亩），1 000倍液叶面常量喷施。

（5）注意事项：禁雨天喷施，发病严重地块可适当增加施用量。和杀虫剂配合使用能增加田间防治效果。

（六）生物农药

1. 苦参碱、苏云金杆菌防治烟青虫

在烟青虫低龄期或初发期用0.5%苦参碱水剂47～53 mL/亩，兑水28～64 kg，苏云金杆菌可湿性粉剂300～433 g/亩，兑水30～45 kg进行喷雾。根据烟青虫低龄期或初发期时虫量大小用药2～3次，对烟青虫的防效分别为74%、79%，对作物和环境较为安全（邹阳　等，2015）。

2. 多抗霉素、枯草芽孢杆菌防治烟草赤星病

以10%多抗霉素可湿性粉剂50～67 g/亩，在烟叶封顶后使用第一次，每季可使用3次，使用安全间隔期为7 d。或1 000亿个/g枯草芽孢杆菌可湿性粉剂20～30 g/亩，兑水30～40 kg，在烟叶封顶后、赤星病发病初期使用3次，使用间隔期为7～10 d。其防效分别为51.64%和59.76%。两种生物药剂轮换使用，以延缓抗性发生（邹阳　等，2015）。

3. 厚孢轮枝菌、阿维菌素防治烟草根结线虫

以 2.5 亿个孢子 /g 厚孢轮枝菌微粒剂 1.5 ~ 2 kg/ 亩，在烟叶移栽时拌入沙土 8 ~ 10 kg 穴施，或 3% 阿维菌素微胶囊剂 2 ~ 3 kg/ 亩，在烟叶移栽期将药剂均匀拌土 8 ~ 10 kg 穴施，或稀释后灌根或随浇水时浇灌。其防效分别为 60.14% 和 63.25%，对根结线虫有较好防治效果，且对烟草生长无不良影响（邹阳 等，2015）。

（七）物理防治

1. 诱杀灯

太阳能杀虫灯绿色植保新技术，按约每 0.2 亩安装 1 盏的密度安装太阳能杀虫灯，在害虫越冬代或第 1 代发生前期开始使用，每日 20 ∶ 00 至次日 06 ∶ 00 开灯，雨天夜晚不开灯。诱杀灯能诱杀金龟子、烟青虫、棉铃虫和斜纹夜蛾等害虫，种类超过 20 种，诱杀害虫量大。其中，对鞘翅目的金龟子防效最明显，其次为地老虎、斜纹夜蛾等鳞翅目害虫，防控效果达 80% 以上，可减少农药使用次数 3 ~ 5 次。其对烤烟生产中害虫生态控制起到了很好的作用，也改变了烟农长期以来依赖化学农药防治病虫害的传统观念。虽然杀虫灯在诱杀害虫的同时也诱捕到少量的烟草害虫天敌昆虫，但总体对烟田害虫天敌比较安全（邹阳 等，2015）。

2. 黄板诱杀烟蚜

按 25 ~ 30 张 / 亩的密度安插黄板，悬挂时间为大田移栽后 10 ~ 15 d，即 5 月中、下旬有翅烟蚜迁飞到烟田之时。将黄板放置在直径 1 ~ 2 cm 的笔直竹竿上端，黄板面与垄体平行，移栽至团棵期竹竿长度 95 ~ 100 cm，黄板底线高出土墒面 55 ~ 60 cm，旺长期后更换竹竿，长度为 110 ~ 120 cm，黄板底缘高于烟株 10 ~ 15 cm。悬挂黄板 7d 后即可达到 82% 的防效，持效期可保持 50 ~ 60 d，能够有效控制烟草移栽至打顶前期烟蚜的发生。

此外，在蚜虫发生的主要时间段，在烟蚜茧蜂防控烟蚜较为困难的山区，配合使用黄板诱蚜，可诱集数量较多的有翅蚜，对蚜虫发生有明显的抑制效果，同时还诱集到烟粉虱等害虫，平均减少化学药剂使用 2 ~ 3 次，保护了天敌昆虫（邹阳 等，2015）。

第六节　种植制度

一、基本烟田规划与保护

（一）基本烟田

基本烟田是指在粮烟生产功能区内实行粮烟合理轮作，适宜种植烟叶的宜烟农田。基本烟田规划是平衡农业生产与生态保护的关键举措，需要统筹考虑自然条件、生产需求、生态保护和长期效益，在烟区内，在落实严格的耕地保护制度、严守粮食安全的前提下，结合当地经济社会发展和国土空间规划合理规划布局。

（二）基本烟田规划原则

1. 生态适宜最优原则

生态适宜性分析源自生态规划领域，是运用生态学原理方法，分析区域发展所涉及的生态系统敏感性与稳定性，了解自然资源的生态潜力和对区域发展可能产生的制约因素，从而引导规划对象空间的合理发展以及生态环境建设的策略。近几年，随着生态学思想在各个领域的运用逐步深入，生态规划在土地规划领域的应用也更加广泛。基本烟田规划需要在进行生态适宜性分析的基础上，根据生态适宜最优原则，应该优先选择气候适宜、土壤肥力适中、耕层深厚、通透性好、排灌便利、宜机性好、病害发生较少、抵御自然灾害能力较强、适宜烤烟种植的基本农田划定为基本烟田。

2. 空间布局合理原则

"耕地是粮食生产的命根子"保障国家粮食安全的根本在耕地，基本烟田的种烟功能需要服从和服务于耕地种粮的功能，统筹粮食与烟叶产业协同发展，在确保粮食种植面积不减少的基础上，适度稳定发展烟叶产业。根据基本农田、粮食生产功能区、重要农产品生产保护区的空间布局，合理规划烟叶生产空间，把现有的烟叶生产区中最适宜烟叶生产的耕地优先划定为基本烟田，建立基本烟田永久保护制度，落实保护责任。

3. 可持续发展原则

可持续发展是既能满足当代人的需要，又不对后代人满足其需要的能力构成危害的发展，以公平性、持续性、共同性为三大基本原则，包含"需要"和对需要的"限制"。基本烟田规划中的可持续利用是在烟草种植过程中，通过科学合理的土地利用和资源管理，实现生态保护、经济可行性和社会效益的长期平衡，确保烟田生产能力不退化，生态环境不破坏，同时能够保障烟农的经济收益和产业稳定发展。

4. 集约化规模化原则

集约化概念出自经济学领域，指在社会经济活动中，在同一经济范围内，通过经营要素质量提高、要素含量增加、要素投入集中以及要素组合方式调整来增进效益的一种经营方式。它是在充分利用一切资源的基础上，通过集中合理运用现代管理与技术，充分发挥人力资源积极效应，提高工作效益和效率，体现出"集中要素优势、节约生产成本、提高单位效益"的特点。基本烟田规划集约化规模化原则旨在通过整合资源、升级技术和优化管理，提高基本烟田利用效率和产业效益，在烟叶生产中通过规模化连片种植，形成规模效应，降低边际成本，实现烟田生产的降本增效。

（三）基本烟田保护措施

1. 完善基本烟田基础设施

按照"集中连片、灌排通畅、高效作业"的要求，在基本烟田范围内，以烟田水利设施、机耕路、土地整理等基础设施项目为重点，推进高标准烟田建设，突出做好烟田宜机化改造，推动烟区基础设施建设与农业现代化发展相适应。将高标准烟田纳入高标准农田建设范畴，加大涉农资金整合力度，推动各类农田建设项目向基本烟田倾斜，推进土地效益增值，提高现代烟草农业设施装备水平。持续完善育苗大棚、密集烤房、高效机械等烟叶生产基础设施装备，加快新能源烤房、有机肥加工场、废旧农地膜加工场、生物质颗粒燃料加工场及其配套设施建设，推动烟区装备提档升级。抓好损毁设施修复和功能完善，解决好密集烤房、育苗大棚产权归属及占地问题，确保设施长期发挥效益。

2. 推进基本烟田绿色发展

坚持绿色发展方向，用地与养地相结合，践行绿色防控新理念。强化绿色防控技术推广，加大生态调控、生物防治、理化诱控等技术应用，积极推进蚜茧蜂、叉角厉蝽、捕食螨和性诱剂诱控、生物农药替代化学农药等技术，推进农药减量增效。加强基本烟田农药的使用管理，严禁使用烟草禁用的化学农药，禁止使用除草剂，防止烟叶农残超标和环境污染，改善烟叶生产条件和生态环境，持续推动基本烟田绿色生态循环利用。

3. 建立健全土地流转制度

坚持"政府主导、农民主体、村社带动、烟草推动"原则，结合基本烟田建设，以乡（镇）

或村委会为主体，建立乡（镇）、村委会、专业烟农合作社、烟农等多主体整合的土地流转模式，探索土地入股、互换、出租、转包、托管等方式，有效推进基本烟田集中流转。通过与烟农签订基本烟田保护与流转协议，明确土地流转模式、土地租金标准和承包年限，实现5年以上长期稳定流转。通过土地流转推进实现集中连片种植，促进种烟大户、家庭农场等新型种植主体培育，提升烟叶生产规模化水平。健全合作社专业化服务体系，探索打造土地流转、育苗、机耕、烘烤、分级一站式烟农服务，化解烟农缺技术、缺劳力、缺土地等方面的矛盾，提高服务质量和效率。通过土地规范流转、基本烟田规模化生产，巩固和稳定优质烟区。

二、以烟为主的轮作制度

（一）轮　作

轮作是指在同一块农田上，按照一定的顺序或周期，轮流种植不同作物的耕作方式。其核心目的是通过作物种类的科学轮换，维持土壤肥力、减少病虫害、抑制杂草生长，并提高农业生产的可持续性。烤烟轮作需要从全局出发，着眼长远，重点突出，统筹兼顾，实现粮烟双丰收。

（二）轮作制度

我国大部分地区都有烟草的种植，由于自然条件和生产条件存在差别，各地区形成了与当地情况相适应的轮作制度。常见的轮作制度按照作物熟制，大致划分为一年一熟、两年三熟、三年五熟和一年多熟四种模式。

1. 一年一熟轮作制

在一些气候较为寒冷或生长季节较短的地区，常采用一年一熟的轮作方式。例如在东北部分地区，烤烟收获后，土地经过冬季休闲，次年再种植烤烟或其他作物，如玉米、大豆等，轮作周期为一年。

2. 两年三熟轮作制

这种轮作方式较为常见。比如第一年种植烤烟，烤烟收获后种植越冬蔬菜或绿肥，如萝卜、紫云英等，第二年春季收获蔬菜或翻压绿肥后种植玉米、花生等作物，秋季再种植小麦等越冬作物，第三年春季小麦收获后又可种植烤烟，如此形成两年三熟的轮作周期。

3. 三年五熟轮作制

有些地区会采用三年五熟的轮作模式。例如第一年种植烤烟，收获后种植油菜，第二年油菜收获后种植水稻，水稻收获后种植绿肥，第三年绿肥翻压后种植烤烟，烤烟收获后再种植一季蔬菜，这样在三年时间内实现了五次种植，完成一个轮作周期。

4. 一年多熟轮作制

在南方一些光热资源丰富的地区，可实行一年多熟的轮作。如在烤烟收获后，接着种植红薯、蔬菜等作物，一年内实现烤烟与其他作物的多次轮作，轮作周期仍为一年，但种植的作物种类较多，土地利用效率较高。

（三）轮作类别

1. 水旱轮作

水旱轮作是一种农业制度，指旱地轮作中安排一茬水生作物，或在水田轮作中夏季安排一茬旱作物的轮作换茬制度。通过土壤环境的水旱交替，可以明显改善土壤结构，提高土壤肥力；可以有效灭除农田杂草和土壤传播的病虫害。是恢复农田生态环境，消除杂草、病虫灾害，促进作物持续增产的一项有效措施，可以持续维持土地生产力。

2. 旱地轮作

旱地轮作是在无灌溉条件或者依赖自然降水的旱作农业区内，通过科学安排不同种类的旱生作物轮换种植的方式。这种轮作模式，可以通过提高水分利用效率、保持土壤肥力并且减少病虫害，实现系统稳产，是一种可持续的种植制度。

（四）前作选择

1. 茬口时间

烤烟和其他作物茬口时间需要适宜，前作正常收获和烟草及时移栽的土地使用时间不能冲突。

2. 氮素含量

前作收获之后土壤中残留的氮素含量不能过多，否则进行烟草种植的过程中无法合理控制氮素施用量，直接影响烟叶的产量和品质，因此，在选择烟草轮作的前作物时不能选择施用氮肥较多的作物或者豆科作物。

3. 同源病害

前作的作物和烟草不能有同源病虫害，否则就会加重烟草的病虫害，所以茄科作物（马铃薯、番茄、茄子）和葫芦科作物（南瓜、西瓜）都不适合作为烟草轮作中的前作。

一般来说，在烟草轮作中，禾谷类作物比较适合作为烟草轮作中的前作。一方面，禾谷类作物和烟草同源病虫害较少，不会传播病虫害；另一方面，禾谷类作物可以从土壤中吸收氮素，这类作物种植后土壤中氮素残留量较少，接着种植烟草，有利于平衡土壤养分，提高烟叶品质。

（五）轮作的优点

1. 改善烟田土壤环境

烟草对氮、钾需求较高，连作容易导致土壤当中特定元素耗竭，而豆科作物可以通过根瘤菌固氮，补充土壤中的氮元素，禾本科作物包括玉米和小麦，可以促进磷、钾元素循环利用，平衡土壤养分；烟草作为深根作物，与浅根作物轮作，可以实现养分分层吸收，减少单一层次养分过度消耗，缓解养分失衡，通过烟草与轮作物之间养分需求的差异和根系差异，实现养分平衡，改善烟田土壤环境。

2. 实现养分高效吸收

在轮作中，如果烤烟和轮作物有相同的养分需求，可以在整个种植周期内持续施用补充养分，实现养分高效吸收。如果烤烟和轮作物对养分的需求是互补的，例如烤烟对钾肥需求量高，水稻需氮量高，则通过轮作的模式，可以实现对养分的错峰吸收，减少单一养分过度消耗，实现"以地养地"。

3. 减少烟草病害虫害

烤烟如果轮作容易积累青枯病、黑胫病等土传病害，则采用非茄科作物进行轮作。例如水稻等可以中断病原菌宿主链，切断烟草土传病害的传播，降低病害的发生率；同时，大蒜和万寿菊等作物还能够释放硫化物、类黄酮等次生代谢物，能够抑制线虫和病原菌繁殖，通过生物拮抗作用抑制病害发生。

（六）烤烟轮作模式

1. 烤烟-水稻轮作模式

烤烟水稻轮作是一种水旱轮作的高效生态种植模式，通过干湿交替改善土壤环境改善连作障碍，兼具修复土壤和提升经济收益双重效益。

烤烟-水稻轮作模式的优势在于：烤烟与水稻无共同的病原菌，水田淹水环境酸碱条件和氧气环境发生变化，能够有效杀灭烤烟青枯病、黑胫病等土传病害；水稻生长期淹水环境能够抑制旱地杂草，减少烟田除草剂使用；水稻灌溉水可以有效淋洗烤烟茬残留的氯离子、硝酸盐，有效避免土壤酸化，提供适宜烤烟生长的土壤条件；水旱交替可以促进土壤干湿胀缩，打破板结层，增加孔隙度，改善烤烟根系生长环境的透气性；烤烟喜钾，水稻需氮，轮作可以减少对单一养分过度吸收，且通过水稻秸秆还田补充烟田中的有机质，实现养分高效利用与自给。烤烟 - 水稻轮作通过水旱生态切换，实现"杀菌改土、减药增效"的目的，通过干湿交替和品种选配，可以提升烟叶品质和增加稻谷产量，实现烟田可持续利用。

2. 烤烟-玉米轮作模式

烤烟 - 玉米轮作是一种资源互补型种植模式，通过烤烟和玉米两种作物生理特性的差异，可优化土壤环境，降低连作障碍，提升土壤的产出效益，通过"养分互补 - 病害阻断 - 秸秆还田"三位一体机制，实现土壤修复和经济效益双赢。

烤烟 - 玉米轮作核心优势在于：烤烟喜钾、玉米需要氮肥，两种作物肥需互补；两种轮作物之间无共同的土传病害，轮作有利于减少病原菌积累。烤烟 - 玉米轮作模式通过科学的轮作规划与精细化管理，实现烟草产业稳定发展与粮食安全协同推进，适合光照条件充足，灌溉条件中等的南方烟区推广。

3. 烤烟-豆类轮作模式

烤烟 - 豆类轮作模式是一种典型的"氮素互补 - 土壤修复"模式，通过豆科作物的固氮与根系改良作用，改善烟田的土壤肥力及微生态。

烤烟 - 豆类轮作模式优势在于：豆类根系与根瘤菌共生，每亩可固定氮素 5 ~ 8 kg（如大豆固氮量为 6 ~ 8 kg/ 亩），补充烤烟生长所需氮源，减少化肥投入 20% ~ 30%，豆类残体（秸秆、根系）腐解后释放氮素缓慢，保障烤烟中后期氮需求，避免旺长期氮过量导致烟叶粗厚，氮素高效循环；豆类直根系（深达 50 ~ 80 cm）穿透犁底层，改善深层土壤通透性，促进烤烟根系下扎，豆类秸秆还田（亩还田量 300 ~ 500 kg）增加土壤有机质 0.2% ~ 0.4%，增强保水保肥能力，改良土壤结构；豆类与烤烟无共同土传病害，轮作可减少病原基数 50% 以上，部分豆类（如长豇豆）根系分泌皂苷类物质，抑制根结线虫卵孵化，实现病虫害生态防控。烤烟—豆类轮作通过"固氮养地—病害阻断—秸秆还田"协同机制，实现烟田土壤可持续利用。适合在丘陵山区、土壤贫瘠烟区推广，兼具生态修复与多元增收价值。

三、基本烟田全生命周期管理

（一）全生命周期管理及其特性

全生命周期管理（Whole Life Cycle Management）突破传统碎片化管理模式，强调将土地作为有机生命体进行系统性维护。

（1）时序完整性：覆盖选址勘测→规划开发→耕作管理→地力恢复→生态退出的完整链条。

（2）要素协同性：统筹土壤、水文、生物、气候等自然要素与种植技术、工程措施、政策调控的互动关系。

（3）价值可持续性：建立经济产出、生态承载、社会效益的三维平衡机制。

当前烟田连作障碍显著（发病率较轮作田高42%）、养分需求特殊（钾元素吸收量是小麦的3.2倍）、生态敏感度高（土壤 pH 值波动容忍度 ±0.3）等现象突出，对基本烟田有必要进行全周期管理。基本烟田全生命周期管理从系统论视角构建覆盖规划、开发、生产、维护到退出的烟田土地管理体系，为实现烟粮协同发展和耕地永续利用提供理论支撑与实践范式。

（二）基本烟田全生命周期管理划分

1. 规划阶段

（1）精准选址：依据土壤类型、肥力、酸碱度、海拔、光照、降水等要素，运用地理信息系统等技术，选择生态环境适宜、集中连片且具有可持续发展潜力的土地作为基本烟田。

（2）合理布局：科学规划烟田、烤房、仓库、道路、灌溉设施等的位置与规模，明确不同区域的功能定位，保障烟区生产的便捷性与高效性。

2. 建设阶段

（1）土地整治：通过平整土地、改良土壤质地等，改善土地的平整度和耕性，提高土地利用率和产出率。

（2）设施建设：完善烟区的灌溉与排水设施，确保烟田旱能灌、涝能排；同时修建机耕路，提升烟区的机械化作业水平。

3. 生产阶段

（1）土壤培肥：定期监测土壤养分，根据结果精准施肥，增施有机肥和生物菌肥，实施秸秆还田，提高土壤肥力。

（2）轮作管理：严格实行烤烟与禾本科、豆科等作物的轮作，抑制病虫害发生，维持土壤生态平衡。

（3）绿色防控：采用病虫害预测预报系统，运用生物防治、物理防治和科学用药等手段，减少化学农药使用，保护土壤生态。

4. 养护阶段

（1）休耕养地：推行休耕制度，在休耕期种植绿肥，进行土壤深翻晒垡，促进土壤熟化，恢复土壤地力。

（2）生态保护：加强烟区生态林建设，在田埂、地头种植护坡植物，防止水土流失，改善烟区生态环境。

5. 退出阶段

（1）土地复垦：对不再用于烤烟种植的土地，按照相关标准进行复垦，使其适合其他农业生产或生态建设用途。

（2）生态修复：对受破坏的土地进行生态修复，如种植植被、治理污染等，促进土地生态系统的恢复和重建。

（3）效果评估：对土地复垦和生态修复效果进行评估，持续改进管理措施，为后续土地利用提供经验参考。

第四章

NC102品种烟叶采收与烘烤技术

第一节　烟叶烘烤设备、能源与工艺演变

烤房是烤烟生产中一项不可缺少的基本建设。我国烤烟种植100余年来，烤房设备由简陋到合理，由低能到高级，由手工操作到半机械化、机械化。随着烟叶生产力的发展，烤房不断更新换代。自烤烟生产以来，烤房经历了明火烤房、自然通风式普通烤房、热风循环烤房、普改密烤房、密集烤房等形式，分别在当时的经济社会条件下形成了与烤房形式相配套的烘烤工艺，从而提高烤烟的生产水平和烟叶质量水平。

一、烤房演变

（一）第一阶段：传统土烤房

我国早期烤房形似农村普通住房（见图4-1），规格不一，一般挂烟5棚。烤房内砌筑6～7个火炉，无烟管烟道，烧无烟煤，热气直接散发到烤房空间。烤房墙基部开的进风口和房顶上安装的天窗均很小。这种类型的烤房事实上带有简陋的明火烤烟性质，一直沿用到20世纪50年代。

（a）土烤房一

（a）土烤房二

图4-1　农村传统土烤房

（二）第二阶段：改进土烤房

随着烤烟生产组织形式的变化，烤房规格逐渐统一（见图4-2）。具体为：长×宽均为4.0 m×4.0 m，安装2路挂烟梁，挂3路烟竿，装烟量350～400竿，能满足8～10亩烤烟需要；烤房四周墙基部开设8个冷风洞；房顶（或房坡）上开设很小而且很简易的天窗，用于排湿；烤房内挂烟梁距地面高度一般有1.4～1.5 m，棚距0.2 m左右；用土坯或砖瓦砌筑火炉和烟道，热烟气流经烟道散发热量再由烟囱排出，以避免火烟气对烟叶造成伤害。这种烤房的整体结构形式简单，烤房内温度、湿度不均匀，排湿不顺畅，很容易造成闷炕烤黑、挂灰和烤青等现象。

（a）

（b）

图4-2　农村传统土烤房

（三）第三阶段：标准化烤房

20世纪80年代，我国逐步推行"三化"生产，烤房标准化（见图4-3）进一步提高烤烟生产水平。一是适应于农村经济体制改革和生产组织形式的变化需要，研究并推广了容量150竿左右的小型烤房，适合种烟3～5亩的需要。二是对通风系统改造，以确保烤房通风排湿顺畅，增大了地洞和天窗面积，改冷风洞为各种形式的热风洞，改"老虎大张嘴"式的天窗为高天窗，后发展为通脊长天窗，从而有效地解决了烟叶蒸片、糟片和挂灰等问题。

图4-3　标准化立式炉烤房

（四）第四阶段：改进标准化烤房

20世纪90年代，随着全国烤烟生产整体水平进一步提高，但烟叶烘烤技术和烤房设备表现得相对滞后。为此，国家烟草专卖局组织有关科研单位经过多年研究和生产验证，提出并在全国推广三段式烘烤技术，同时推进了以增加装烟棚数、加大底棚高度和棚距、改传统的卧式火炉为立式火炉或蜂窝煤火炉等节能型火炉、改梅花形天窗为长天窗、冷热风洞兼备、增加热风循环系统为重点的普通烤房标准化改造（见图4-4、图4-5）。

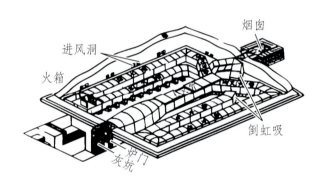

（a）烟房供热系统

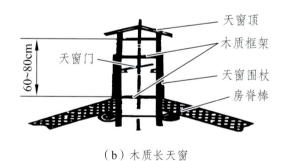

（b）木质长天窗

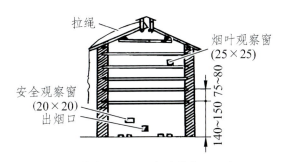

（c）烤房的挂烟设备（单位：cm）

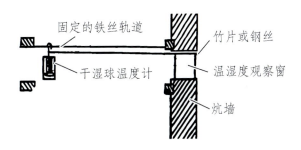

（d）观察窗

图4-4 改进标准化烤房结构

（a）

（b）

图4-5 改进标准化烤房

（五）第五阶段：新型增质型烤房

到2000年，全国共有380多万座烤房达到标准化要求，占应用烤房总数的80%以上。其中蜂窝煤炉、热风循环、立式炉平板式换热器等新型增质节能烤房（见图4-6），能够很好地满足三段式烘烤工艺的要求，技术优势明显，发展较快，达到220多万座，使我国烤房设备产生了一次重大飞跃。

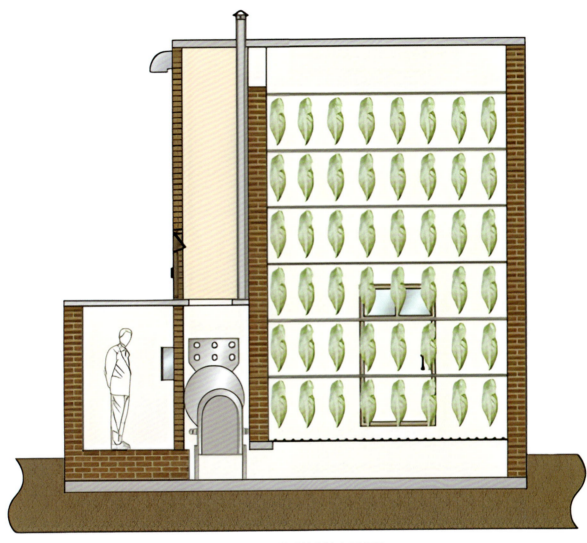

图4-6　新型增质节能烤房示意图

（六）第六阶段：密集烤房（2006年至今）

密集烤房的研究始于20世纪50年代中期，美国北卡罗莱纳州立大学的约翰逊等人（1960）进行了密集烤房实验研究，对烟叶烘烤设备、绑烟、装烟方式及其烘烤工艺进行了重大改革，从而揭开了烟叶烘烤的新篇章。

密集烤房群如图4-7所示，其基本特点是：强制通风、热风循环和烘烤过程自动控制；装烟密度大，操作简便，省工。一座密集烤房可承担面积30～40亩烟叶烘烤，装烟密度是普通烤房的4倍以上。

图4-7 密集烤房群

20世纪50年代中期,美国和日本开始研究密集烘烤设备。20世纪60年代初,密集烘烤设备逐步用于烤烟生产,到60年代已经在加拿大、美国、日本等国家全面推广应用。

我国于20世纪60～70年代研制了烧煤的密集烤房,在烤烟生产中进行了一定范围的示范。但是,由于当时农村生产组织形式的变化和社会经济条件限制,这种密集烤房没有能够得到推广,绝大多数被废弃,仅吉林省保留了适宜于烤烟15亩左右的密集烤房。

20世纪90年代,随着中外烤烟生产技术交流与合作更加广泛深入,各烟区大部分烟田的长势长相被公认达到或接近国际先进水平,全国烤烟生产水平快速提高。为了改善烤烟设备和进一步提高烤后烟叶质量水平,云南、福建、河南、山东等省借鉴吸收国外烘烤设备的先进技术,相继购置引进了烧柴油供热、煤燃锅炉供热、烧煤直接供热等形式的密集烤房200余座。经试验验证,这些烤房能有效地减少或避免烤青烟、挂灰烟和花片烟,橘色烟比例、烟叶颜色、色度及内在品质均有所提高,但购置成本高、烤烟生产成本高,加之性能不稳定,烘烤效果不尽如人意,使90%左右密集烤房处于闲置状态。

进入21世纪,适度规模种植成为烤烟生产新的发展方向。部分种植大户快速发展并开始出现烤烟生产专业户,这种规模化种植形式就成为密集烤房发展的社会基础和背景,促进了密集烤房的大面积示范应用成功,实现了我国烤房设备质的飞跃。目前我国的密集烤房根据气流运动方向不同,分为气流上升式和气流下降式,如图4-8所示。

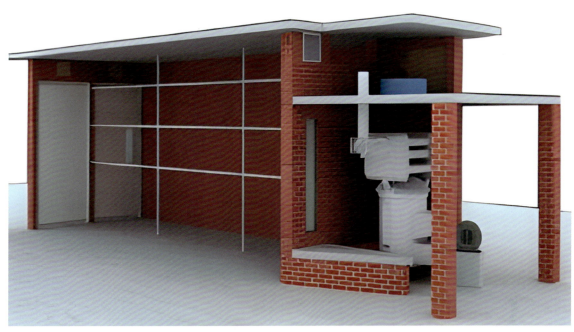

（a）气流上升式密集烤房

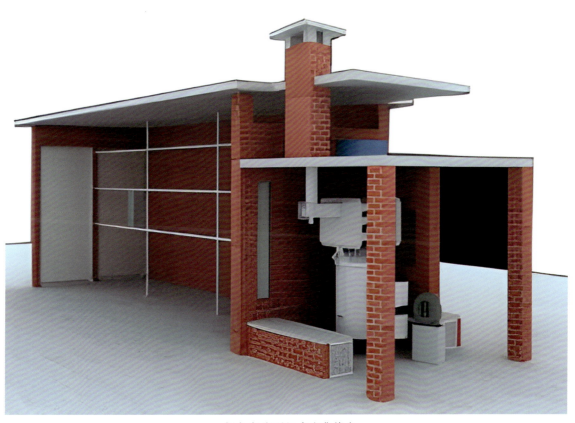

（b）气流下压式密集烤房

图4-8　密集烤房结构图

二、烘烤热源演变

（一）传统能源型

烤烟离不开火，起初使用木炭明火燃烧直接供热，在此后很长的一段时间内，人们一直采用木炭作为烟叶的烘烤燃料。普及火管暗火烤烟之后，干燥的木材省去了炭化环节，同样能够快速地提供烟叶烘烤的热量，于是木材燃烧供热逐步流行，延续到今天仍有人使用木材烤烟（Chivuraise，et al.，2016）。然而，连续多年持续地使用木材调制烟叶，很容易造成森林的过度地砍伐而导致生态的破坏。为了烤烟生产与生态环境的平衡发展，研究人员和种植者一方面研发提高燃料效率的供热设备，一方面寻求更加廉价的热源。Snidow（1888）设计了一种提高烤房系统热效率的供热设备，燃料既可以使用木材也可煤炭。直到1900年，煤炭作为燃料才陆续应用到烟叶的烘烤。液体油类燃料最初使用于皮革等贵重物品的干燥，1926年开始应用于烟叶的烘烤（Gardner and Causey，1926）。结果发现，其供热能力好于传统的燃煤或木材，并省去了烧火添加燃料的环节。经过不断改进，炉膛结构、燃油喷嘴、供热设备的布局构造和自动控制等技术日益完善。1945年起，在欧美烟区，燃油作为一种能够节约用工的能源，逐渐取代燃煤，成为烟叶烘烤的主要热源。

早期我国烟叶烘烤主要方式以柴草为主夹杂煤炭供热，一直延续到20世纪70年代后期。到目前变成以燃煤为主边、远山区以干燥木材为辅的供热方式。目前我国密集烤房数量约为9480万座，其中95%以上的密集烤房使用燃煤烘烤烟叶。我国是烤烟生产大国，又是能源匮乏的国家，烤烟年产量维持在150万吨左右，按每烤干1 kg烟叶需要1.5～2.0 kg煤炭计，烘烤烟叶需要消耗煤炭225万～300万吨。因此，深入探讨当前密集烤房能源利用现状及存在的问题，研究烤房节能和新能源利用途径，不仅有利于降低烤烟生产成本和增加烟农收入，而且有利于烟草生产的可持续发展，降低环境污染，为低碳环保的现代烟草农业建设提供保障。

（二）电热泵型

1824年法国科学家卡诺提出卡诺循环理论，奠定了热泵技术的热力学基础；1850—1852年英国科学家开尔文提出利用逆卡诺循环制热的设想并首次描述"热量倍增器"概念，随后在20世纪50—70年代受能源危机推动得到大力发展（周可，2017）。宫长荣等人（2003）首次把热泵换热技术应用于烤烟烟叶烘烤的独立供热。2013年，河南佰衡节能科技股份有限公司在河南的烟区推广了600多座热泵供热的密集烤房（见图4-9），自此开启了热泵烤烟大面积推广的新时代，许多新建或改造后的热泵供热的密集烤房被广泛应用于烤烟生产中。

图4-9　电加热泵烤房

（三）生物质燃料型

生物质能可再生能力强，属于清洁能源。目前生物质燃料应用到烟叶烘烤的类型主要有两种：生物质成型燃料和干燥木材。生物质燃料作为烟草烘烤领域的一种清洁能源，由最初干燥后的木材段，逐渐发展到生物质碎屑（如木材或秸秆）和燃烧值较低的褐煤混合挤压成的生物质型煤，到现在将粉碎后的生物质原料在一定的压力下固化成棒状、粒状或块状的颗粒燃料，前后时间跨度近100年。传统上利用生物质成型燃料烘烤烟叶，是直接将燃料放到燃煤的炉膛内燃烧提供热量（姚宗路　等，2010）。虽然能够提高烟叶的烘烤质量，但其热效率比较低，而且较低的容积密度导致烘烤中燃料添加频繁，易增加烟农的烘烤劳动用工。另外生物质在燃烧中产生的大量焦油，会加速钢制散热管老化，并且会使管道内烟尘粘连累积，从而影响管道散热。为了尝试生物质烘烤烟叶，许多学者开展了生物质成型燃料（见图4-10）代替煤作为烟叶烘烤热源的研究。飞鸿等人（2011）改变这种供热方式，在烤房外建立专门的生物质气化设备（见图4-11），把生物质在设备内产生的气化气体经管道输送到烤房的加热室内燃烧供热，实现了工程化开发生物质燃料烘烤烟叶的尝试。

图4-10 生物质烤房中生物质燃烧机

图4-11 生物质颗粒

烟叶烘烤过程非恒热，但在定色和干筋阶段需要持续大量供热，气化生物质能源中传统的沼气产出慢、量少且供热不稳定，难以满足密集烘烤工艺对热能要求；并且采用气化炉价格高，且存在上料难、除焦难等技术问题，难以大面积推广；液体生物质能源（如醇基燃料等）应用于密集烘烤供热不存在技术问题，但对安全性要求较高，在运输和存储环节需要专业设备，同时来源基本商品化、价格偏高也推高了烘烤成本，难以被烟农所接受；生物质型煤固体燃料制作过程若添加煤炭燃烧，也难以克服煤炭的燃烧时惯性和滞后性、难以自动化控制、添加黏土和其他黏合剂结焦等突出问题，而生物质颗粒燃料不仅具备气体和液体生物质燃料匹配燃烧机实现自动控火的特点，而且便于就地加工、就地消费，其价格较低，是当前及今后一段时间烟叶密集烘烤最适宜的能源（崔志军 等，2010；蒋笃忠 等，2011）。

（四）太阳能型

我国是太阳能资源比较丰富的国家，全国总面积 2/3 以上地区年日照时数超过 2200 h，年辐射总量超过 $5 \times 109 J/m^2$。全年照射到我国的太阳能是全年的煤、石油、天然气、柴草等全部常规燃料所提供能量的 2000 多倍。我国每年每平方米地面上所接受的太阳热量从一类地区到五类地区相当于燃烧 285 ~ 142.5 kg 标准煤。因此，利用太阳能辅助烤烟能明显节省燃料、降低烘烤成本、减轻烟农负担；可有效减少有毒、有害物质及固体废物的排放，减轻对附近人员健康的危害，减轻对环境的污染，有利于保护环境；有利于烤烟生产的可持续发展；有利于烟草行业树立响应国家号召、积极进行节能减排、提倡低碳经济的形象。

我国在烟叶烘烤上利用太阳能始于 20 世纪 70 年代。杨树申（1981）设计了一种平板式太阳能集热器，安装在三巷道平吹风烤房上面。集热器的中间悬挂多层黑色金属网作为吸热层，集热器的顶面为一层 4 mm 厚的玻璃，通过风机把太阳能加热的空气送入烤房用于烘烤烟叶。1974 ~ 1986 年，我国研发了两种类型太阳能温室设计：密集烤房整体外壳和墙体外壳的薄膜结构。前者利用太阳能间接地提高密集烤房周围环境温度，后者直接利用太阳能温室效应烘烤烟叶。经过几年的试验，验证了太阳能应用于烟叶烘烤的可行性。随后，印度烟草技术人员在拉贾蒙德里建造了太阳能烤房，能够节约 43% ~ 45% 燃料。

2006 年后，随着密集烤房在我国广泛地推广应用，研究人员在闲置的烤房顶部建造了太阳能加热系统，普遍应用于烟叶的变黄期。然而受计算机控制技术的限制，早期应用太阳能烘烤烟叶设备相当简单，不能精确控制。并且，太阳能本身分布较为分散，由于受到昼夜、季节、地理纬度和海拔高度等自然条件的限制，以及晴、阴、云、雨等随机因素的影响而不稳定。目前，太阳能利用技术和存储技术还有待进一步研究。推广利用太阳能烤房（见图 4-12）均能够明显节煤，是实现烤房节能减排的一条很好的途径。

（a）烤房

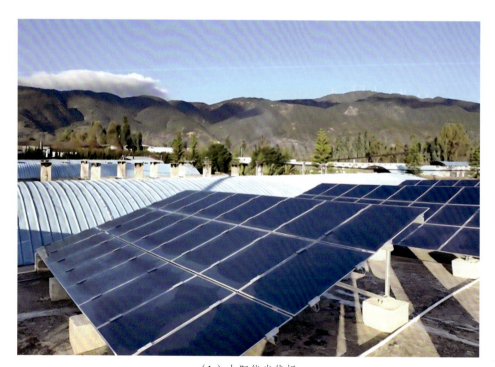

（b）太阳能光伏板

图4-12　太阳能烤房

（五）天然气型

天然气是一种高效、清洁的优质能源，主要成分是甲烷（CH_4），产生能量的主体元素是氢，其燃烧后产生的是清洁无污染的水，几乎无颗粒尘埃物质的产生，而且可减排 60% 的 CO_2 和 50% 的 NOx，对环境污染小。我国的天然气资源非常丰富，并且随着国家天然气西气东输工程的实施，天然气已经逐渐走入了偏远乡村人们的日常生活中，使我国城市居民的生活饮食起居的供气基本得到普及。目前我国天然气在能源构成中所占比例仅仅在 5.9% 左右，远远低于世界 23.5% 的平均水平，发展潜力较大。因此，提高天然气在能源构成中的比重，是我国经济与环境可持续发展的重要途径之一。特别是在西气东输管道经过的省份中，一线工程 5 个省份、二线 8 个省份，大多数是我国的重点产烟地区，这为将天然气燃料作为烟叶烘烤的热源提供了一条思路。在我国已经基本建成全国性天然气管网的前提下，使用天然气进行烟叶烘烤的外围投资较小。在技术上，天然气使用难度小，易于点火和熄火，可以长期稳定地燃烧，而且负荷调整速度快、精度高，作为热能利用的原始燃料，具有非常好的优点。以年周期看，烟叶烘烤通常不在天然气负荷最高的冬季，而是在负荷非高峰的春夏秋 3 季（由烟叶种植区自然条件决定），因此使用天然气进行烟叶烘烤对全国性的天然气负荷平衡也是非常有利的。天然气烤房如图 4-13 所示。

图4-13　天然气烤房

（六）甲醇型

甲醇燃料作为一种清洁能源，在烟叶烘烤中应用的优点突出，具体为：

1. 清洁和高效

甲醇燃料燃烧时，产生二氧化碳和水蒸气。与传统石油燃料相比，甲醇燃料产生污染物和温室气体更少，从而降低对环境的污染。甲醇燃料具有高能量密度和易储存等优点，具有高能效性，其能量密度高于传统的化石燃料。

2. 可再生性

甲醇燃料是可再生的能源。与传统石油燃料相比，甲醇燃料来源更广泛，包括生物质、废弃物等，减少了对化石燃料的依赖。

3. 经济性

甲醇燃料的生产成本较低，价格也相对较低，具有较高的经济竞争力。

4. 适应性

甲醇燃料可以与传统石油燃料混合使用，也可以直接使用。甲醇密集烤房升温灵敏，控温精确，能够满足烟叶烘烤对温度、湿度的要求。研究表明，烤后烟叶上等烟比例和橘黄烟比例较燃煤密集烤房大幅提高，在颜色、油份、色度等方面改善明显（段美珍 等，2013）。

甲醇燃料烤房如图 4-14 所示。

（a）

（b）

图4-14　甲醇燃料烤房

三、烟叶烘烤工艺演变

（一）三段式烘烤工艺

三段式烘烤工艺是立足于总结和发扬中国传统烘烤工艺优势的基础上，结合国外烟叶烘烤工艺的精华，进一步提炼出的一套简明实用、先进可靠的烟叶烘烤工艺，广泛应用于我国各主要烟叶产区。该工艺分为：

（1）变黄阶段，又称变黄期，是烟叶品质形成的重要时期，此阶段的目标是烟叶基本全部变黄，黄片青筋，主脉发软，凋萎塌架。

（2）定色阶段，是烟叶的品质固定期，其任务是将烟叶的黄色和优良品质及时地固定下来，达到黄片黄筋、叶片半干，最终使叶片全干大卷筒。

（3）干筋阶段，是烟叶烘烤的后期，是烟叶主脉水分排出时期，其任务是进一步升温降湿，目标是烟筋全干，实现全叶干燥。

1. 优　点

（1）工艺简洁、易操作、分段清晰。

三段式烘烤工艺将整个烘烤过程划分为变黄阶段、定色阶段、干筋阶段，每个阶段都有明确的温度、湿度控制标准和操作要点，烟农容易理解和掌握。

（2）技术成熟、调整灵活、适用性强。

经历多年实践验证，该工艺适合国内主栽烤烟品种；可以根据不同品种、部位以及气候条件，对烘烤工艺参数进行适当调整；新手易操作，参数调整容错率较高，依赖经验的程度低于多段式工艺，具有较强的普适性。

（3）经济性较优。

三段式烘烤工艺所需设备投入和能耗成本低于更复杂的多阶段工艺，适合中小规模农户。

（4）基础扎实。

三段式烘烤工艺为后续的烘烤技术创新，如"六段式""七段式"等提供了重要的技术基础，促进了烟叶烘烤技术的不断发展。

2. 缺　点

（1）对烤房设备要求高。

该工艺对烤房的性能要求较高，需要烤房具备良好的升温、控温、排湿能力。如果烤房设备陈旧、结构不合理，存在温度分布不均匀、升温不灵敏、排湿不顺畅等问题，就会影响烘烤质量，导致底层烟叶烤青、整炕烟叶青筋较多等问题。

（2）操作不当的风险大。

在烟叶烘烤过程中，需严格按照工艺要求进行操作，如温度、湿度的控制、通风排湿的时机等。如果烟农操作不当，如升温速度过快或过慢、湿球温度控制不准确等，就容易导致烟叶烤坏，出现含青、挂灰、杂色、糟片等低次烟叶。

（3）受极端天气影响大。

在高温多雨等极端天气条件下，烟叶的水分含量较高，容易出现烤红、烟叶出现青筋和挂灰问题；低温寡照时烟叶变黄受阻，易出现青筋和含青。该工艺依赖固定参数，无法动态响应突发气候变化。

（4）依赖人工经验。

三段式烘烤工艺依赖烟农的经验判断，易因个体技术水平差异导致操作偏差。例如，烟农对烟叶变黄程度的主观判断可能存在误差，过早或过晚转入定色阶段均会影响烟叶品质。此外，温度、湿度调控需实时观察烤房状态并灵活调整，经验不足者可能因升温速率、排湿时机把控不当，导致烤青、挂灰等问题。

（二）五段式烘烤工艺

根据烟叶烘烤过程中外观特征变化和内在物质转化特点，结合密集烤房自控设备操作，五段式烘烤工艺把密集烘烤划分为烟叶变色、烟叶凋萎、烟叶变筋、烟叶干片和烟叶干筋5个阶段。

1. 优　点

（1）烟叶品质提升显著。

该工艺将烘烤过程细分为5个阶段。每个阶段设置特定的温度、湿度参数，精准调控温度、湿度，促使烟叶内部物质充分转化。这种精细化控制显著提升了烟叶的颜色均匀度、油分含量和香气品质。

（2）节约能耗和减少损失。

与传统三段式烘烤工艺相比，五段式烘烤工艺通过梯度升温和精准排湿，减少了高温阶段的无效能耗，缩短时间、节约能耗。分段式温度、湿度控制有效减少了"挂灰""蒸片"等烘烤病害。

（3）适应性强。

五段式烘烤工艺可根据不同烟叶品种、气候条件灵活调整参数。

2. 缺　点

（1）操作复杂度高。

该工艺需要严格把控各阶段转换时机，精准掌握各阶段温度、湿度阈值，对烘烤人员技术要求较高，需经过专业培训才能精准操作。

（2）设备投入成本高。

该工艺需配备智能化温度、湿度控制系统，对小型种植户带来经济压力。

（3）烘烤周期长。

完整五段式工艺流程需120 ～ 140 d，比传统工艺多20 ～ 30 d，降低了烤房周转率。

（三）六段式烘烤工艺

六段式烘烤工艺将烘烤分为烟叶预处理、叶片变黄、支脉变黄、主脉变黄、香气物合成和干筋6个阶段步骤。

1. 优　点

（1）精准控制温度、湿度。

该工艺将烘烤过程细分为6个阶段,每个阶段设定严格的温度、湿度参数。这种分段调控显著提升了烟叶化学成分的协调性。

(2)烟叶品质提升明显。

与采用三段式烘烤工艺烘烤的烟叶相比,采用该工艺烘烤的烟叶,其上等烟叶比例较高,杂色烟率下降。通过分段调控,烟叶的组织结构更疏松,油分和弹性指标均更优。

(3)节能与环保。

六段式烤房配备智能控制系统,可实时监测并调整能源供给。与采用三段式烘烤工艺烘烤相比,六段式烘烤工艺较节能;通过分段排湿技术,CO_2排放量降低,符合当前绿色生产的趋势。

2. 缺 点

(1)操作复杂度高。

该工艺需要实时监测多项参数,每个阶段转换需精准把握时间节点,对操作人员技术要求较高,培训周期长。

(2)设备投资成本高。

需配备智能温控系统、高精度湿度传感器及专用烘烤房体,整体设备投入比传统烤房高,对于分散种植的小农户,初期投入压力大。

(3)存在地域差异。

在海拔800 m以上地区,大气压力变化导致水分蒸发速率差异,原设定参数易出现烟叶回青现象。

(四)七段式烘烤工艺

七段式烘烤工艺是在三段式烘烤工艺基础上细化而来的一种烘烤方法,将烘烤过程科学划分为变黄前期、变黄中期、变黄后期、定色前期、定色中期、定色后期、干筋期。依据烟叶在不同阶段的生理生化变化,精准调控各阶段的温度、湿度和时长,促进烟叶色泽、香气等内在品质的形成,更细致地满足烟叶烘烤需求,提高烘烤质量。

1. 优 点

(1)提升烟叶品质。

通过变黄前期、变黄中期、变黄后期、定色前期、定色中期、定色后期、干筋期的梯度升温,确保烟叶在变黄期充分转化物质,在定色期有效固定颜色,在干筋期彻底脱水;有效促进淀粉转化为可溶性糖类,保留烟碱与香气物质,使烟叶颜色均匀、香气浓郁、内在化学成分协调。

（2）降低烘烤风险。

该工艺统一参数设定便于规模化生产管理，为烟叶质量稳定性提供保障，避免了传统工艺因温度、湿度波动导致的烤坏、烤青等问题，减少烟叶损失，尤其对成熟度不均的烟叶适应性更强。

（3）节能增效。

通过智能控制系统优化能源利用，减少燃料消耗，同时缩短烘烤周期，提高设备周转率。

2. 缺　点

（1）技术门槛高。

7个阶段工艺需执行多项操作指令，包括3次稳温操作和4次湿度调节，对操作人员培训周期长；需专业人员操作和精准设备支持，对烤房温度、湿度传感器和控制系统的灵敏度要求严格，农户自主掌握难度较大。

（2）设备初投入大。

智能烤房建设成本显著高于传统烤房，初期投资压力大，尤其对小规模种植户经济负担较重。

（3）后期维护成本高。

智能设备维护依赖专业技术人员，配件更换费用较高，长期使用时的经济性需综合评估。

（五）"8点式"精准密集烘烤工艺

"8点式"精准密集烘烤工艺以精准控制为核心，在烘烤过程中把握38℃、40℃、42℃、45℃、47℃、50℃、54℃和68℃这8个关键温度点及相应技术参数，可使烟叶变黄和失水协调，有利于色素、淀粉、蛋白质等物质的降解转化及香气物质的形成和积累。

1. 优　点

（1）提升烟叶品质。

运用"8点式"精准密集烘烤工艺，有效减少了青筋、杂色以及挂灰等不良现象；而且烟叶的油分更充足，叶片结构变得疏松，无论是外观品质还是商品价值都得到了明显提升；能够促进烟叶内色素、淀粉和蛋白质等物质的降解与转化，使烟叶的化学成分更加协调，这对于提升烟叶的香气和口感起到了积极作用。

（2）操作简便。

借助温度、湿度自控仪，只需提前设定好烘烤曲线，就可以实现对烘烤过程的自动化控制，无需人工频繁干预；降低了劳动强度，还减少了人为操作失误对烘烤质量的影响。

（3）缩短烘烤时间。

与传统的密集烘烤工艺相比，"8点式"精准密集烘烤工艺通过优化各阶段的温度、湿度控制，能够将烘烤时间缩短半天到一天，提高了烤房的使用效率。

（4）提高出烟率。

由于在烘烤过程中烟叶的失水和变黄更加协调，烟叶的干鲜比提高，出烟率也相应增加，为烟农带来了更好的经济效益。

2. 缺　点

（1）初期投资成本高。

建设"8点式"精准密集烤房需要配备智能自控设备、风机以及供热系统等，这些设备的购置和安装成本相对较高。对于一些经济条件较差的烟农来说，可能会面临较大的资金压力。

（2）技术门槛较高。

由于工艺较为复杂，需要专业的烘烤技术人员进行操作和管理。然而，目前在一些地区，基层烘烤技术人员相对短缺，这在一定程度上制约了该工艺的推广和应用。

（3）设备维护复杂。

需定期检修传感器、风机等部件，维护成本较高。

（4）对烟叶成熟度要求严格。

精准烘烤需烟叶成熟度一致，若采收烟叶成熟度差异大，可能影响最终均匀性。

四、密集烤房烘烤技术

（一）密集烘烤的特殊性

1. 烟叶在密集烘烤过程中的生理效应

密集式烤房在烟叶烘烤的变黄阶段保持密闭状态，且烤房内装烟密度一般在 $60 \sim 70 \text{kg/m}^3$，为此，与普通烤房相比，密集式烤房具有以下特点：

（1）密集烤房中的 CO_2 浓度较高，烟叶宏观的变黄速度更快。

（2）密集烤房处理烟叶淀粉酶、过氧化物酶、抗坏血酸过氧化物酶的活性较高，叶绿素含量最低。

（3）密集烤房的保温和保湿的性能更好，对环境温度、湿度和通风的精准控制，能够有效动态控制烟叶水分，变黄阶段烟叶失水量较小，有利于使淀粉酶和蛋白酶保持较高的活性，实现淀粉、蛋白质和叶绿素、胡萝卜素等大分子物质的完全转化。

（4）在低温中湿变黄条件（变黄阶段干球温度为38℃，相对湿度为80%～85%）下，淀粉酶、蛋白酶、超氧化物歧化酶（SOD）、过氧化物酶、过氧化氢酶（CAT）活性提高，作用时间延长，丙二醛积累较少，有利于烟叶内含物质的分解转化。中湿定色条件下，烤后烟叶颜色深、油分较足、身份较适中、化学成分含量更适宜且比例较协调。

（5）密集烘烤工艺中的低温中湿处理能提高烟叶中性致香物质的含量，有利于改善烟叶的内在品质。

2. 风机强制通风和热风循环

密集烤房在烘烤过程中，装烟室与加热室之间既有热空气的内循环，又有冷空气不断进入加热室内、热空气不断从装烟室排出的外循环，这种冷、热空气在外源机械动力作用下的双循环是密集式烤房最重要的属性。与普通烤房相比，密集烤房的换热效果更好，热量得到重复利用，平面温差和垂直温差更小，叶间隙风速增加。据测定，普通烤房在烟叶定色阶段的叶间隙风速是 0.04～0.06 m/s，而密集式烤房同期叶间隙风速是 0.2～0.3 m/s。叶间隙风速增加，能使热空气充分和叶面接触进行湿热交换，能够有效地避免烤黑、烤青、挂灰等烤坏现象，使烤后烟叶颜色鲜亮、色度更均匀。

3. 温度和湿度精准控制

密集烤房的温度、湿度自控设备自控仪，对干球温度和湿球温度的测量范围均为0～99.9℃，分辨率均为0.1℃，整体配置能够达到装烟室干球温度控制精度为 ±1.5℃，装烟室湿球温度控制精度为 ±0.5℃，装烟室平面温差 ≤ 2℃，湿球温度差 ≤ 0.5℃。在烟叶烘烤过程中，密集烤房控制温度、湿度更精准，能确保烟叶在最佳湿度环境和通风排湿条件下实现烟叶的调制。

（二）密集烘烤的基本原则和关键工艺指标

1. 基本原则

密集烤房烟叶烘烤的基本原则为：适度低温中湿变黄，中湿定色干叶，相对高温干筋，适当控制各阶段的风量风速。其含义是：

（1）低温中湿变黄使烟叶以较慢的速度和较长的时间均衡变黄，保持失水速度和变黄速度的协调，提高烟叶变黄程度的均衡性，实现有效促进烟叶大分子物质的转化分解和烟叶香气前体物质的形成。

（2）中湿定色使烟叶在适宜的温度下进一步促进大分子物质彻底转化，另一方面小分子香气基础物质聚缩形成更多的致香物质。

（3）干筋阶段相对高湿和低速通风，减少烟叶内含物质挥发，确保烟叶外观质量和物理特性改善，化学成分适宜，内在品质提高。

2. 关键工艺指标和参数

密集式烤房烘烤工艺分为3个阶段：变黄阶段、定色阶段和干筋阶段，其对应的关键工艺指标和参数为：

（1）变黄阶段。

干球温度35～38℃，湿球温度34～36℃，烟叶达到七八成黄，叶片发软；干球温度41～42℃，湿球温度36～37℃，烟叶达到九成黄，主脉充分发软；分别在37～38℃和42℃左右延长时间。

（2）定色阶段。

干球温度42～48℃，湿球温度37～39℃，烟叶达到半干；干球温度48～54℃，湿球温度38～40℃，烟叶达到全干；分别在47℃左右和54～55℃延长时间。

（3）干筋阶段。

干球温度54～68℃，湿球温度41～43℃，达到烟筋干筋，在65～67℃延长时间。

3. 配套烘烤工艺

三段式烘烤工艺将烟叶烘烤过程划分为变黄期、定色期和干筋期，每个阶段的干球温度分升温控制和稳温控制两步。通过对烘烤环境温度、湿度、时间调控，实现对烟叶水分动态和物质转化的协调，达到最终烟叶烤黄、烤干、烤香，这是三段式烘烤技术的核心。三段式烘烤工艺的技术关键点为：低温变黄、黄干协调，适宜升温定色，重视湿球温度，允许烘烤技术指标必要时作调整。

（三）密集烤房的优势与短板

1. 烘烤环境

与普通烤房相比，密集烘烤的垂直温差和平面温差小，可以实现全炕烟叶变化一致；密集烘烤的叶间隙风速大于普通烤房，排湿顺畅，能减少杂色烟叶比例；密集烘烤时间普遍比普通烘烤缩短（王玉军 等，1999；潘建斌 等，2006；王亚辉 等，2006）。刘洪祥等人（2003）认为在烘烤过程中增加 CO_2 浓度可对鲜烟叶呼吸起到抑制作用，从而提高烟叶质量。

2. 烘烤过程中烟叶的变化

与普通烤房相比，密集式烤烟在烟叶烘烤中表现为：前期失水少而慢，中期失水多而快，后期失水少而快的特点。烟叶烘烤过程中失水最快的是普通烤房，其次是气流上升式密集烤房，气流下降式密集烤房失水最慢。因此，在密集烘烤过程中要注意变黄期提前排湿的问题，以保证烟叶适度失水凋萎，防止烟叶变硬变黄，使烤后烟叶组织结构紧密，光滑烟叶比例增大（马翠玲　等，2007）。陈翾（2007）研究表明，密集烤房温差小，整座烤房烟叶变黄干燥一致，有利于淀粉的降解以及总糖、还原糖的积累，并在一定程度上降低了烤后烟叶总氮、烟碱和蛋白质的含量。

3. 烤后烟叶经济性状与质量

与普通烤房相比，密集式烤房的劳动力成本和能耗成本显著降低，烤后烟叶的中上等烟比例有不同程度的提高，杂色烟叶和挂灰烟叶有效减少，但是光滑烟比例有所增加（陈远平　等，2011）。光滑烟比例稍大，烟叶僵硬、组织结构紧密是目前密集烘烤后烟叶主要问题之一。肖艳松等人（2009）研究表明，密集烤房烤后烟叶较普通烤房色泽强，青筋率和杂色率较低，成熟度较好，但是烤后烟叶颜色较浅，多为柠檬黄，而普通烤房烤后烟叶的颜色多为橘黄色。烟叶颜色淡、油分减少是目前影响密集烤房烤后烟叶质量的又一个主要因素。

4. 烤后烟叶外观质量

与普通烤房烘烤烟叶相比，密集式烤房烤后烟叶色泽较鲜亮，可能与在烘烤的定色期烟叶表面的附着水在强制性热风循环的作用下迅速排出，从而减少了挥发油和树脂的自然消耗有关。由于密集烤房使用的风机风速过快，通风量过大，烤后烟叶光泽较鲜明，但叶背面呈白色，烟叶正反面色差大，总体趋向于柠檬黄色；而普通烤房风速过慢，通风量过少，烤后烟叶光泽暗，颜色偏深。密集烤房升温排湿快，常常由于变黄不充分，易出现颜色偏淡、柠檬黄烟叶偏多、青黄烟或黄片青筋现象；而普通烤房升温排湿慢，温度偏低，易出现烟叶变黄过度、叶片变薄、挂灰或糟片等现象。

光滑僵硬烟叶产生的原因是：第一，密集烤房装烟密度大，烤房温度升高时，烟叶内部水分加速外移，但叶片"互相重叠"，烟叶表面水分不能及时蒸发，阻扰内部水分向外扩散，随着后期的升温排湿，易在烟叶上留下"痕迹"。第二，密集烤房风速快，使烟叶水分的表面蒸发率大于内部扩散率，烟叶表面易出现干裂。内部水分来不及转移到烟叶表面，使烟叶表面迅速形成一层干燥薄膜，其渗透性极低，从而将大部分残留水分保留在烟叶内，使失水速率急剧下降，内部转化停滞。之后叶片内部干燥和收缩时就会脱离干燥膜而出现内裂孔隙，从而烟叶表面出现凹凸不平。这可能是一些与细胞壁等物质降解有关的酶，如果胶甲基酯酶、多聚半乳糖醛酸酶等活性受到抑制，烟叶水分不适宜，使得细胞壁物质水解不完全或很少，内含物质降解转化不充分，从而导致光滑烟的形成。

5. 烤后烟叶内含物质转化与香气质量

在密集烤房烘烤烟叶过程中，为了降低能耗、减少干物质损失而片面追求快速升温排湿、缩短烘烤时间，使得水分不能满足酶及生理生化反应的需要，导致烟叶内部物质，如淀粉、色素等大分子物质转化降解不充分。而普通烤房虽然基本设施较差，升温排湿速度较慢，但烟叶外观形态和内部物质的变化较为一致，细胞内的各种酶能长时间保持活性，使烟叶内叶绿素、类胡萝卜素、淀粉、蛋白质等物质充分降解，为烟叶提供更多的香气前体物质。此外，密集烤房通风量过大、风速快，特别是在干筋期温度高的情况下，很容易将烟叶形成的油分和一些香气物质排出烤房，最终导致烟叶香气质量下降。

（四）密集烤房亟待解决的问题

1. 烟叶烘烤机制问题

目前应用密集烤房烟叶质量问题集中反映为烤后烟叶僵硬、颜色变淡、叶面部分光滑、橘色烟减少。若定色后期和干筋烤房内通风过量，湿球温度低，则会导致烟叶干燥过快，颜色变淡，油分降低，青筋烟增加。因此需要进一步研究密集烤房的烘烤条件，包括装烟密度、烘烤湿度、烤房内气流速度等对烟叶品质的影响。

2. 本身存在的问题

（1）建造成本偏高。

目前建造纯板块结构容量 1.0 hm² 左右的密集烤房成本为 3 万元左右、1.6 ~ 2.0 hm² 的密集烤房成本为 5 万元左右；纯砖混结构 1.0 hm² 左右的密集烤房成本为 1 万元左右，纯砖混结构 1.6 ~ 2.0 hm² 的密集烤房成本在 1.5 ~ 2 万元。因此，烟农难以接受，要加大对密集烤房的配套设施研发力度，因地制宜，就地取材，降低建造成本。

（2）烘烤自控设备和技术不完善。

尤其是控制供热量大小和控温技术不成熟，其原因是软件设计简单和硬件不齐全或者不合理，要继续完善烘烤自控技术，开发设计与烘烤工艺配套的自控设备。

（3）配套设备标准化和质量问题。

在生产使用过程中常出现风机损坏、电机烧毁、炉膛和换热器漏气漏火的现象，给烟农造成很大经济损失，因此供热设备和所选用的风机电机都需要进一步标准化、规范化，保证安全可靠。应针对密集烘烤的特殊性，采取相应的烘烤措施，不断优化和完善密集烘烤工艺，努力揭示密集烘烤过程中烟叶变化的特殊规律，促使烟叶外观形态变化与内含物质变化相协调，真正实现烟叶的烤黄、烤干、烤香。

第二节　NC102品种烟叶成熟与采收技术

成熟度是烟叶品质形成的关键因素，也是烤烟国标中划分烟叶等级的重要指标之一。20 世纪 80 年代以来，世界优质烟主产国之间烟叶质量竞争的核心就是成熟度。国内学者从烟叶外观颜色、色素含量、化学成分等变化对成熟度进行了大量不同角度的研究。成熟度是烤烟国家标准的第一品质因素，是烟叶质量的中心（宫长荣　等，1999）。朱尊权院士提出，烟叶成熟度是烤烟品质和分级标准中评定等级的第一要素。随着烤烟在大田里的生长发育，其内在的化学物质在不断地变化。一般来说，随着烟株的生长发育，烟叶中的总糖、还原糖的含量会上升，淀粉会不断地下降，烟碱会不断地积累。而烟叶的化学物质协调性很大程度上影响了烟叶品质，适时采收在收获较好成熟度烟叶的同时，也节约了人力物力，符合目前烟草精益生产的要求。准确把握烟叶的成熟度，适时采收成熟烟叶，进行恰当烘烤，可提高烟叶质量，增加农民收益。左天觉研究认为成熟采收对烟叶质量的贡献占整个烤烟生产技术环节的 1/3 左右。

一、烟叶成熟

（一）烟叶成熟过程

烟叶成熟是指烟叶生长发育的某个时期，此期采收调制可最大程度满足卷烟工业对原烟的需要。烟叶成熟的概念具有 3 个层面含义：一是烟叶生长发育过程中的一个时期，即工艺成熟期；二是具备某种特定状态，包括叶片组织结构、化学成分、生理功能、生化反应以及反映在外部的形态上的特征等；三是反映在调制效果上，成熟的烟叶经适当调制能够达到卷烟工业所要求的品质。因此，烟叶成熟实质上是烟叶原料质量的概念，成熟概念的含义是相对的，会因人、时间、烟叶着生部位、环境条件等变化而变化。

烟叶从分化形成到衰老成熟，是一个连续的、渐变的过程，其整个生长发育到成熟过程，可分为 5 个时期。

1. 幼叶生长期

幼叶分化出后 10～15 d 称为幼叶生长期。此时叶组织细胞旺盛分裂，细胞数目迅速增加，烟叶的组织结构基本分化完备。从总体上看，叶面积和重量增长很慢（分别为最终叶面积的 10% 和最终叶重的 11% 左右），茎叶角度很小，叶片呈近直立状，各龄小叶互相包蔽，茸毛密布、呈嫩绿色。

2. 旺盛生长期

幼叶经过 10～15d 的生长发育之后，叶细胞数目接近最大值，叶片生长速度明显减慢。这一时期，叶内代谢活动旺盛，细胞不断分裂和伸长扩大，叶面积快速增加，生长速度加快，叶片光合作用所产生的有机物质大部分用于促进叶片生长，仅有少部分在叶片中积累下来。因此，此时期的烟叶叶片薄，细胞排列紧密，含水量高，碳水化合物少，蛋白质含量高，叶色深绿。此时采收的烟叶，烘烤中不易变黄，烤后叶色灰暗，含青度高，刺激性较大和青杂气较重，质量低劣。

3. 生理成熟期

叶片通过旺盛生长后，叶面积基本定型，生长由缓慢逐渐到停止，叶片进行光合作用所形成的有机物质，逐渐在叶内贮存积累起来；有机物积累速度大于呼吸消耗速度，叶内所含物质逐渐增多，体积和重量达到最大，物质合成与分解达到动态平衡，叶内干物质积累达到最高峰；同时，叶绿素开始分解降低，叶色呈黄绿色，此时称为生理成熟。这个时期烟叶内的生理生化转化还不充分，叶片的组织结构和内含物质组成没有达到调制加工的最佳状态，采收烘烤后虽然单叶重量和产量较高，但油分不足，颜色偏淡，色度不饱满，部分叶片含青，叶面光滑，香气吃味欠佳。

4. 工艺成熟期

工艺成熟期也称适熟期，是指烟叶田间生长发育达到加工和加工后工业可用性最好、最适宜的时期。烟叶在生理成熟后，叶片的物质合成能力迅速减弱，降解能力逐渐增强，叶绿素很快减少，淀粉、蛋白质等大分子化合物含量也随之下降，烟叶产生一定量的生理消耗，成熟特征明显表现出来，该时期称为适熟期。烟叶在适熟期外观上颜色由绿转黄，组织逐渐变得疏松，叶内化学成分趋于协调。这时采收的烟叶，在烘烤过程中容易脱水，变黄均匀，烤后多成橘黄色，叶正面和叶背面的色泽相近，油分多，光泽饱满，叶面有颗粒感，香气质好，香气量足，吃味好，产量虽略有下降，但均价高，质量优，工业利用价值高。

5. 过熟期

达到成熟的烟叶，如不及时采收烟叶就转向过熟。这一时期烟叶代谢活动以分解占优势，大分子物质转化成小分子物质，核酸、蛋白质和多糖等大分子逐渐降解，膜系统的结构与功能逐渐被破坏，胞内物质泄漏。进一步发展到细胞结构解体，外观呈现出枯死状。由于养分消耗多，采烤后颜色淡，产量低，油分少，光泽暗，香味少，品质差，吸湿性弱，易破碎，不适合卷烟工业的要求。

（二）烟叶成熟度

1. 概　念

烟叶成熟度是表征烟叶质量的一个概念，是指田间烟叶发育过程中干物质积累趋向于适宜要求的质量水平，也是烟叶适于调制加工和满足最终卷烟可用性要求的质量状态，包括田间成熟度和工艺成熟度。

（1）田间成熟度。

田间成熟度是烟叶在田间生长发育过程中表现出的成熟程度。当烟叶生长至可采收的程度时，即可进行烟叶采收。分级成熟度是田间收获的叶片经烘烤调制后形成的产品按采收标准而划分成熟的档次。田间成熟度是分级成熟度的物质基础，分级成熟度是田间成熟度的根本体现和最终要求，田间烟叶成熟最直观的特征是烟叶出现落黄。

（2）工艺成熟度。

国内学者也有提出将淀粉含量作为烟叶成熟度的判定指标，淀粉含量达到最高值的时期即为烟叶工艺成熟期，烟叶颜色的变化实质上是质体色素（叶绿素和类胡萝卜素）含量变化的外在表现。叶绿素含量下降而导致的叶片失绿被认为是植物衰老最明显的特征，其与叶绿体中类囊体膜逐渐崩解有关（Wen et al.，2016）。通过细胞超微结构观察发现，在烟叶成熟过程中，细胞内叶绿体首先出现衰老现象，具体表现为细胞空隙变大，叶绿体肿胀，呈不规则形状，基粒个数和类囊体数量逐渐减少，类囊体膜结构丧失，淀粉粒和嗜锇颗粒数量增多、体积增大，并向细胞中部游离。在烟叶成熟过程中，叶绿素、类胡萝卜素和质体色素总量均随成熟度增加而逐渐降低，其中叶绿素较类胡萝卜素含量下降速率更快，降解量更大，二者之间的比例变化使不同成熟度烟叶颜色产生差异（陆新莉　等，2019）。由于烟叶叶绿素含量在成熟过程中变化显著且易于测定，所以常被作为衡量烟叶成熟度的重要指标。

2. 档次划分

在国际烟叶市场上，根据烟叶田间生长发育状态和烤后烟叶质量特点，通常将烟叶成熟度划分为：生青、不熟、欠熟、生理成熟、近熟、工艺成熟、完熟、过熟、非正常情况下的假熟等不同档次。我国现行烤烟国家标准中，通常将烟叶成熟度划分为未熟、初（尚）熟、适熟和过熟4个档次（见图4-15）。

（a）未熟　　　　　　　（b）初熟　　　　　　　（c）适熟　　　　　　　（d）过熟

图4-15　不同成熟度烟叶外观特征

（1）未熟。

烟叶生长发育虽已完成，但干物质积累尚欠缺。

（2）初（欠）熟。

烟叶生长接近于生理成熟，基本达到最高的干物质积累时期。

（3）适熟（工艺成熟）。

烟叶在生理成熟基础上充分进行内在生理生化转化，碳水化合物向低分子转化、氮化物和糖明显减少、细胞明显加大、油细胞扩大或破裂，叶色明显转黄，茎叶角度加大达到了适合采收烘烤的工艺水平。

（4）过熟。

烟叶成熟或完熟后没能及时采收，养分消耗过度，甚至发生一些细胞自溶，整个叶子逐渐接近死亡状态。叶体变薄，叶色变淡，甚至枯焦。

（5）假熟。

不属于正常的成熟度状态，指在各种不良因素下造成的营养不良（如缺肥、密度过大、干旱、水涝、过多留叶等）使烟叶在没有达到生理成熟之前就停止发育和干物质积累，同时进行大量的自身养分消耗，导致烟叶呈现外在的黄化状态。但它不是真正的成熟，准确地讲是"未老先衰"。

NC102品种不同成熟度的下部烟叶如图4-16所示，中部烟叶如图4-17所示，上部烟叶如图4-18所示。

（a）欠熟 （b）适熟 （c）过熟

图4-16 NC102品种不同成熟度的下部烟叶

（a）欠熟 （b）适熟 （c）过熟

图4-17 NC102品种不同成熟度的中部烟叶

（a）欠熟　　　　　　　　　（b）适熟　　　　　　　　　（c）过熟

图4-18　NC102品种不同成熟度的上部烟叶

此外，烟叶成熟过程是一个复杂的生理生化变化过程。在此过程中，很多生理生化指标都会出现显著的变化。碳代谢中淀粉含量逐渐增加直至烟叶工艺成熟期，总碳、还原糖含量也呈增加趋势，淀粉酶活性逐渐降低，之后淀粉含量下降，淀粉酶活性逐渐上升；而氮代谢中硝酸还原酶活性、总氮含量逐渐降低，蛋白质和烟碱含量均在生理成熟前达到最高值，生理成熟后开始下降。顾永丽等人（2021）对"云烟87"的中、上部叶成熟过程主要生化指标进行了研究。结果表明，随烟叶变黄程度的增加，硝酸还原酶活性、总氮、蛋白质含量逐渐下降，淀粉、总糖、还原糖、烟碱含量先升后降，而淀粉酶活性则先降后升。中、上部叶淀粉酶活性谷值、淀粉、总糖、还原糖、烟碱含量峰值分别出现在烟叶综合变黄60%～70%和70%～90%时。随烟叶变黄程度的增加，中、上部烟叶主要生化指标在烟叶综合变黄60%～80%出现拐点。

（三）影响烟叶成熟的因素

烟叶从叶原基分化到发育成熟是一个漫长的过程，其生长发育不仅决定于其基因型，还会受光、温、水、土等自然因素和人为栽培条件的影响。宫长荣等人（1999）认为，影响烟叶成熟的因素很多，主要有气候因素、土壤条件、栽培条件、叶片在茎上的着生部位和遗传因素等。

闫克玉等人（2003）提出，光照、营养发育状况、采收和烘烤技术影响烟叶的成熟度。因此，烟叶的成熟及成熟度受内外因素的共同影响（赵瑞蕊，2012）。

1. 遗传因素

基因是影响烟叶成熟度的内在因素，烤烟的基因型决定了烟株的株型、留叶数、需肥特性、生长周期和烘烤特性，因此，可认为烤烟的品种（基因型）从根本上决定着烟叶的成熟时期。烟叶成熟度与烤烟品种有密切的关系。不同品种的烤烟，其田间生长状况和成熟时间均有差异，这些差异主要由成熟过程中烟株内部的各种新陈代谢、基因表达、激素合成的变化反映出来。在相同的田间管理条件下，不同品种的烤烟打顶后的酶活性差异显著。张晓蕴等人（2010）研究表明，在烟叶成熟前期，烤烟品种豫5和NK4的硝酸还原酶和转化酶活性较高，烟株碳水化合物的积累较强，其后持续减弱；在烟叶成熟后期，烤烟品种豫6和NK4的α-淀粉酶的活性较高，使得碳水化合物的代谢强度减弱缓慢，有利于烟叶的充分成熟。

2. 烟叶着生部位

叶片是植物光合作用的主要器官。同一烟草植株上，不同着生部位的烟叶，其外观质量、内在质量、化学成分等都存在差异。叶片在烟株上着生的位置决定着烟叶生长所处的生态因子和时间、空间的不同，进而影响其叶片代谢活动、组织结构和生理生化特点。聂荣邦等人（2002）对K326品种和翠碧1号烤烟不同部位烟叶的自由水和束缚水含量进行了研究。结果表明，下部叶总水分含量和自由水含量较高，束缚水含量较低，在烘烤过程中表现为脱水较易，脱水速率较快；中部叶水分含量适中，在烘烤过程中，脱水能顺利进行，脱水速率和变黄速率易协调，易烤性好；上部烟叶与下部烟叶水分含量呈相反趋势，在烘烤过程中表现为脱水较难，脱水速率较慢。这主要可能是：下部烟叶生长在光照差、湿度大、通风不良、营养物质还要不断向正在生长的上部叶片输送的情况下，中上部烟叶处于光照充足、通风良好的有利条件下；生长条件的不同，导致烟叶成熟的特征也不一样。

3. 气候因素

光照、温度和水分是影响烟叶成熟的重要因子。烟草是喜光作物，优质烟生产需要充足的光照条件。光照和温度对烤烟的品质和产量有直接影响，提高烟草产量和品质的根本途径是改善烟草的光合性能，提高田间烟叶的成熟度。较好的光照、适宜的温度和降雨是保障烟叶成熟过程中的光合作用的重要条件。烤烟大田生长期需500～700 h日照时数，日照百分率要达到40%，成熟采烤期需要280～300 h日照数，日照百分率要达到30%才能生产出优质烟叶（刘国顺，2003）。烟草生长发育的最适温度是25～28℃，在20～28℃内，烟叶的内在质量有随成熟期平均温度升高而提高的趋势。尹智华等人（2011）提出，气候对烤烟生产影响巨大，是影响烟叶成熟度最重要的因素之一。例如,南雄烤烟生长中后期天气雨水偏多,光照不足,田间渍水严重,影响根系发育,造成中上部烟叶身份偏薄,耐熟性较差,落黄较快,成熟期较短,假熟烟较多,严重影响了烟叶成熟度(许自成 等,2014)。

4. 土壤因素

土壤是烟草生长发育所需营养元素的来源。土壤类型、肥力、含水量、酸碱度及质地影响烟叶化学成分和烟叶组织结构,也影响烟叶的成熟过程(赵瑞蕊,2012)。有机质是表征土壤肥力的重要指标,通过土壤有机质含量的变化可以判断土壤中氮肥力的等级:土壤有机质含量低于1.5%或速效氮小于60 mg/kg的属于低氮肥力土壤;土壤有机质含量为1.5%～3.0%或者速效氮为60～120 mg/kg的属于中等肥力土壤;土壤有机质含量高于3.0%或者速效氮高于120 mg/kg的属于高肥力土壤。土壤中的有机质、氮肥含量过高,如果按照常规施肥,烟叶后期容易贪青晚熟,不易正常落黄,甚至形成黑爆烟或者憨烟;烤后的烟叶主脉粗,叶片过厚,烟碱及蛋白质含量过高,色泽差,刺激性大,品质较差;有机质含量过低时,所产烤烟香气不足(许自成 等,2014)。

逄涛等人(2012)对生长在云南植烟区的土壤类型(红壤、黄壤、水稻土和紫色土)中的K326品种烟叶的主要化学成分进行了分析,结果表明,黄壤条件下种植的K326品种烟叶质量特点比较突出,与其他土壤条件下种植的K326品种烟叶相比,具有烟碱、石油醚提取物、挥发碱、钙含量较高而总糖和还原糖含量、糖碱比、pH较低的特点。这可能是土壤等条件不同,致使烟株生长发育过程中水、肥、气、光、热等环境产生差异,影响到了决定烟叶香气风格的化学成分的积累、转化和降解过程,最终主导了烟叶的香气风格形成。尽管烤烟对土壤的适应性很强,但对具有鲜明风格特色的烟叶生产来讲,烤烟对土壤有较强的选择性。因此,在种植烤烟的过程中了解土壤生态条件,对于提高田间烟叶成熟度和品质具有重要的意义。

5. 栽培条件

烟田栽培管理包括整地、移栽、施肥、灌水、中耕、培土、打顶、采收,每一环节都影响烟叶阶段性的生长发育,最终影响烟叶的田间成熟度。

6. 种植密度

烟株须有适宜的种植密度才能保证通风透光和正常成熟,一般认为烟田最大叶面积系数为2.5～3.5较适宜。若种植密度过大,则通风不良,光照不足,特别是下部烟叶的环境小气候极差,往往因湿度大、光照不足,最终形成"水黄""白黄"现象,即人们所说的"底烘"。"底烘"烟叶难以烘烤,烤后特别薄,质量很差;相反,若种植密度过小,虽能够正常成熟,但资源利用率降低,难以保证烟叶的单位面积产量。

7. 施肥水平

合理的营养水平是烟叶生长发育的物质基础，"少时富，老来贫，烟叶长成肥退劲"是烟叶生长过程中土壤肥力变化的基本规律。正确地施肥直接影响烟叶的正常成熟。因此，在生产中要合理控制氮肥用量，协调氮、磷、钾肥之间的营养平衡，注重烟株营养与土壤养分平衡、硝态氮和氨态氮的平衡、有机营养与无机营养的平衡、大量元素和微量元素的平衡。

8. 打顶留叶

适时打顶与合理留叶对烟叶的正常成熟十分有必要。封顶打杈可以抑制烟株生殖生长，减少下部烟叶片的营养物质向上部烟叶片输送，使养分集中供应上部烟叶片生长、扩大叶面积、增加叶片厚度。烟株打顶后可促进根系发育，提高根系吸收和合成功能，根合成的烟碱向叶内积累，提高烟碱含量，并使叶片提早成熟。一般要求现蕾打顶，通常留叶数为 18 ~ 22 片，山地烟留叶数比田烟少。若烟株生长稍旺，则可考虑二次打顶。打顶过低，留叶过少，烟叶往往推迟成熟；相反，若不打顶，让顶开花，叶内营养物质大量用于生殖生长，则叶片内含物不充实，不能真正成熟，尤其是下部烟叶，常表现为假熟。

（四）提高烟叶成熟度的技术措施

烤烟种植是一个非常复杂的过程，需要经历多个详细步骤。从冬季开始，首先要进行土地翻耕和保水处理。然后，在移栽前，必须进行地面的准备工作，包括施肥、铺设膜等。进入大田期后，需要进行定期的追肥、灌溉、松土，以及在烟株生长后期的修剪和叶片处理。每个环节都对烟草植株的正常成长至关重要，最终会影响田间烟草的成熟度和烤烟叶的外观成熟度。这个过程需要仔细地计划和管理，以确保最终产出高质量的烟叶。

1. 合理种植

只有在适宜的种植密度下，烟草植株才能获得良好的通风和透光条件，确保烟叶能够正常成熟。通常认为，将烟田的最大叶面积系数控制在 2.5 ~ 3.5 是比较适宜的。如果种植密度过高，烟田会显得过于密集，通风不良，光照不足，特别是下部叶的生长环境会受到严重影响。这种情况下，湿度会升高，阳光无法充分照射到底部叶片，最终可能导致底部叶出现"水黄"或"白黄"的现象，即底烘。底烘的烟叶质量较差，难以进行烘烤处理。相反，如果种植密度过低，虽然烟叶能够正常成熟，但资源利用率会降低，单位面积的产量无法得到保证。研究也表明，烟田的种植密度与烟叶的产量和质量之间存在密切关系。

2. 精准施肥

适当的营养水平是确保烟叶生长和发育的物质基础。有一句俗语"少时富，老来贫，烟叶长成肥退劲",强调了土壤肥力在烟叶生长中的关键作用(王小东 等,2007)。研究表明,在土壤中存在中、微量元素缺乏的情况下,适度施用中、微量元素肥料可以促进烟株的生长,增加烟叶的产量和质量(李明德 等,2005)。此外,对于特定烟区,科学的施肥策略非常重要。例如,有些地区需要稳定氮肥、增加磷肥、补充钾肥、控制钙肥、减少氯肥,并采用微量元素配合施肥的策略,以确保烟叶的养分供给和健康生长(赵竞英 等,2001)。

3. 适时打顶

及时进行顶部修剪并合理保留叶片对于确保烟叶正常成熟至关重要。修剪植株的顶部并疏除杈节可以抑制烟草植株的生殖生长,减少下部叶片向上部叶片输送养分,使得养分更多地集中供应于上部叶片,从而增加叶片的面积和增加叶片的厚度。此外,修剪后,植株的根系得到促进发育,提高了根系的吸收能力和养分转运功能。这导致根部合成的烟碱在叶片内积累,从而提高了烟叶中烟碱的含量,并促使叶片提前成熟。通常建议在烟草蓓蕾阶段进行修剪,同时保留大约18～22片叶。如果修剪过低或者叶片留得过少,烟叶的成熟往往会受到延迟的影响。相反,如果不进行修剪,让烟草植株自行开花,大量的养分将用于生殖生长,导致叶片内部的养分不充实,无法真正成熟,尤其是下部叶片,通常表现为假熟现象。研究还表明,修剪后根系的碳氮代谢活性增加,前体物质供应增加,这对于调控烟碱的合成起到了重要作用(杨华伟,2007)。

4. 合理采收

从茎顶端开始,一片烟叶的生长经历大致可以分为4个阶段,包括幼叶生长期、旺盛生长期、生理成熟期和工艺成熟期(刘春奎 等,2007)。当烟叶达到工艺成熟期时,其内部的各种化学成分开始朝着有利于提高烟叶品质的方向发生转化。这时所采摘的烟叶具有最佳的品质,因此也具有最高的市场价值。然而,如果在烟叶未达到工艺成熟期时进行采摘,烟叶内部的化学成分可能尚未完全协调,这将导致烤制后的烟叶质量较差,也会降低经济效益。相反,如果烟叶已经到达工艺成熟期却仍然不进行采收,其内部的化学成分将继续分解、转化和消耗,这将导致烟叶产量和品质下降,从而减少经济效益。因此,正确把握烟叶的成熟度,并及时采摘是至关重要的。

烟叶的采收遵循一些基本原则,宫长荣(2003)所提出的"熟一片、收一片",也就是只采收成熟的叶片,不采收生叶,同时确保不漏采成熟的叶片。通常情况下,从烟株的底部叶片开始,每次采收1～3片。顶部的4～6片叶通常在成熟后一次性采收,两次采收的时间间隔一般为5～7 d。烟农根据多年的种植经验总结出一些采收原则:对于下部叶,当它们呈现出绿黄色时,适时早收;中部叶呈现淡黄色时,适合采收;至于上部叶,当它们完全呈现黄色时,表示充分成熟,可以采收。最好在早上露水干后或者 16∶00 以后进行采收，这样有助于正确判断叶片的成熟度，同时避免日光暴晒。如果天气干燥，最好选择采露水烟，但如果烟叶在成熟时遇到雨水返青，应该等待它重新表现出成熟特征后再进行采收。在采收时，需要注意不采收生叶，不丢弃成熟的叶片，不让叶片沾土，不暴露在阳光下过久，不挤压或损伤叶片。

二、NC102品种不同采收成熟度对烟叶质量的影响

在云南省玉溪市江川区九溪镇马家庄村（海拔 1730 m，24°18′14″N，102°38′13″E）种植 10 亩 NC102 品种（神子由玉溪中烟种子有限责任公司提供），采取随机区组排列，设 3 个处理，重复 3 次，共 9 个小区，小区面积 666.7 m²，植烟 1 100 株，行距 1.2 m，株距 0.5 m，合理安排设置保护行，以减少试验误差。根据当地实际采收情况，设置 3 个处理。处理 1 为正常采烤；处理 2 为比正常采烤期延长 7 d（正常 +7 d）；处理 3 为比正常采烤期延长 14 d（正常 +14 d）。打顶后，选定长势均匀一致的烟株进行处理和取样，进行 NC102 品种烟叶 SPAD 值、经济性状、化学成分测定和感官质量评价，以研究不同采收成熟度对烟叶质量的影响。

（一）不同采收成熟度对鲜烟叶SPAD值的影响

从表 4-1 可知，NC102 品种不同采收成熟度的鲜烟叶 SPAD 值存在显著差异（$P<0.05$），其中正常采烤烟叶 SPAD 值显著高于比正常采烤期延长 7 d 和比正常采烤期延长 14 d，这表明鲜烟叶叶绿素含量随烟叶成熟度的提高而下降。

表4-1　不同采收成熟度鲜烟叶SPAD值测定结果

处理	SPAD值
正常	46.93a
正常+7d	27.67b
正常+14d	19.37c

注："数值后字母"表示在5%以下差异达到显著水平，以下相同。

（二）不同采收成熟度对鲜烟叶主要化学指标的影响

由表 4-2 可知，NC102 品种不同采收成熟度的鲜烟叶总糖、还原糖、淀粉和蛋白质含量存在显著性差异（$P<0.05$）。在烟叶碳代谢指标方面，不同品种的鲜烟叶总糖含量和还原糖含量

大小均表现为：比正常采烤期延长 7 d> 比正常采烤期延长 14 d> 正常采烤。在淀粉含量方面表现为：正常采烤 > 比正常采烤期延长 7 d> 比正常采烤期延长 14 d。在烟叶氮代谢指标方面，鲜烟叶蛋白质含量大小表现为：比正常采烤期延长 7 d> 正常采烤 > 比正常采烤期延长 14 d。这表明不同采收成熟度对鲜烟叶含糖化合物和含氮化合物产生了较大影响。

表4-2   不同采收成熟度鲜烟叶主要化学成分分析结果（%）

处理	总糖	还原糖	淀粉	总氮	烟碱	蛋白质
正常	13.07b	9.39b	35.88a	1.40a	1.34a	9.51b
正常+7d	15.15a	11.62a	26.64b	1.71a	1.87a	11.25a
正常+14d	12.19b	8.78b	21.96b	1.57a	1.76a	10.98b

（三）不同采收成熟度对烟叶组织形态结构的影响

由表 4-3 可知，NC102 品种不同采收成熟度的烟叶栅栏组织厚度和海绵组织厚度存在显著性差异（$P<0.05$），各指标大小均表现为比正常采烤期延长 7 d> 比正常采烤期延长 14 d> 正常采烤。由此可见，不同采烤期的烟叶组织细胞形态差异很大，其中比正常采烤期延长 7 d 烤烟品种 NC102 栅栏组织厚度和栅栏组织厚度为三个品种中最高。

表4-3   不同采收成熟度烟叶组织结构测定结果

处理	栅栏组织厚度/μm	海绵组织厚度/μm	上表皮细胞厚度/μm	下表皮细胞厚度/μm	叶厚/μm	栅栏/海绵
正常	47.41b	58.99b	66.75a	7.70a	146.05a	0.80a
正常+7d	54.65a	65.12a	74.19a	9.62a	150.98a	0.82a
正常+14d	49.50b	61.38a	72.79a	9.92a	153.49a	0.79a

（四）不同采收成熟度对初烤烟叶产值量的影响

由表 4-4 可知，NC102 品种不同采收成熟度的初烤烟叶亩产值、上等烟比例和均价存在显著性差异（$P<0.05$），初烤烟叶亩产值以比正常采烤期延长 7 d 最高，正常采烤次之，比正常采烤期延长 14 d 最低。

表4-4　不同采收成熟度初烤烟叶产值量测定结果

处理	亩产量/kg	均价/元	上等烟比例/%	亩产值/元
正常	169.31a	29.57b	55.74b	5006.49b
正常+7d	166.15a	34.51a	58.99a	5733.83a
正常+14d	165.12a	31.04b	52.27b	5125.32b

（五）不同采收成熟度对初烤烟叶常规化学的影响

由表 4-5 可知，随着采烤时间的延长，NC102 品种初烤烟叶烟碱含量逐步增高，总糖和还原糖呈现先增加后减少的特点，这说明不同采收成熟度对初烤烟叶的含糖化合物和含氮化合物产生了较大影响。

表4-5　不同采收成熟度初烤烟叶常规化学成分分析结果（%）

处理	总糖	还原糖	淀粉	总氮	烟碱	蛋白质
正常	13.07b	9.39b	35.88a	1.40a	1.34a	9.51b
正常+7d	15.15a	11.62a	26.64b	1.71a	1.87a	11.25a
正常+14d	12.19b	8.78b	21.96b	1.57a	1.76a	10.98b

（六）不同采收成熟度对初烤烟叶感官质量的影响

由表 4-6 结果可知，在 3 种采收成熟度中，比正常采烤期延长 7 d 采烤烟叶综合感官质量最好，其次是比正常采烤期延长 14 d 和正常采烤烟叶。从正常采烤至比正常采烤期延长 7 d 采烤，烟叶吃味变醇和，杂气和劲头减小，香气量提高，余味变好，但比正常采烤期延长 14 d 采烤的烟叶枯焦杂气明显，感官质量明显变差。

表4-6 不同采收成熟度初烤烟叶感官质量评价结果　　　　单位：分

处理	烟草本香	香气量	香气质	浓度	刺激性	劲头	杂气	干净度	湿润	吃味	合计
正常	8	11	12.5	7	13	5	6.5	7.5	4	3	77.5
正常+7d	8	12.5	12.5	8	13	5	8	7.5	4	3.5	82
正常+14d	7.5	12.5	12.5	8	11.5	4.5	7	7	4	3.5	78

（七）不同采收成熟度在暗箱试验中变黄变褐时长

由图 4-19 可知，在暗箱试验中，不同采收成熟度下，NC102 品种烟叶的变黄、变褐速度与程度相差较大。正常 +14d 采收烟叶（60 h）的变黄速度快于正常采收烟叶（84 h）和正常 +7d 采收烟叶（72 h）。同时，正常 +14d 采收烟叶的变褐时间（120 h）明显早于正常采收烟叶（144 h）与正常 +7d 采收烟叶（132 h），且变褐程度为最深，192 h 时正常采收烟叶仅有叶缘叶尖变褐，而正常 +14d 采收烟叶近乎整片烟叶变褐。

三、NC102烟叶采收与编杆

（一）烟叶采收原则

1. 下部烟叶应适当早收

下部在打顶后 7 ~ 10 d（叶龄 60 ~ 70 d）开始采收，即当叶色初显黄色、主脉 1/3 变白及茸毛部分脱落时采收。

2. 中部烟叶应适熟采收

中部在打顶后 20 ~ 30 d（叶龄 70 ~ 80 d）开始采收，即当叶色黄绿色、叶面 2/3 以上变黄、主脉发白、叶尖叶缘呈黄色及叶面有黄色成熟斑时采收为宜。

3. 上部烟叶应充分成熟采收

上部在打顶后 40 ~ 50 d（叶龄 80 ~ 90 d）开始采收，即当叶色黄色、叶面充分变黄发皱、成熟斑明显、叶脉全白、叶尖下垂，顶部叶达到充分成熟时，4 ~ 6 片烟叶一次性采烤。

NC102 品种不同部位烟叶成熟特征如图 4-20 所示。

（a）正常采收烟叶暗箱变化情况

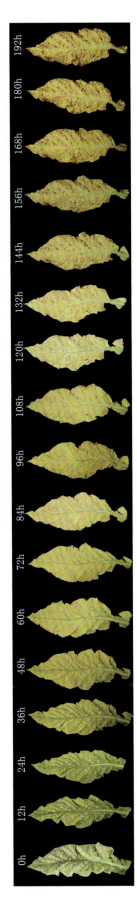

（b）正常+7d采收烟叶暗箱变化情况

（c）正常+14d烟叶暗箱变化情况

图4-19　不同采收成熟度在暗箱试验中变化情况

（a）下部　　　　　　　　　（b）中部　　　　　　　　　（c）上部

图4-20　NC102品种不同部位烟叶成熟特征

（二）做好分类编装

分类编烟，同竿同质，如图 4-21 所示。

分类装烟，同层同质，如图 4-22 所示，较成熟的烟叶装在高温区，成熟度适中的装在中温层，成熟度差的装在低温层。

图4-21 NC102烟叶分类编烟

图4-22 NC102品种分类装烟

第三节　NC102品种烟叶烘烤特性

一、烟叶烘烤特性概述

烟叶烘烤特性是指烟叶在农艺过程中获得的与烘烤技术和效果紧密相关的固有素质特性，反映烟叶在烘烤过程中对温度和湿度的响应程度及烟叶品质的动态形成，是影响烟叶烘烤效果和烤后烟叶质量的重要因素（王传义，2008；王传义　等，2009）。

烟叶烘烤特性是烟叶品种大田生长过程所获得的并反映于烘烤过程及烤后质量的自身素质特征，可分为易烤性和耐烤性。烟叶的易烤性和耐烤性既相互联系又相互独立（宫长荣，2003；王传义，2008），有的烟叶品种既易烤又耐烤（陈飞程，2022），部分烟叶品种易烤但不耐烤，还有的烟叶品种耐烤但不易烤或者易烤性与耐烤性均较差（王行　等，2014）。

（一）烟叶易烤性

烟叶易烤性反映烟叶在烘烤过程中变黄、脱水的难易程度，将烟叶变黄时的难易程度、变黄与失水的协调程度归于易烤性，易变黄、易脱水且变黄与脱水的协调程度较同步的烟叶易烤性较好，反之为不易烤烟叶。近年来，许多学者基于烟叶变黄与失水的精确定量，进一步将易烤性细分为变黄特性、失水特性（武圣江　等，2020；娄元菲，2014；魏光华　等，2021）。

1. 烟叶变黄特性

烟叶变黄特性是指主要反映在烘烤过程中烟叶变黄的难易程度、一致性以及配合失水的协调性。烟叶变黄是有机物质的转化与分解的生理生化变化的外在表现，变黄速度即有机物质的转化与分解速度是酶促过程。当烟叶内有机物在酶促作用下转化分解时，水分由多到适量减少，为酶促反应创造了适宜的环境条件。当前烟叶调制工艺的目标，已从传统追求的"黄、鲜、净"向主攻"色、香、味"的目标转变。通常认为大部分香气物质的来源属于芳香油或树脂类成分及多酚类物质的分解产物，特别是氨基酸与糖或多酚形成的复合物，在燃烧时会产生香气。多酚也是产生烟气的芳香吃味的一种物质，多酚类物质与香气之间存在着一定关系，多酚类化合物是烟叶内的次生物质。当烟叶成熟后或在调制、发酵等加工过程中，多酚类物质中的苷类物质在酶作用下发生水解：芸香苷、槲皮苷分解往往产生令人愉悦的香气，丁子香酚产生浓重的芳香气味。多酚类物质在烤烟中的含量与烟叶品质的芳香吃味和商品等级基本是一致的。芳香值即多酚与蛋白质氮比值，是衡量香气吃味的重要参数。烤后烟叶多酚含量高则芳香值高、香味浓、呈橘黄色。因此评价烟叶品质，特别是评定烟叶的香吃味时，对烟叶中酚类物质的测定是必不可少的。许多因素可以影响多酚的含量，包括品种、着生部位、成熟度、光照、营养和调制方法等。烤后烟叶中酚类物质的组成是栽培调制综合作用的结果，它们的含量与变黄时间直接相关。多酚类物质在调制中易被多酚氧化酶氧化成醌类物质，使烟叶品质降低。过氧化物酶与多酚氧化酶有相似的性质，过氧化物酶与过氧化氢结合成一种化合物，在这种化合物中的过氧化物被活化，并能氧化酚和芳香胺。在过氧化物酶存在时，过氧化氢能氧化没食子酚、邻苯二酚、邻苯甲酚、间苯甲酚和对苯甲酚等物质，过氧化氢酶能催化过氧化氢分解为水和氧气。因此，理清它们在烘烤过程中的活性动态规律，对烟叶的提增香，有着重要的应用价值。

2. 烟叶失水特性

烟叶烘烤的本质是以热量为媒介，在烟叶内部与烘烤环境之间形成渗透压差，并在内部完成水分的迁移、蒸发和散失的过程（魏硕，2018；国家烟草专卖局，1996）。在烟叶烘烤过程中，水分动态控制与烟叶形态变化及内含物的分解转化直接相关，甚至决定烤后的烟叶质量，是烘烤中各项操作的核心，也是烘烤成败的关键。烟叶脱水干燥速度对色泽的影响至关重要，正常的脱速度是：当烟叶开始变黄和没有完全变黄时，应防止脱水过多，保持适量水分，使烟叶内部物质正常分解转化，促进烟叶变黄；当烟叶完全变黄时，要适时适量排水，加快干燥速度，控制内含物质的变化程度。如果烘烤初期脱水过多，烟叶内部大分子物质分解转化速度降低，绿色不易变黄，便烤成青黄烟；后期若脱水过迟、过少，烟叶在水分充足条件下继续变黄，将使烟叶出现挂灰或花片。由此可见，水分代谢在烟叶烘烤过程中，起着非常重要的作用。烟叶在烘烤过程中的失水速度规律表现为变黄期小、定色期长、干筋期再次减小，自由水和结合水的散失速率为自由水快于结合水。

（二）烟叶耐烤性

耐烤性是指烟叶在变黄和定色期间对烘烤环境的耐受性。定色期对烘烤环境变化不敏感，因而不易褐变的烟叶被描述为耐烤性好，反之被描述为不耐烤。烟叶耐烤性评价指标主要有烟叶变褐程度、烟叶颜色参数、棕色化产物、总酚含量、MDA含量、电导率和多酚氧化酶活性（Polyphenol oxidase，PPO）等（张进，2020）。

（三）烟叶烘烤特性影响因子

影响烟叶烘烤特性的主要因素有遗传因素、气候条件、土壤条件、栽培管理措施、烟叶部位和成熟度，其中遗传因素是影响烟叶烘烤特性的最重要的因素。目前，判断烟叶烘烤特性的主要依据是田间长势长相和成熟度。田间生长发育正常，能适时正常落黄的烟叶，一般烘烤特性较好；成熟较慢、适熟期较长的烟叶耐烤性较好，易炉性较差；适熟期较短、成熟较快的烟叶，耐烤性较差，易烤性较好。在实际生产中，可根据手感判断烟叶烘烤特性，手握质地柔软、弹性好、不易破碎的烟叶，其烘烤特性较好，易烘烤；若烟叶质地硬脆、弹性差、易破碎，则其烘烤特性较差，难烘烤。

二、NC102品种烟叶烘烤特性

本节采用本章第二节中"NC102品种不同采收成熟度对烟叶质量的影响"试验材料，研究NC102品种烟叶烘烤特性。

（一）烤烟品种烘烤特性评价方法

1. 暗箱条件下烤烟品种烘烤特性方法

按照《YC/T311—2009烤烟品种烘烤特性评价》标准，取具有代表性的上、中、下部鲜烟叶各3片，置于恒温恒湿密闭不透光的暗箱中，进行暗箱试验，每隔12 h记录叶片变黄、变褐情况、颜色参数变化、失水率及SPAD值。具体如下：

（1）烟叶变黄变褐特性

每隔12 h于采光好的同一地方对暗箱试验烟叶进行拍照，并通过网格法读取照片中变黄和变褐格数，统计烟叶变黄或变褐格数占烟叶总格数的百分率。用变黄百分率 Y 表示变黄速率，用变褐百分率 B 表示变褐速率。用 Y 数值与定时测定次数 n 的比值表示变黄指数 $Y_1=Y/n$；用 B 数值与定时测定次数 n 的比值表示变褐指数 $B_1=B/n$；指数值愈大，测定时间内变黄、变褐速率愈快。

（2）烟叶失水特性

每隔12 h取样1次，每次取样3片，进行烟叶含水率测定，暗箱失水率＝（鲜烟重—某时刻烟叶重）/（鲜重 × 鲜烟含水率）。

（3）烟叶颜色变化

采用WSC-3型全自动色差计测定。色差仪从亮度值 L（从黑到白，表示亮度，0 ~ 100）、

红度值 *a*（从绿到红，–*A* ~ +*A*）、黄度值 *b*（从蓝到黄，–*B* ~ +*B*）3个方向三维立体评价烟叶颜色。

（4）烟叶 SPAD 值变化

采用 SPAD-502 plus 便携式叶绿素测定仪（日本柯尼卡美能达公司）测定叶片 SPAD 值，每片烟叶在离主脉 3 cm 两侧对称处各选择 3 个点进行测量，即烟叶基部测点（烟叶 1/3 处靠叶基部）、中部测点（烟叶 1/3 处靠叶中部）、尖部测点（烟叶 1/3 处靠叶尖部）。

暗箱烘烤特性评判标准参考《烤烟品种烘烤特性评价》（YC/T311—2009，见表4-7）。

表4-7　暗箱烘烤特性评价标准

烘烤特性	优劣	评判标准
易烤性	好	下部叶完全变黄时间48 ~ 60 h，中、上部叶72 ~ 84 h之间
	中	下部叶完全变黄时间60 ~ 96 h，中、上部叶84 ~ 108 h之间
	差	下部叶完全变黄时间96 h以上，中、上部叶108 h以上
耐烤性	好	下部叶完全变黄至褐化三成时间84 h以上，中部叶120 h以上，上部叶60 h以上
	中	下部叶完全变黄至褐化三成时间72 ~ 84 h之间，中部叶84 ~ 120 h以上，上部叶36 ~ 60 h以上
	差	下部叶完全变黄至褐化三成时间72 h以下，中部叶84 h以下，上部叶36 h以下

2. 烘烤条件下烤烟品种烘烤特性评定方法

选取适熟上、中、下三个部位鲜烟叶进行编杆烘烤，每杆编烟 100 片左右，三次重复，参照优化后的 NC102 烘烤工艺进行。烘烤过程中每隔 12 h 取样一次，进行烟叶密集烤房烘烤试验，以测定烟叶含水率、叶绿素含量、多酚氧化酶活性及电导率指标测定。

（1）烟叶色素降解变化。

烟叶烘烤过程中，从 0 h 开始每隔 12 h 取样 1 次，每次取 3 片叶，去除叶尖及叶基部，取叶中部置于 10 mol 冻存管中，经液氮速冷冻后置于 −80℃超低温冰箱中保持待测。采用 95% 乙醇提取和分光光度法测定叶绿素和类胡萝卜素含量。

（2）烟叶酶活性。

多酚氧化酶（PPO）活性采用邻苯二酚氧化分光光度法测定，以烘烤过程中 24 h、48 h、72 h、96 h 烟叶 PPO 活性的平均值来评价烟叶耐烤性，中部叶在 0.3 U 以下耐烤性较好，0.3 ~ 0.4 U 之间耐烤性中等，0.4 U 以上耐烤性较差。

（3）烟叶失水特性。

每隔 12 h 取样 1 次，每次取样 3 片，用杀青烘干法测定烟叶的含水量，计算失水率及失水均衡性（烟叶失水率是鲜烟叶含水量和某时间点的烟叶含水量的差值占鲜烟叶含水量的百分比）。

（4）电导率测定。

使用 8 mm 孔径打孔器，在烟叶主脉两侧的叶尖、叶中、叶基对称取 0.1 g 叶片组织（避开支脉），在装有 10 mL 双蒸水的试管中浸泡 3 h，使用 GTCON30 型便携式电导率仪测定浸出液电导率，将试管置于 100℃水浴锅中 10 min，冷却至室温后，测定绝对电导率，然后计算相对电导率（相对电导率 = 浸出液电导率 / 绝对电导率 × 100%）。

（二）暗箱条件下NC102品种特性

1. 烟叶变黄和变褐规律

由图 4-23 可知，暗箱试验中 NC102 品种各部烟叶在采后 36 h 内变黄较快，之后变黄速度逐渐变缓，至采后 60 h 变黄程度已经达 9 成以上，叶片基本变黄，于采后 84 h 后完全变黄。变褐程度与变黄程度相似，均是先快后慢。下部叶较中、上部烟叶，提前变褐，且变褐速率高于中、上部叶。

暗箱条件下烟叶变黄、变褐规律如图 4-24 所示。

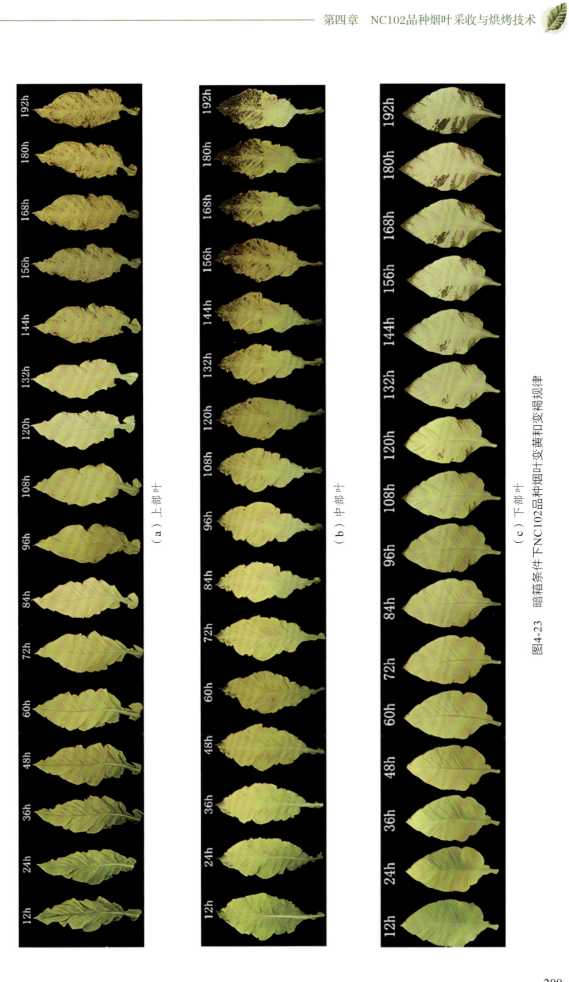

（a）上部叶

（b）中部叶

（c）下部叶

图4-23 暗箱条件下NC102品种烟叶变黄和变褐规律

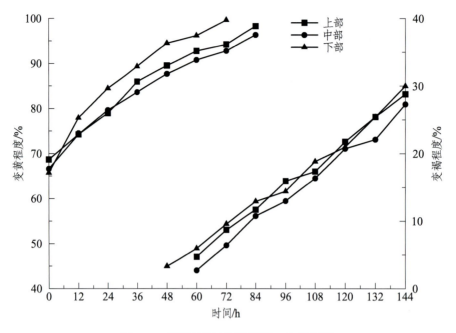

图4-24 暗箱条件下烟叶变黄、变褐规律

2. 烟叶失水规律

由图4-25可以明显地看出，NC102品种各部位烟叶在暗箱条件下失水率变化规律接近，呈现出先快后慢的趋势。下部烟叶失水主要集中在0～24h和60～96h时间段；中部烟叶失水主要集中在0～12h和108～144h时间段；上部烟叶失水主要集中在0～48h时间段。总体看来暗箱条件下各部位烟叶失水主要集中于前期，中期失水率较慢，中、下部烟叶后期还有一次失水率下降峰值。

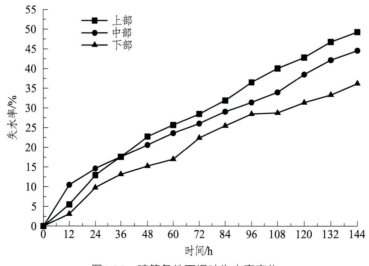

图4-25 暗箱条件下烟叶失水率变化

3. 烟叶SPAD值变化规律

暗箱条件下烟叶的 SPAD 值是烟叶内叶绿素含量的外在直观体现，能侧面反映烟叶内叶绿素含量变化趋势。由图 4-26 可知，暗箱条件下 NC102 品种各部位烟叶 SPAD 值均呈先快后慢的下降趋势，均在 108 h 时趋于稳定。下部叶在 24 h 之前 SPAD 值下降较慢，仅从鲜烟叶的23.89 下降了 2.11，24 ~ 72h 下降速度变快，72 ~ 108h 时下降速度较慢，108 h 后基本保持稳定；而上部叶在 0 ~ 36h 时下降速度较快，36 h 后缓慢下降至 108 h 后基本稳定；中部叶在 72 h 前 SPAD 值下降速率较快，基本保持相同速率，72 h 后缓慢下降。总体来看，各部位烟叶 SPAD 值变化规律相似。

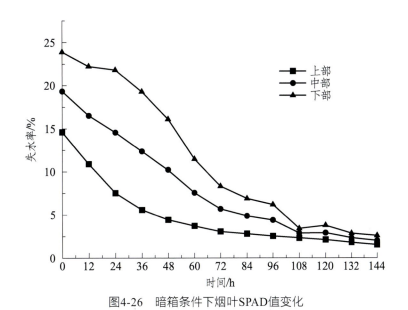

图4-26　暗箱条件下烟叶SPAD值变化

4. 烟叶颜色值变化规律

烟叶的外观颜色是烟叶内部质体色素消涨的表现，可以通过颜色值反映出来。由表 4-8 可以看出，NC102 品种各部位烟叶在暗箱中至完全变黄时烟叶的颜色变化趋势接近，包括 L、a、b 值。各部位 L 值均随变黄程度增加而逐渐增加，分别从 0 h 开始的 44.51、50.61、47.56 增长至 144 h 的 69.49、71.67、70.58；a 值也表现不断增加的趋势，从 0 h 开始的负值 −8.85、−7.39、−8.12 逐渐增加为正值，中部叶在 48 h 增加为正值，为 0.84，上、下部叶在 60 h 时均增加为正值，为 1.18 和 1.56。中部叶在 48 h 增加为正值较上、下部叶变为正值早了 12 h；b 值也表现出随时间和变黄程度增加而逐渐增加的趋势。通过各颜色值综合来看，中部烟叶变黄速度快于上、下部烟叶。

表4-8　暗箱条件下烟叶颜色变化

时间/h	烟叶部位	L	a	b
0	上部	44.51±3.62	−8.85±1	29.85±4.44
	中部	50.61±5.27	−7.39±1.53	28.77±5.63
	下部	47.56±3.32	−8.12±0.96	33.66±2.13
12	上部	52.99±1.66	−7.65±1.29	34.54±2.36
	中部	54.51±3.00	−6.57±1.35	39.42±3.23
	下部	53.75±0.67	−7.11±0.65	36.98±0.58
24	上部	55.54±2.69	−5.25±3.35	37.94±2.2
	中部	58.4±2.55	−3.97±1.77	42.59±1.5
	下部	56.97±0.71	−4.61±2.31	40.26±0.48
36	上部	59.72±2.87	−1.87±0.24	42.03±1.73
	中部	63.45±3.28	−0.07±1.25	43.07±1.9
	下部	61.59±1.93	−0.97±0.65	42.55±1.36
48	上部	59.88±3.01	−0.96±0.63	44.13±2.44
	中部	65.35±2.5	0.84±1.53	43.59±1.45
	下部	62.62±1.4	−0.06±0.65	43.86±1.49
60	上部	61.73±1.53	1.18±0.35	45.38±2.87
	中部	66.66±2.33	1.94±0.66	47.29±1.65
	下部	64.19±1.78	1.56±0.29	46.33±2.23
72	上部	62.96±1.75	1.55±0.26	46.75±1.62

续表

时间/h	烟叶部位	L	a	b
72	中部	67.9±1.17	1.82±1.46	47.84±1.33
	下部	65.43±1.19	1.69±0.65	47.3±1.44
84	上部	63.88±1.68	2.4±0.35	47.48±1.31
	中部	68.2±0.38	2.74±0.38	48.14±1.04
	下部	66.04±0.93	2.58±0.36	47.81±1.1
96	上部	65.54±1.8	2.91±0.13	48.01±1.13
	中部	68.39±1.38	3.71±0.55	48.36±1.02
	下部	66.96±1.32	3.31±0.33	48.18±0.98
108	上部	66.51±1.41	3.73±0.22	48.68±1.33
	中部	69.67±0.56	4.28±0.31	48.13±1.76
	下部	68.09±0.81	4.01±0.22	48.4±1.37
120	上部叶	67.32±0.89	4.01±0.45	49.25±0.79
	中部叶	70.86±0.86	4.75±0.38	49.41±0.98
	下部叶	69.09±0.88	4.38±0.3	49.33±0.83
132	上部叶	68.65±1.05	4.41±0.47	50.27±0.42
	中部叶	71.27±0.61	5.36±0.53	49.88±1.05
	下部叶	69.96±0.66	4.89±0.36	50.08±0.74
144	上部叶	69.49±0.82	4.81±0.51	50.41±0.23
	中部叶	71.67±0.47	5.52±0.23	51.48±1.56
	下部叶	70.58±0.19	5.17±0.18	50.95±0.83

（三）烘烤条件下NC102品种烘烤特性

1. 烘烤过程烟叶色素变化规律

NC102品种各部位烟叶叶绿素含量变化呈出先快后慢的趋势，即在 0 ~ 60h 时烟叶叶绿素降解速率较快，此后叶绿素降解速度逐渐变慢已基本稳定（见图4-27）。72 h 时，上部叶降解量为 77.89%，降解速率为 1.08%/h；中部叶降解量为 85.13%，降解速率为 1.18%/h；下部叶降解量为 90.57%，降解速率为 1.26%/h（见图4-28 和图4-29）。根据行业标准 YC/T311 — 2009 可知，下部叶易烤性较好，中部叶易烤性一般，上部叶易烤性差。

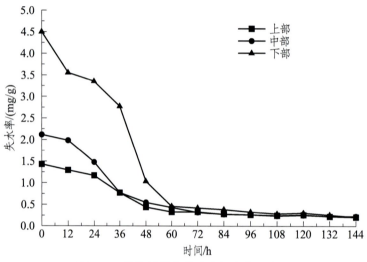

图4-27　烘烤过程中烟叶叶绿素含量变化

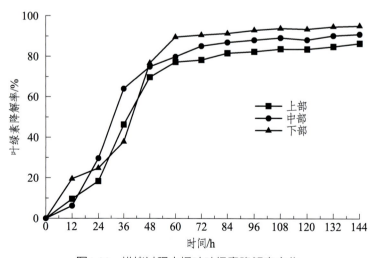

图4-28　烘烤过程中烟叶叶绿素降解率变化

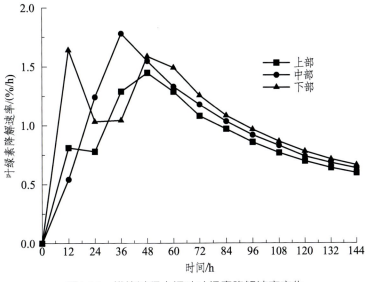

图4-29　烘烤过程中烟叶叶绿素降解速率变化

2. 烘烤过程烟叶水分变化规律

合理调控烟叶内的水分使其达到烘烤目的是烘烤过程中最重要的任务之一。水分含量影响着烟叶变黄定色、酶活性、内部化学成分等，因此水分变化是烘烤特性的重要评价标准之一。由图4-30可知，NC102品种各部位烟叶在烘烤过程中失水速率呈现"慢-快-慢"变化规律，各部位均在0~48h前失水较慢，失水量在15%以下，下部叶48h后失水率逐渐加快，至96h后缓慢下降，上、中部叶失水率主要集中于72h后，且下降速率接近。

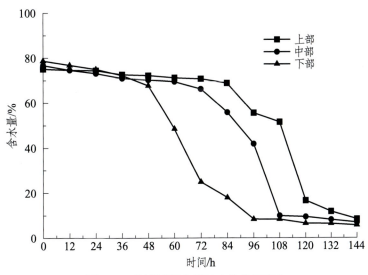

图4-30　烘烤过程中烟叶水分含量变化

3. 烘烤过程中烟叶多酚氧化酶活性变化规律

由图4-31可知，NC102品种各部位烟叶在烘烤过程中PPO活性变化规律相似，都呈现出升-降-升-降的双峰曲线趋势。鲜烟叶时，上部烟叶PPO活性为0.315 U，显著高于中部烟叶的0.146 U、下部烟叶的0.088 U。刚进入烤房烘烤时上、下部烟叶（0～12 h），PPO活性呈下降的趋势；随后一段时间（24～72 h），随着烤房内温度升高，相对湿度增大，烟叶PPO活性迅速升高，变化幅度较大；在72 h左右时达到峰值；此后PPO活性被不断抑制，迅速下降。中部叶PPO活性于24 h后迅速上升，到87 h左右达最高值，后迅速下降。

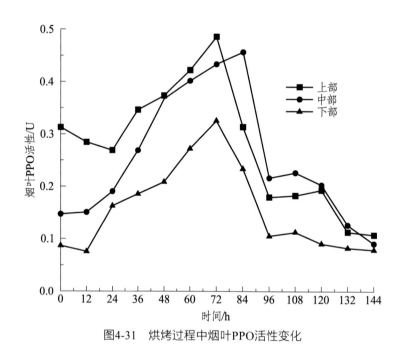

图4-31 烘烤过程中烟叶PPO活性变化

4. 烘烤过程中烟叶电导率变化规律

正常情况下，烟叶细胞膜对物质具有选择通透性。当烟叶受到逆境环境影响时，细胞膜遭到破坏，膜通透性增大，从而使得细胞内的电解质外渗，导致叶片浸提液的电导率增大，而相对电导率变化能反映叶片细胞膜受损情况。由图4-32可知，各部位烟叶相对电导率都呈逐渐增大趋势，且各部位增长趋势相近，48 h前各部位烟叶相对电导率增速较快，48 h后增长速率缓慢降低，84 h后又开始逐步升高。

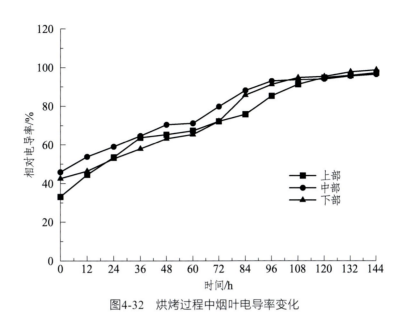

图4-32 烘烤过程中烟叶电导率变化

5. 烘烤过程中烟叶化学成分变化

由表4-9可知，NC102品种各部位烟叶在烘烤过程中总糖、还原糖含量大体呈现出中部叶高于上部叶及下部叶趋势，且随烘烤时间的增加，总糖、还原糖含量呈现逐渐增加的趋势，在84 h时总糖含量达峰值，且不同部位间存在显著性差异。各部位烟叶总氮、蛋白质和淀粉含量总体呈现为：上部叶＞中部叶＞下部叶，且不同部位间差异显著；随烘烤时间的增加，总氮、蛋白质和淀粉含量均呈现逐渐降低的趋势。总氨基酸含量在烘烤开始阶段，中部叶＞上部叶＞下部叶，烘烤至60 h以后，总氨基酸含量上部叶＞中部叶＞下部叶；且随烘烤时间的增加总氨基酸含量呈现逐渐升高的趋势。

表4-9 NC102不同部位烟叶烘烤化学成分含量测定结果（%）

时间/h	烟叶部位	总糖	还原糖	总氮	淀粉	蛋白质	总氨基酸
	下部	6.56 b	5.62 c	2.21 b	28.84 c	8.69 a	2.50 b
0	中部	7.69 a	6.82 a	2.11 c	39.96 a	8.23 c	1.69 b
	上部	6.46 b	5.83 b	2.40 a	33.08 b	8.58 b	1.73 a

续表

时间/h	烟叶部位	总糖	还原糖	总氮	淀粉	蛋白质	总氨基酸
12	下部	10.17 b	9.46 b	2.48 b	19.68 c	9.17 b	3.56 b
	中部	14.68 a	11.89 a	2.22 a	27.35 b	7.67 c	2.84 c
	上部	9.67 c	8.90 c	3.29 c	21.07 a	10.99 a	4.56 a
24	下部	16.79 a	11.34 b	2.40 b	14.33 c	8.68 b	3.44 b
	中部	16.09 b	12.79 a	2.23 c	21.48 b	7.18 c	3.04 c
	上部	10.45 c	8.20 c	2.86 a	25.55 a	10.08 a	4.37 a
36	下部	19.48 b	15.86 a	2.38 c	7.38 c	7.51 c	3.67 c
	中部	21.15 a	12.68 c	2.74 b	9.58 b	7.97 b	4.43 b
	上部	15.29 c	14.16 b	3.00 a	15.66 a	8.75 a	4.82 a
48	下部	14.99 c	13.85 c	2.58 b	1.14 c	7.44 b	4.07 b
	中部	24.97 a	18.18 b	2.38 c	12.75 b	7.00 c	4.05 b
	上部	13.83 b	13.10 a	2.87 a	23.58 a	9.40 a	4.41 a
60	下部	18.68 a	11.76 c	2.53 c	1.84 c	7.46 c	3.97 c
	中部	17.91 b	13.78 b	2.96 b	3.66 b	8.59 b	6.10 a
	上部	15.66 c	14.35 a	3.01 a	9.82 a	9.28 a	6.01 b
72	下部	14.66 b	10.04 b	2.57 c	1.97 c	7.41 c	4.61 c
	中部	22.31 a	19.19 a	2.93 b	7.59 a	9.01 a	6.23 a
	上部	14.25 c	9.26 C	3.36 a	4.97 b	8.44 b	5.30 b
84	下部	24.50 a	13.92 a	2.37 c	2.52 b	7.20 c	3.56 c
	中部	20.53 b	11.84 b	2.78 b	2.19 c	7.80 b	4.65 b
	上部	12.35 c	6.84 c	3.81 a	4.03 a	9.57a	8.32 a

续表

时间/h	烟叶部位	总糖	还原糖	总氮	淀粉	蛋白质	总氨基酸
96	下部	19.81 a	9.86 b	2.42 c	2.37 c	6.91 c	3.94 c
	中部	18.63 b	9.99 a	2.66 a	3.04 b	7.92 b	4.22 b
	上部	15.54 c	8.86 c	3.60 b	3.69 a	8.98 a	8.00 a
108	下部	12.40 c	4.59 c	2.77 b	1.33 c	8.22 b	4.23 c
	中部	21.05 a	16.10 b	2.63 c	3.65 a	7.60 c	5.38 b
	上部	19.77 b	14.12 a	3.42 a	2.53 b	8.86 a	7.03 a
120	下部	15.39 b	8.06 b	2.53 c	2.44 a	7.82 b	3.51 c
	中部	16.60 a	11.21 a	2.59 b	1.69 b	7.00 c	5.23 b
	上部	13.00 c	7.91 c	3.54 a	1.76 b	8.95 a	6.28 a
132	下部	19.44 b	10.22 b	2.32 c	1.77 b	7.01 c	3.85 c
	中部	21.01 a	11.49 a	2.43 b	1.45 c	7.52 a	4.49 b
	上部	16.16 c	8.25 c	3.30 a	1.97 a	7.27 b	6.94 a
144	下部	19.62 b	9.95 b	2.43 b	2.50 a	6.86 c	4.21 b
	中部	21.84 a	11.71 a	2.42 b	1.71 b	7.31 a	3.78 c
	上部	14.23 c	6.21 c	3.33 a	1.62 c	7.14 b	7.01 a

综上所述，NC102 烤烟品种各部位烟叶烘烤特性存在差异。下部烟叶易烤性好，耐烤性好，烘烤特性较好；中部烟叶易烤性中等，耐烤性中等，烘烤特性中等；上部烟叶易烤性差，耐烤性好，烘烤特性中等。具体如下：

（1）暗箱试验表明，下部叶完全变黄时间相对较短，但变黄阶段结束至褐变30%的时间长于中、上部烟叶。下部烟叶易烤性好于中、上部烟叶，但耐烤性差于中、上部烟叶。在褐变过程中，烟叶的 a 值变化并不明显，L 值则在褐变比例10% ~ 20%时才出现降低趋势，b 值对烟叶的褐变极为敏感。下部烟叶在48 h后出现褐变时，b 也随之下降。中、上部烟叶在72 h均出现褐变，两者的 b 值在 60 h 后便开始下降，两者的 L 值则分别在褐变发生 36 h 后才开始下降。这说明烟叶从变黄到出现肉眼可见的变褐过程中，存在一个过渡阶段。在该阶段，仅凭肉眼辨别烟叶，其几乎没有出现变褐情况，但其 b 值已经出现下降趋势。由此可知，在一定程度上可用烟叶的 b 值对烟叶存在褐变的危险发出警示，从而及时调整烘烤工艺，避免烟叶烤黑。

（2）烘烤试验表明，下部烟叶叶绿素降解特性较好，中部烟叶叶绿素降解特性中等，上部烟叶降解特性差；在烟叶烘烤过程中水分散失表现出一致的"少-多-少"变化规律，叶绿素降解呈现先快后慢的变化规律，各部位烟叶多酚氧化酶活性差异显著；结合暗箱试验和烘烤试验对烟叶各部位对比，下部烟叶易烤性和耐烤性均较好，烘烤特性好；中部烟叶易烤性和耐烤性均中等，烘烤特性中等；上部烟叶易烤性差，耐烤性好，烘烤特性中等。

6. 烟叶酶降解特性

多酚氧化酶（PPO）被认为是一种与烟叶自身耐烤性密切相关的酶，烟叶发生褐变是因为烟叶中多酚类物质被 PPO 氧化为醌类，进一步转化为黑色素，从而表现出较差的耐烤性。所以目前判断烟叶耐烤性主要通过暗箱烟叶变褐 30% 的时间和烤箱烟叶 PPO 活性。2009 年全国烟草标准化技术委员会提出，当烟叶变褐时间为下部烟叶 84h 以上，中部烟叶 120h 以上，上部烟叶 60h 以上，烤烟品种耐烤性较好；下部烟叶 72 ~ 84h，中部烟叶 84 ~ 120 h，上部烟叶 36 ~ 60 h，烤烟品种耐烤性中等；下部烟叶 72 h 以下，中部烟叶 84h 以下，上部烟叶 36h 以下，烤烟品种耐烤性较差。PPO 活性中、下部烟叶 0.3U 以下，上部烟叶 0.4U 以下，烤烟品种耐烤性较好；中、下部烟叶 0.3 ~ 0.4U，上部烟叶 0.4 ~ 0.5U，烤烟品种耐烤性中等；中、下部烟叶 0.4U 以上，上部烟叶 0.5U 以上，烤烟品种耐烤性较差。

刘凯等人（2018）对 NC102 品种按照下、中、上三个不同部位烟叶，每个部位烟叶设 3 个不同成熟度处理，对不同部位不同成熟度烟叶烘烤过程中 PPO 活性变化进行了研究。分析结果如下：

（1）下部烟叶。

在整个烟叶烘烤过程中，各个温度节点的 PPO 活性存在一定差异。从鲜烟叶到 42℃，总体上烟叶 PPO 活性随着采收成熟度的增加而不断降低，PPO 活性处在一个相对较低的水平；在 42 ~ 54℃，正常成熟采收的烟叶 PPO 活性最高，且成熟度越低，其 PPO 活性也越低。就整个烟叶烘烤过程而言，鲜烟叶到 42℃温度区间内，各处理 PPO 活性略有降低或基本不变；在 42 ~ 46℃，各处理烟叶 PPO 活性迅速增高，达到整个烘烤过程中的最大值；46℃之后，各处理 PPO 活性明显降低，且各处理间差异逐渐缩小；54℃之后，各处理 PPO 基本失去活性。总体上不同处理的 PPO 活性变化呈现先略微降低后迅速升高再迅速降低的规律（见图 4-33）。

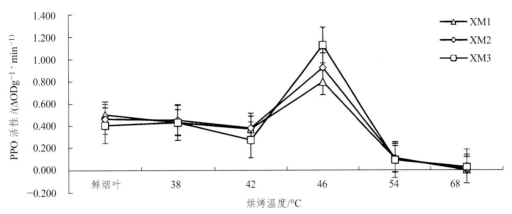

4-33　NC102品种下部不同成熟度烟叶烘烤过程中PPO活性变化趋势

（2）中部烟叶。

在鲜烟叶到46℃温度区间内，NC102中部不同成熟度烟叶在烘烤过程中其PPO活性随着采收成熟度的增加而不断降低，各处理间PPO活性有一定差异；46℃之后，不同成熟度烟叶的PPO活性均迅速降低，其下降速度随着成熟度的增加而减小，但不同成熟度间的差异较小。就整个烟叶烘烤过程中的各个温度节点PPO活性变化而言，各处理均呈现先上升再降低的变化规律。在46℃左右时，不同成熟度的烟叶PPO活性达到整个烘烤过程中的峰值；46℃之后，各处理PPO活性迅速降低，直到54℃之后，各处理PPO基本失活（见图4-34）。

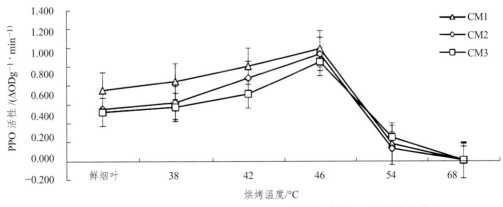

图4-34　NC102品种中部不同成熟度烟叶烘烤过程中的PPO活性变化趋势

（3）上部烟叶。

就 NC102 上部 3 个不同成熟度的烟叶而言，随着采收成熟度的增加，其 PPO 活性不断增加。就整个烘烤过程而言，各处理 PPO 活性呈现先降低后上升再降低的趋势，在整个烘烤过程中，PPO 活性分别在鲜烟叶和 46℃ 左右时达到峰值，54℃ 之后，各处理 PPO 活性基本消失（见图 4-35）。

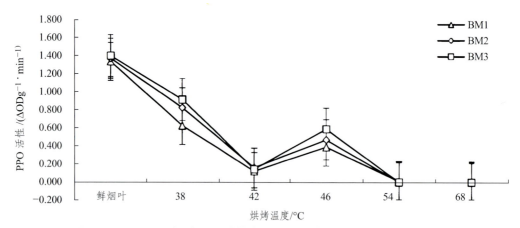

图4-35　NC102品种上部不同成熟度烟叶烘烤过程中PPO活性变化趋势图

第四节　NC102品种烟叶烘烤技术

一、国内NC102品种烟叶烘烤工艺研究进展

此处以山东省和安徽省为代表进行讲解。

（一）山东省NC102品种烟叶烘烤工艺研究进展

2009年山东省引入NC102品种并在临沂试种。在生产示范中，该品种表现出了抗病性高、耐肥水、易烤等优点，逐渐成为山东地区主栽品种之一。

山东NC102品种的株型呈塔形，叶片为长椭圆形，苗期长势强，田间生长整齐一致，叶色黄绿，打顶株高97.8～121.2cm，有效叶数20～26片，茎围8.5～11.1cm，节距3.7～4.8cm，叶片大小适中。综合抗病性较差，易感角斑病、野火病和气候性斑点病，感烟草病毒病、赤星病，较抗黑胫病。烤后原烟颜色为橘黄色，光泽中等，油分有，组织结构疏松。原烟化学成分比较协调，感官评价为中等+。

熊涛（2021）采用"8点式"密集烘烤精准工艺对NC102品种烟叶变黄前期温度、定色前期升温、定色前期温度和风机电机频率进行了研究（见表4-10）。结果表明，NC102品种烟叶烘烤应采用变黄前期高温（促进颜色发育和物质转化）、定色期快速升温至较高温度（加速脱水并调控致香物质），配合变频风机（优化收缩和酶活性控制），可兼顾外观色泽、组织结构及内在化学成分协调性，提升烤后烟叶品质。

（1）变黄前期高温显著提高亮度值L和黄蓝值b，定色高温及快速升温促进L值和a值上升，变频风机使L值增加但a、b值降低。

（2）定色高温和快速升温显著增大叶片面积、横向及纵向收缩率，而变黄温度对收缩影响较小。变频风机处理下各项收缩率均高于定频。

（3）致香物质的峰值出现在42～47℃，变黄高温促进苯丙氨酸类物质积累，定色快速升温增加类胡萝卜素降解产物。

（4）PPO活性峰值受工艺显著影响，变黄高温、快速升温和高温定色均提高酶活性，变频风机处理下峰值较低且波动小。

表4-10   "8点式"密集烘烤精准工艺

干球温度/℃	湿球温度/℃	升温速度	升温时间/h	稳温时间/h	风机转速/（r/min）	烟叶变化目标
38	37～38	点火后5 h升到38℃	5	20～24	960	变黄4～5成，叶片发热
40	37～38	每2小时1℃，升到40℃	4	24～30	960	变黄8～9成，叶片发软
42	37～38	每2小时1℃，升到42℃	4	12	1 440	黄片青筋，主脉发软
45	37～38	每2小时1℃，升到45℃	6	10～12	1 440	青筋变白，钩尖
47	37～38	每2小时1℃，升到47℃	4	20～24	1 440	黄片黄筋，小卷筒
50	37～38	每1小时1℃，升到50℃	3	12	1 440	接近大卷筒
54	38～39	每1小时1℃，升到54℃	4	12	960	大卷筒
68	40～42	每1小时1℃，升到68℃	14	20	960	全炉烟叶干筋

刘凯（2018）采用电热式温度、湿度自控烘烤工艺对NC102品种烟叶烘烤技术进行了研究（见表4-11）。结果表明，烤烟NC102品种中部烟叶在用不同的烘烤工艺烘烤时，多酚氧化酶活性变化存在一定差异。在变黄期，湿度对多酚氧化酶的影响要大于温度的影响，因此在烘烤过程中，严格控制烤房湿度是防止酶促棕色化反应发生的关键措施。

不同烘烤工艺与烟叶烤后质量关系密切。中温中湿变黄处理条件下烤后烟叶各化学成分含量适宜，比例最为协调，可能与此工艺条件下烟叶失水速度较缓慢，有利于烟叶内部物质充分转化有关。而低温低湿处理不能有效提高烟叶内各种酶的活性，不利于烟叶内部物质转化。低温高湿处理则容易引发酶促棕色化反应，造成烟叶烤褐、烤黑。对于高温高湿处理来说，温度过高，会造成水分散失过快，不利于烟叶内部物质的充分降解。

从NC102品种各处理烤后烟叶的化学成分来看，中温中湿处理的烘烤效果最好，烤后烟叶各化学成分含量适中，比例最为协调，烟叶质量最高。因此，最适合NC102品种的烘烤工艺为：变黄期干球38℃，湿球37℃；定色期干球45℃，湿球39℃；干筋期干球54℃，湿球41℃。

表4-11　不同烘烤工艺各时期具体温度、湿度参数

处理	烘烤时期	干球温度/℃	湿球温度/℃
低温低湿变黄D1	变黄期	35	32
	定色期	42	36
	干筋期	52	38
低温高湿变黄D2	变黄期	35	34
	定色期	42	38
	干筋期	52	40
中温中湿变黄D3	变黄期	38	37
	定色期	45	39
	干筋期	54	41
高温低湿变黄D4	变黄期	42	34
	定色期	48	37
	干筋期	54	38
高温高湿变黄D5	变黄期	42	40
	定色期	48	41
	干筋期	54	42

　　朱先志等人（2015）采用"8点式"精准密集烘烤工艺（见表4-12）对NC102品种烟叶烘烤技术进行了研究。结果表明，NC102品种中部烟叶叶绿素整体降解较快，变黄特性较好，前后失水协调性好，失水特性好，烘烤过程中的多酚氧化酶活性处于较低水平，定色特性好，烘烤特性好。NC102品种的易烤性和耐烤性都比较理想，其烘烤特性较好。

表4-12　8点式"精准密集烘烤工艺

干温/℃	湿温/℃	稳温时间	目标任务	风机风速
38	37~38	点火后5 h升到38℃	叶尖变黄	低速运转
40	38	每2小时1℃，升到40℃	变黄7~8成，叶片发软	低速运转
42	37	每2小时1℃，升到42℃	黄片青筋，主脉发软	高速运转
45	36~38	每2小时1℃，升到45℃	青筋变白，钩尖	高速运转
47	36~38	每2小时1℃，升到47℃	黄片黄筋，小卷筒	高速运转
50	38	每1小时1℃，升到50℃	接近大卷筒	高速运转
54	39	每1小时1℃，升到54℃	大卷筒	低速运转
68	40~43	每1小时1℃，升到68℃	全炉烟筋全干	低速运转

　　杨金彪等人（2014）对NC102品种烟叶变黄干球温度进行研究。结果表明，当变黄期干球温度为40~42℃，湿球温度为38℃，定色期干球温度为54℃，湿球温度为40℃时，NC102品种烟叶质量最好，这可能与在该烘烤工艺下烟叶中水分散失相对较慢，更有利于烟叶内部化学物质的转化有关。而在变黄期干球温度为38~40℃、湿球温度为38℃的条件下，烘烤工艺温度相对低，不利于烟叶内部化学物质转化。这两种烘烤工艺相比，在变黄期干球温度为42~44℃、湿球温度为38℃的条件下，烘烤工艺变黄阶段温度稍高，可能抑制了各种酶的活性，叶片内部物质不能及时转化，色素降解不彻底。变黄期适宜的温度直接影响烟叶内部化学物质是否能充分降解转化。变黄期温度适宜，烤后烟叶内部化学成分比例协调、含量适中，提高了上中等烟比例，降低了挂灰烟比例、杂色烟比例，提高了均价。

（二）安徽省NC102品种烟叶烘烤工艺研究进展

　　张警予等人（2014）对NC102品种烟叶低湿、中湿和高湿变黄，慢速、中速升温定色工艺进行了研究（见表4-13和表4-14）。结果表明，NC102品种最适宜的烘烤条件为中湿变黄、中速定色。在烟叶烘烤过程中，应把变黄期的相对湿度控制在85%~89%。在变黄充分后，需及时转火，适当地快速脱水定色，进而防止叶片的内含物质过量分解。而在45~49℃，1.25%~1.35%/h为最适宜脱水速度。

表4-13　上、中部叶不同处理烘烤工艺

处理	△T（35~39℃）/℃	T[（38.5±0.5）℃]/h	T_s（42℃）/℃	t（42℃）/h	V（42℃）/（℃/h）	T_s（42~45℃）/℃	t（45℃）/h	t（54℃）/h
T1	0.5~1.0/2.5~3.0	18	37±0.5	28	0.5	38.0±0.5	18	12
T2	0.5~1.0/2.5~3.0	18	37±0.5	28	0.7	38.0±0.5	18	12
T3	0.5~1.5/2.0~2.5	18	38±0.5	24	0.5	38.5±0.5	18	12
T4	0.5~1.5/2.0~2.5	18	38±0.5	24	0.7	38.5±0.5	18	12
T5	0.5~1.0/1.0~1.5	18	38±0.5	24	0.5	37.5±0.5	18	12
T6	0.5~1.0/1.0~1.5	18	38±0.5	24	0.7	37.5±0.5	18	12

注：表中△T表示干湿球温度差；t表示维持时间；T_s表示湿球温度；V表示升温速度。

表4-14　下部叶不同处理烘烤工艺

处理	△T（35~39℃）/℃	t[（38.5±0.5）℃]/h	T_s（42℃）/℃	t（42℃）/h	V（42℃）/（℃/h）	T_s（42~45℃）/℃	t（48℃）/h	t（54℃）/h
T1	0.5~1.0/2.5~3.0	24	37±0.5	36	0.5	38.0±0.5	24	16
T2	0.5~1.0/2.5~3.0	24	37±0.5	36	0.7	38.0±0.5	24	16
T3	0.5~1.5/2.0~2.5	24	38±0.5	30	0.5	38.0±0.5	24	16
T4	0.5~1.5/2.0~2.5	24	38±0.5	30	0.7	38.0±0.5	24	16
T5	0.5~1.0/1.0~1.5	24	38±0.5	30	0.5	37.5±0.5	24	16
T6	0.5~1.0/1.0~1.5	24	38±0.5	30	0.7	37.5±0.5	24	16

注：表中△T表示干湿球温度差；t表示维持时间；T_s表示湿球温度；V表示升温速度。

杨晓亮等人（2015）采用三段式烘烤工艺对NC102品种烟叶烘烤技术进行研究。结果表明：在T1处理中，NC102品种的上中等烟比例最高，为97.89%，均价为21.84元/kg；在T2处理工艺中，NC102品种的上等烟比例最高，为56.41%，均价为20.57元/kg。在T1工艺处理下，NC102品种烟叶的叶绿素降解率最高，为93.41%，NC102品种烟叶的淀粉降解率排第二，为86.63%。在T2处理工艺下，叶绿素降解率相对较低，为81.43%；NC102品种的烟叶淀粉降解率最高，为84.24%。NC102在T1和T2处理下，叶绿素和淀粉降解率均较高，其评价结果中也表现较好；并且经济性状差别较大，即对烘烤环境的变化较为敏感，不适合通过对其烘烤工艺进行较大的调整来进一步提高其淀粉和叶绿素降解率、评吸质量（见表4-15）。

表4-15　T1与T2处理工艺

温度段/°C	烘烤工艺指标	T1	T2
34～35	干湿差/°C	0.5～1.0	0.5～2.0
	时间/h	8.0	8.0
38～39	干湿差/°C	1.0～1.5	1.5～2.0
	时间/h	30.0	18.0
40～42	湿球温度/°C	37.0～38.0	37.0～38.0
	时间/h	30.0	28.0
43～50	湿球温度/°C	37.5～38.5	38.0～39.0
	时间/h	29.0	38.0
50～54	湿球温度/°C	38.0～39.5	38.0～39.0
	时间/h	23.0	16.0
—	变黄总时间/h	73.0	56.0
	定色时间/h	52.0	54.0
	干筋时间/h	26.0	36.0
	烘烤总时间/h	151.0	146.0

娄元菲等人（2014）采用聚氨酯板结构气流下降式密集烤房对NC102品种烟叶烘烤工艺进行了研究。结果表明，NC102品种的易烤性较好，以中湿变黄配合中速定色烤后烟叶外

观质量及化学成分协调性最好，综合品质最好；其次为低湿变黄中速定色，以高湿变黄慢速定色烤后烟叶品质最差。分析认为，NC102品种内含物质较少，烤后烟叶叶片薄，叶片单叶重较轻，在变黄期控制湿度保湿变黄，相对湿度85%～89%，变黄充分后及时转火进入定色期；定色期防止叶片内含物消耗过多，相对快速脱水定色，在45～49℃期间要快速脱水，以1.25%～1.35%/h为适宜，有利于改善烤后烟叶外观质量。

二、云南NC102品种烟叶烘烤技术研究

以本章第二节中试验材料为研究对象，优化NC102品种烟叶烘烤工艺及其参数，提出其烟叶烘烤技术要求。

（一）烟叶烘烤工艺优化

如图4-36所示为4种烘烤工艺的处理：处理1为变黄期低温慢烤处理2为凋萎期稳温缓慢排湿；处理3为定色期延长时间；处理4为当地常规烘烤工艺。

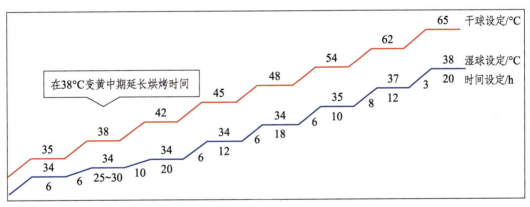

（a）处理1：变黄期低温慢烤烘烤工艺曲线设计

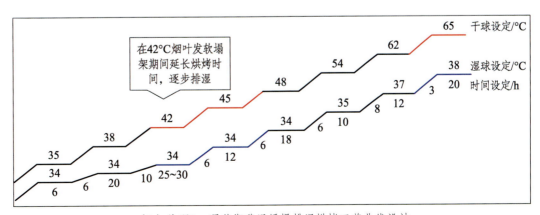

（b）处理2：凋萎期稳温缓慢排湿烘烤工艺曲线设计

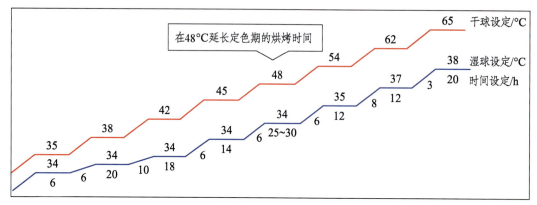

（c）处理3：定色期延长时间烘烤工艺曲线设计

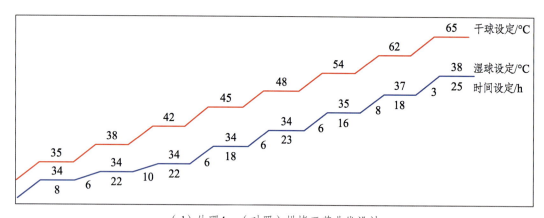

（d）处理4：（对照）烘烤工艺曲线设计

图4-36　不同处理的烘烤工艺曲线

1. 不同烘烤工艺对烟叶经济性状影响

由表4-16可知，不同烘烤工艺对NC102品种烟叶的经济性状存在显著性差异。在4种烟叶烘烤工艺中，与当地常规烘烤工艺烟叶相比，变黄期低温慢烤工艺、凋萎期稳温缓慢排湿工艺、定色期延长时间工艺烟叶中上等烟比例均显著提高，其中把定色期延长时间工艺提高最明显，最大提升6.53%；但亩产值均以常规烘烤工艺最高。

表4-16　不同烘烤工艺处理对NC102品种烟叶经济性状的影响

烟叶烘烤工艺	亩产量/kg	亩产值/元	均价/（元/kg）	中上等烟比例/%
变黄期低温慢烤	198.38	5 858.16	29.53	94.75
凋萎期稳温缓慢排湿	187.55	5 360.18	28.58	91.93
定色期延长时间	188.59	5 529.46	29.32	93.65
当地常规烘烤工艺	181.72	4 895.54	26.94	89.43

2. 不同烘烤工艺对烟叶化学成分影响

与常规烘烤工艺相比，变黄期低温慢烤工艺、凋萎期稳温缓慢排湿工艺、定色期延长时间工艺烟叶总糖、还原糖含量较高。不同处理的烟叶常规化学成分测定结果如表4-17所列。

表4-17　不同烘烤工艺处理的对NC102品种烟叶常规化学成分测定结果（%）

烟叶烘烤工艺	烟碱	总糖	还原糖	总氮	钾	氯
变黄期低温慢烤	2.4	26.8	22.9	2.1	1.9	0.3
凋萎期稳温缓慢排湿	2.2	26.6	21.7	2	1.8	0.5
定色期延长时间	2.3	27.3	22.4	2.3	2.0	0.4
当地常规烘烤工艺	2.0	24.9	20.3	1.7	1.6	0.5

3. 不同烘烤工艺对中部烟叶外观质量影响

与常规烘烤工艺烟叶相比，采用定色期延长时间烘烤的NC102品种烟叶外观质量综合表现较好，体现在叶片结构提升，更加疏松，油分增加，色度更强。不同处理的烟叶外观质量评价结果如表4-18所列。

表4-18　不同烘烤工艺处理的NC102品种烟叶外观质量评价结果　　　单位：分

烟叶烘烤工艺	颜色	成熟度	叶片结构	身份	油分	色度	总分
变黄期低温慢烤	8.5	8.5	9.0	8.0	7.0	6.5	81.75
凋萎期稳温缓慢排湿	8.5	8.5	8.0	8.5	7.0	5.5	79.5
定色期延长时间	8.5	9.0	9.0	8.0	7.0	6.5	82.5
当地常规烘烤工艺	8.5	8.5	8.5	7.5	6.5	5.5	78.5

4. 不同烘烤工艺对中部烟叶感官质量影响

与常规烘烤工艺相比，KRK26 的处理 1 综合表现较好，体现在焦香更明显、烟气量增加；NC102 的处理 1 综合表现较好，体现在焦甜香更明显，烟气质感更好；NC297 的处理 3 综合表现较好，体现在清香更明显，香气质感更细腻圆润。

综上所述，与当地常规烘烤工艺相比，采用三种改进烘烤工艺均一定程度提高了烟叶的外观质量、烟叶内在化学成分协调性，最重要的是对烟叶感官质量有提升。这表明，调整烘烤工艺，可以有效提升烤烟品质。在 3 种改进烘烤工艺中，最适宜 NC102 的烘烤工艺是变黄期低温慢烤。

（二）烘烤工艺参数优化

以当地常规烘烤工艺为对照，优化 NC102 品种烟叶烘烤工艺参数，如图 4-37 所示。

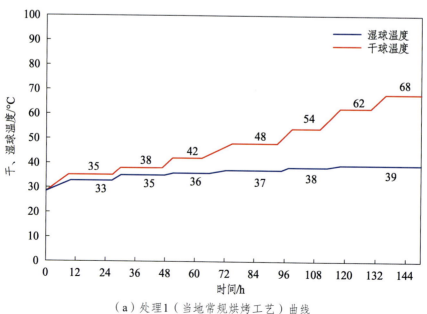

（a）处理1（当地常规烘烤工艺）曲线

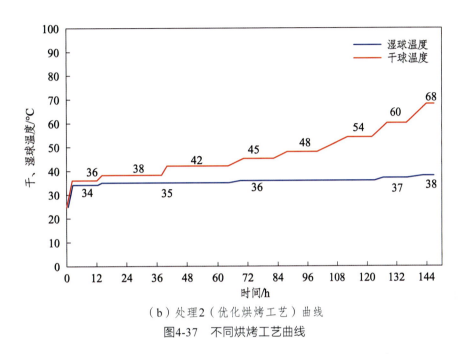

（b）处理2（优化烘烤工艺）曲线

图4-37　不同烘烤工艺曲线

1. 不同烘烤工艺对烤烟的经济性状影响

由表4-19可知，与当地常规烘烤工艺烟叶相比，采用优化工艺烘烤的NC102品种烟叶亩产量、亩产值、均价和中上等烟比例均较高，尤其是亩产值和均价。

表4-19　烤烟经济性状

处理	亩产/kg	亩产值/元	均价/（元/kg）	中上等烟比例/%
当地常规	141.22	4 382.06	31.03	94.95
优化工艺	141.24	4 706.12	33.32	94.95

2. 不同烘烤工艺对烟叶常规化学成分影响

由表4-20可知，与常规烘烤工艺烟叶相比，优化烘烤工艺NC102品种烟叶的总糖和还原糖含量升高，烟碱略降低，化学协调性综合表现更好。

表4-20　不同烘烤工艺处理烟叶常规化学成分含量

处理	处理	烟碱/%	总糖/%	还原糖/%	总氮/%	钾/%	氯/%
当地常规	处理1	2.4	23.7	19.9	1.6	1.5	0.3
优化工艺	处理2	2	27.5	21	1.7	1.9	0.4

3. 不同烘烤工艺对烟叶化学成分影响

由表 4-21 可知，与常规烘烤工艺烟叶相比，优化烘烤工艺在叶片成熟度、叶片结构、油分和色度上有所提升，对烟叶外观质量有积极作用。

表4-21　不同烘烤工艺处理烟叶外观质量评价结果　　　　　单位：分

处理	颜色	成熟度	叶片结构	身份	油分	色度	总分
当地常规	8.0	8.0	8.0	7.5	6.5	6.5	76.25
优化工艺	8.0	8.5	8.5	7.5	7.0	7.0	79.0

4. 不同烘烤工艺对烟叶感官质量的影响

与常规烘烤工艺烟叶相比，采用优化烘烤工艺烘烤的 NC102 烟叶香气质、劲头方面变化不明显，而香气量有所提升，余味和甜度提升明显，总体感官质量较常规烘烤工艺更好。

综上所述，与当地常规烘烤工艺相比，优化烘烤工艺烟叶经济性状、外观质量和感官质量更优，对于提升烟叶品质具有显著效果。

（三）NC102烟叶烘烤工艺参数选择

1. 烟叶变黄前期干球温度、湿球温度及时间选择

对 NC102 品种烟叶开展不同干球温度 33 ～ 37℃和湿球温度 33 ～ 34℃和时间 10 ～ 18 h 的试验研究，研究结果见表4-22。结果表明，干球温度、湿球温度设定为 34 ～ 36℃与 33 ～ 34℃，稳温时间为 12 ～ 18 h，该品种的烤后烟叶均价高、烘烤成本较低，操作容易。

表4-22　变黄前期不同稳温阶段干球温度、湿球温度及时间对烤后烟叶产质量的影响

处理	产量/kg	烘烤成本/（元/kg）	均价/（元/kg）	操作技术
干球33℃/湿球32℃/时间10 h	21.65	4.32	30.01	变黄过慢
干球34℃/湿球33℃/时间11 h	22.56	4.28	29.46	变黄过慢
干球34℃/湿球33℃/时间12 h	22.34	4.35	32.18	正常叶尖变黄
干球35℃/湿球33℃/时间14 h	22.31	4.47	31.23	正常叶尖变黄
干球35℃/湿球33℃/时间16 h	22.24	4.46	31.89	正常叶尖变黄
干球36℃/湿球34℃/时间18 h	22.18	4.44	32.55	正常叶尖变黄
干球37℃/湿球34℃/时间18 h	21.83	4.57	30.02	高温层稍有青片
干球37℃/湿球34℃/时间19 h	21.48	4.69	29.48	高温层稍有青片

备注：数据为选取18竿烟叶所得，选择烟叶为中部叶，烤房为密集烤房，本章节以下相同。

对 NC102 品种烟叶开展不同升温速率 1/3 ～ 1℃ /h 的试验研究，研究结果见表 4-23。结果表明，该品种的升温速率均设定为 1℃/h，烤后烟叶均价较高，烘烤成本较低，烤后烟叶外观质量较好。

表4-23　变黄前期不同升温速率对烤后烟叶产质量的影响

处理	产量/kg	烘烤成本/（元/kg）	均价/（元/kg）	操作技术
速率1℃/h	20.55	4.2	32.02	正常变黄
速率2/3℃/h	18.99	4.22	30.33	烘烤时间过长，干物质消耗太多
速率1/2℃/h	19.44	4.23	31.45	烘烤时间过长，干物质消耗太多
速率1/3℃/h	17.55	5.24	24.32	烘烤时间过长，干物质消耗太多

由此可见，干球温度、湿球温度设定为 34 ～ 36℃与 33 ～ 34℃，稳温时间为 12 ～ 18 h，用 1℃ /h 将干球温度升至设定温度，控制干湿差 1 ～ 2℃，观察高温层烟叶变黄 5 ～ 8 cm，低

温层烟叶发热变软。这里升温时间和烘烤时间主要依据烟叶变化来调整。在云南省烟区，以上2个指标均在这个区间内。

2. 烟叶变黄中期升温速率、干球温度、湿球温度及时间选择

对NC102品种烟叶开展不同稳温阶段干球温度37～39℃、湿球温度34～37℃和时间5～9 h的试验研究，研究结果见表4-24。结果表明，稳温干球温度设定为38℃，稳温湿球温度为35～36℃，稳温时间为6～8 h，该品种的烤后烟叶均价较高，烘烤成本较低，烤后烟叶外观质量较好。NC102稳温时间为6 h时，其产量、均价最高，烘烤成本最低。

表4-24　变黄中期不同稳温阶段干球温度、湿球温度及时间对烤后烟叶产质量的影响

处理	产量/kg	烘烤成本/（元/kg）	均价/（元/kg）	操作技术
干球37℃/湿球34℃/时间5 h	18.44	4.18	29.65	烤后出现部分青烟
干球38℃/湿球35℃/时间6 h	19.68	4.08	31.56	叶肉变黄80%
干球38℃/湿球36℃/时间8 h	18.76	3.87	30.68	叶肉变黄80%
干球39℃/湿球37℃/时间9 h	17.42	4.12	29.12	烤后烟叶凋萎较差
干球39℃/湿球37℃/时间9 h	17.34	4.89	27.98	烤后烟叶凋萎较差

对NC102品种烟叶开展不同升温速率1/3～1℃/h的试验研究，研究结果见表4-25。结果表明，该品种的升温速率设定为2/5～1/2℃/h，烤后烟叶均价较高，烘烤成本较低，烤后烟叶外观质量较好。

表4-25　变黄中期不同升温速率对烤后烟叶产质量的影响

处理	产量/kg	烘烤成本/（元/kg）	均价/（元/kg）	操作技术
速率1℃/h	17.43	4.83	24.16	升温速率太快导致出现挂灰烟叶
速率1/2℃/h	19.06	4.22	30.88	叶肉变黄80%
速率2/5℃/h	19.44	4.13	31.45	叶肉变黄80%
速率1/3℃/h	17.85	5.43	24.32	烘烤时间过长，干物质消耗太多

因此，该品种的升温速率设定为 2/5 ~ 1/2℃/h，稳温干球温度设定为 38℃，稳温湿球温度为 35 ~ 36℃，稳温时间为 6 ~ 8 h，控制干湿差 2 ~ 3℃，降湿速率设定为 1/4℃/h，湿球温度不能低于 32℃，观察高温层烟叶变黄 80%，风速为低速档。

3. 烟叶变黄后期升温速率、干球温度、湿球温度及时间选择

对 NC102 品种烟叶开展不同稳温阶段干球温度 37 ~ 39℃、湿球温度 34 ~ 37℃和稳时间 17 ~ 24 h 的试验研究，研究结果见表 26。结果表明，稳温干球温度设定为 38 ~ 39℃，稳温湿球温度为 36 ~ 37℃，稳温时间为 18 ~ 24 h，两个品种的烤后烟叶均价较高，烘烤成本较低，烤后烟叶外观质量较好。

表4-26　变黄后期不同稳温阶段干球温度、湿球温度及时间对烤后烟叶产质量的影响

处理	产量/kg	烘烤成本/（元/kg）	均价/（元/kg）	操作技术
干球37℃/湿球34℃/时间17 h	18.44	4.18	29.65	烤后烟叶凋萎较差
干球37℃/湿球34℃/时间18 h	19.68	4.08	31.56	叶肉变黄80%
干球37℃/湿球35℃/时间18 h	19.8	4.02	31.8	叶肉变黄80%
干球38℃/湿球35℃/时间20 h	19.92	4	31.95	叶肉变黄80%
干球38℃/湿球36℃/时间22 h	18.76	3.87	30.68	叶肉变黄80%
干球38℃/湿球36℃/时间24 h	19.7	3.95	30.1	叶肉变黄80%
干球38℃/湿球36℃/时间25 h	18.2	4.8	25.35	烤后烟叶外观较差、出现烤坏烟
干球38℃/湿球36℃/时间26 h	17.65	5.26	27.22	烘烤时间过长，干物质消耗太多
干球39℃/湿球34℃/时间17 h	19.75	4.01	31.22	叶肉变黄80%
干球39℃/湿球35℃/时间20 h	19.88	4	31.45	叶肉变黄80%
干球39℃/湿球36℃/时间22 h	20.01	3.9	31.9	叶肉变黄80%
干球39℃/湿球36℃/时间24 h	19.96	3.92	31.88	叶肉变黄80%
干球39℃/湿球36℃/时间25 h	19.85	3.98	31.7	叶肉变黄80%
干球39℃/湿球36℃/时间26 h	17.5	5.22	26.15	烤后烟叶外观较差，出现烤坏烟

对 NC102 品种烟叶开展不同升温速率 1/3 ~ 1℃ /h 的试验研究,研究结果见表 4-27。结果表明,该品种的升温速率均设定为 1/2 ~ 2/3℃ /h,烤后烟叶均价较高,烘烤成本较低,烤后烟叶外观质量较好。

表4-27　不同升温速率在烟叶变黄中期阶段对烤后烟叶产质量的影响

处理	产量/kg	烘烤成本/(元/kg)	均价/(元/kg)	操作技术
速率1℃/h	17.43	4.83	24.16	升温速率太快导致出现挂灰烟叶
速率 2/3℃/h	19.06	4.22	30.88	叶肉变黄80%
速率 1/2℃/h	19.44	4.13	31.45	叶肉变黄80%
速率2/5℃/h	17.85	5.43	24.32	烘烤时间过长,干物质消耗太多

因此,该品种的升温速率设定为 1/2 ~ 2/3℃ /h,稳温干球温度设定为 38 ~ 39℃,稳温湿球温度为 36 ~ 37℃,稳温时间为 18 ~ 24 h,控制干湿差 2 ~ 3℃,观察高温层烟叶变黄80%,风速为低速档。

4. 烟叶定色期阶段(支脉变黄和叶片干燥)干球温度、湿球温度及时间选择

在定色前期,对 NC102 品种烟叶开展不同干球温度 42 ~ 48℃、湿球温度 35 ~ 36℃和时间 16 ~ 24 h 的试验研究,研究结果见表 4-28。结果表明,干球温度、湿球温度设定为 44 ~ 46℃与 35 ~ 36℃,稳温时间为 18 ~ 24 h,该品种的烤后烟叶均价较高,烘烤成本较低,挂灰较少。在 48℃ /37℃时,烟叶含水量较大,排湿困难,特别是低温层出现挂灰烟,高温层出现洇筋烟。

表4-28　不同稳温阶段干球温度、湿球温度及时间在烟叶支脉变黄阶段对烤后烟叶产质量的影响

处理	产量/kg	烘烤成本/(元/kg)	均价/(元/kg)	操作技术
干球42℃/湿球35℃/时间16 h	18.58	5.05	26.62	支脉无法变黄
干球44℃/湿球35℃/时间16 h	19.64	4.63	28.48	支脉变黄效果不好
干球44℃/湿球35℃/时间18 h	22.03	4.2	31.94	正常支脉变黄

处理	产量/kg	烘烤成本 /（元/kg）	均价 /（元/kg）	操作技术
干球46℃/湿球35℃/时间20 h	22.54	4.12	31.95	正常支脉变黄
干球46℃/湿球35℃/时间22 h	18.8	4.72	29.91	正常支脉变黄
干球46℃/湿球35℃/时间24 h	19.54	4.62	29.66	正常支脉变黄
干球46℃/湿球36℃/时间24 h	18.42	4.86	30.97	正常支脉变黄
干球48℃/湿球36℃/时间24 h	18.28	4.42	27.65	湿度较大导致出现挂灰烟叶
干球48℃/湿球36℃/时间24 h	19.9	4.82	27.15	湿度较大导致出现挂灰烟叶

由表4-29可知，该品种的升温速率均设定为1/2～2/3℃/h，烤后烟叶均价较高、烘烤成本较低，烤后烟叶外观质量较好。

表4-29　不同升温速率在烟叶定色前期对烤后烟叶产质量的影响

处理	产量/kg	烘烤成本 /（元/kg）	均价 /（元/kg）	操作技术
速率1℃/h	20.67	4.23	31.65	叶片正常干燥
速率2/3℃/h	20.04	4.14	31.34	叶片正常干燥
速率1/2℃/h	18.33	4.09	29.44	叶片正常干燥
速率2/5℃/h	19.02	4.95	27.74	烤后烟叶凋萎较差
速率1/3℃/h	18.01	4.53	27.13	烤后烟叶凋萎较差

在烟叶定色后期，开展不同干球温度48～55℃、湿球温度36～38℃和时间15～25 h的试验研究。由表4-30可知，干球温度、湿球温度设定为49～50℃与36～37℃，稳温时间为15～20 h时，该品种的烤后烟叶均价较高，烘烤成本较低，挂灰较少。在51℃/36℃和52℃/37℃干球温度、湿球温度上，叶片青烟较多，稳温困难；在55℃/39℃干球温度、湿球温度上，叶片还未干燥，叶片上出现较大面积的挂灰。

表4-30　烟叶定色后期不同干球温度、湿球温度和时间对烤后烟叶产质量的影响

处理	产量/kg	烘烤成本/（元/kg）	均价/（元/kg）	操作技术
干球48℃/湿球36℃/时间15 h	17.44	4.74	25.35	叶片正常干燥
干球48℃/湿球36℃/时间20 h	19.78	4.35	27.42	叶片正常干燥
干球49℃/湿球37℃/时间25 h	21.65	4.53	30.79	叶片正常干燥
干球49℃/湿球38℃/时间25 h	22.18	4.45	26.67	挂灰严重，且叶片未干燥
干球50℃/湿球36℃/时间25 h	22.23	4.62	30.65	叶片正常干燥
干球50℃/湿球37℃/时间25 h	20.16	4.59	31.08	叶片正常干燥
干球55℃/湿球38℃/时间25 h	16.56	5.21	24.63	挂灰严重，且叶片未干燥

　　在烟叶定色后期，对NC102品种开展不同升温速率1/3～1℃/h的试验研究，研究结果见表4-31。结果表明，该品种的升温速率均设定为1/2～2/3℃/h，烤后烟叶均价较高、烘烤成本较低，烤后烟叶外观质量较好。升温速率较慢时由于烘烤时间过长，干物质消耗多，造成烘烤成本增加，烤后烟叶均价明显下降。

表4-31　不同升温速率在烟叶定色后期阶段对烤后烟叶产质量的影响

处理	产量/kg	烘烤成本/（元/kg）	均价/（元/kg）	操作技术
速率1℃/h	18.67	4.23	28.65	烤后出现部分青烟
速率2/3℃/h	20.04	4.14	31.34	叶片正常干燥
速率1/2℃/h	21.33	4.09	31.44	叶片正常干燥
速率2/5℃/h	19.02	4.95	27.74	烤后烟叶凋萎较差
速率1/3℃/h	18.01	4.53	28.13	烤后烟叶凋萎较差

因此，该品种的干球温度、湿球温度设定为 49 ～ 50℃与 36 ～ 37℃，升温速度 1/2 ～ 2/3℃ /h 升至设定温度，烘烤时间 15 ～ 20 h，观察低温层烟叶叶片干燥，低温层烟叶勾尖卷边，充分凋萎。风速为高速挡。

5. 通风脱水干叶阶段干球温度、湿球温度及时间选择

在通风脱水干叶期，对 NC102 品种开展不同干球温度 55 ～ 58℃、湿球温度 36 ～ 38℃ 和时间 16 ～ 24 h 的试验研究，研究结果见表4-32。结果表明，干球温度、湿球温度设定为 55 ～ 56℃与 36 ～ 37℃，稳温时间为 18 ～ 24 h，该品种的烤后烟叶均价较高，烘烤成本较低，挂灰较少。

表4-32　烟叶通风脱水干叶期不同干球温度、湿球温度和时间对烤后烟叶产质量的影响

处理	产量/kg	烘烤成本 /（元/kg）	均价 /（元/kg）	操作技术
干球55℃/湿球36℃/时间16 h	18.2	5.35	26.38	挂灰严重，且叶片未干燥
干球55℃/湿球36℃/时间18 h	21.33	4.58	31.13	叶片正常干燥
干球55℃/湿球36℃/时间20 h	21.11	4.64	31.53	叶片正常干燥
干球55℃/湿球36℃/时间22 h	21.14	4.63	32.48	叶片正常干燥
干球55℃/湿球36℃/时间24 h	21.91	4.41	30.62	叶片正常干燥
干球55℃/湿球36℃/时间26 h	18.85	4.97	27.48	烘烤时间过长，干物质消耗太多
干球55℃/湿球37℃/时间16 h	16.6	5.27	27.34	挂灰严重，且叶片未干燥
干球55℃/湿球37℃/时间18 h	19.13	4.78	29.87	叶片未能全干
干球55℃/湿球37℃/时间20 h	20.98	4.66	29.94	叶片正常干燥

续表

处理	产量/kg	烘烤成本/（元/kg）	均价/（元/kg）	操作技术
干球55℃/湿球37℃/时间22 h	21.55	4.37	30.53	叶片正常干燥
干球55℃/湿球37℃/时间24 h	19.27	4.72	30.12	叶片正常干燥
干球55℃/湿球37℃/时间26 h	17.95	5.2	26.04	烘烤时间过长，干物质消耗太多
干球56℃/湿球36℃/时间16 h	18.04	5.3	28.42	挂灰严重，且叶片未干燥
干球56℃/湿球36℃/时间18 h	19.64	4.74	32.24	叶片正常干燥
干球56℃/湿球36℃/时间20 h	19.07	4.21	29.27	叶片正常干燥
干球56℃/湿球36℃/时间22 h	20.86	4.36	30.85	叶片正常干燥
干球56℃/湿球36℃/时间24 h	21.31	4.71	31.64	叶片正常干燥
干球56℃/湿球36℃/时间26 h	18.61	4.81	26.79	烘烤时间过长，干物质消耗太多
干球56℃/湿球37℃/时间16 h	18.44	5.19	26.96	挂灰严重，且叶片未干燥
干球56℃/湿球37℃/时间18 h	18.62	4.72	29.92	叶片未能全干
干球56℃/湿球37℃/时间20 h	21.82	4.57	29.76	叶片正常干燥
干球56℃/湿球37℃/时间22 h	21.33	4.46	31.12	叶片正常干燥
干球56℃/湿球37℃/时间24 h	19.63	4.26	31.19	叶片正常干燥
干球56℃/湿球37℃/时间26 h	18.3	5.02	27.38	烘烤时间过长，干物质消耗太多

由表4-33可知，升温速率设定为1℃/h，该品种的烤后烟叶均价较高、烘烤成本较低，烤后烟叶外观质量较好。

表4-33 烟叶通风脱水干叶期不同干球温度、湿球温度和时间对烤后烟叶产质量的影响

处理	产量/kg	烘烤成本/（元/kg）	均价/（元/kg）	操作技术
速率1℃/h	21.98	4.21	31.9	叶片正常干燥
速率2/3℃/h	19.37	5.16	28.52	升温速率过慢，干物质消耗过多
速率1/2℃/h	18.2	5.02	27.9	升温速率过慢，干物质消耗过多
速率2/5℃/h	18.21	4.61	27.49	升温速率过慢，干物质消耗过多
速率1/3℃/h	18.44	5.19	27.41	升温速率过慢，干物质消耗过多

因此，干球温度、湿球温度设定为55～56℃与37～38℃，升温速度1℃/h升至设定温度，烘烤时间18～24h，目标为全炉烟叶失水干燥达到"大卷筒"程度、叶片全干。

6. 干筋过渡阶段干球温度、湿球温度及时间选择

在通风脱水干叶期，对NC102品种开展不同干球温度60～64℃、湿球温度38～40℃和时间10～20h的试验研究，研究结果见表4-34。结果表明，干球温度、湿球温度设定为62～63℃与38～39℃，稳温时间为12～18h，该品种的烤后烟叶均价较高、烘烤成本较低。

美引烤烟品种NC102烟叶生产技术

表4-34 不同升温速率在烟叶干筋过渡阶段对烤后烟叶产质量的影响

处理	产量/kg	烘烤成本/（元/kg）	均价/（元/kg）	操作技术
干球60℃/湿球38℃/时间10 h	18.14	4.7	27.72	高温层主脉未干
干球62℃/湿球38℃/时间10 h	21.05	4.38	30	正常主脉干燥
干球62℃/湿球39℃/时间10 h	20.54	4.3	30.26	正常主脉干燥
干球62℃/湿球40℃/时间10 h	18.37	4.65	27.95	高温层主脉未干
干球64℃/湿球39℃/时间10 h	21.85	4.21	30.24	正常主脉干燥
干球64℃/湿球39℃/时间15 h	20.79	4.47	30.19	正常主脉干燥
干球64℃/湿球39℃/时间20 h	21.34	4.3	30.3	正常主脉干燥

开展不同升温速率1/3～2℃/h的试验研究，研究结果见表4-35。结果表明，升温速率设定为1℃/h，该品种的烤后烟叶均价较高、烘烤成本较低，烤后烟叶外观质量较好。升温速率过快易造成烟叶烤红，烤后烟叶均价降低，升温速率过慢烘烤成本增加，干物质消耗过多，烤后烟叶均价降低。

表4-35 不同升温速率在烟叶干筋期过渡阶段对烤后烟叶产质量的影响

处理	产量/kg	烘烤成本/（元/kg）	均价/（元/kg）	操作技术
速率2℃/h	18.4	5.14	27.88	升温速率太快烟叶烤红
速率1℃/h	22.31	4.13	32.99	叶片正常干燥
速率1/2℃/h	18.21	5.19	27.6	烘烤时间过长，干物质消耗太多
速率1/3℃/h	18.67	4.76	28.99	烘烤时间过长，干物质消耗太多

244

因此，干球温度、湿球温度设定为 62 ～ 63℃与 38 ～ 39℃，升温速度 1℃ /h升至设定温度，烘烤时间 12 ～ 18 h，目标为全炉烟叶主脉干燥 1/2 以上。

7. 烟叶干筋阶段干球温度、湿球温度及时间选择

对 NC102 品种开展不同温度 64 ～ 68℃和湿度 38 ～ 41℃的试验研究，时间 24 ～ 38 h 的试验研究，研究结果见表4-36。结果表明，干球温度、湿球温度设定为 67 ～ 68℃与 39 ～ 40℃，稳温时间 24 ～ 36 h，该品种的烤后烟叶均价较高、烘烤成本较低，挂灰较少。在 64℃ /38℃温度和湿度上，主脉已干燥，但是青筋青片较多，在 68℃ /41℃和 69℃ /41℃干球温度、湿球温度上，叶片还未干燥，延时烘烤 12 h，烘烤成本明显增加，切烤后烟叶挂灰严重，造成均价最低。

表4-36　不同稳温阶段干球温度、湿球温度及时间在烟叶干筋期阶段对烤后烟叶产质量的影响

处理	产量/kg	烘烤成本/（元/kg）	均价/（元/kg）	操作技术
干球64℃/湿球38℃/时间24 h	19.15	5.12	25.33	主脉未干
干球65℃/湿球38℃/时间26 h	23.24	4.32	26.52	主脉未干
干球66℃/湿球39℃/时间28 h	24.16	4.46	26.84	主脉未干
干球67℃/湿球40℃/时间30 h	24.07	4.55	30.21	正常主脉干燥
干球68℃/湿球40℃/时间32 h	23.47	4.55	31.65	正常主脉干燥
干球68℃/湿球41℃/时间34 h	22.81	4.58	26.35	主脉干燥，青筋青片较多
干球68℃/湿球41℃/时间36 h	22.58	5.04	31.3	正常主脉干燥

开展不同升温速率 1/3 ～ 2℃ /h 的试验研究，研究结果见表4-37。结果表明，升温速率设定为 1℃ /h，该品种的烤后烟叶均价较高，烘烤成本较低，烤后烟叶外观质量较好。升温速率过快易造成烟叶烤红，烤后烟叶均价降低；升温速率过慢烘烤成本增加，干物质消耗过多，烤后烟叶均价降低。

表4-37　不同升温速率在烟叶干筋期阶段对烤后烟叶产质量的影响

处理	产量/kg	烘烤成本/（元/kg）	均价/（元/kg）	操作技术
速率2/1℃/h	16.97	4.44	21.47	升温速率太快烟叶烤红
速率1℃/h	17.88	4.30	31.73	叶片正常干燥
速率1/2℃/h	18.46	4.21	28.66	烘烤时间过长，干物质消耗太多
速率1/3℃/h	17.38	5.49	27.21	烘烤时间过长，干物质消耗太多

因此，干球温度、湿球温度设定为67～68℃与39～40℃，升温速度1℃/h升至设定温度，控制干湿差，烘烤时间24～36h，观察低温层烟叶主脉干燥。

（四）烘烤工艺技术要求

1. 基本原则

稳温调湿变黄、低温排湿定色、通风脱水干叶、控温控湿干筋。

2. 烘烤工艺曲线（见图4-38）

烤好NC102品种烟叶要点是采取"一增一减一降"的措施：增加变黄期温度，38℃、42℃烘烤时间；减少变黄初期干球36℃以下烘烤时间；在干球42℃烟叶变黄后，稳定干球温度，适当降低湿球温度。

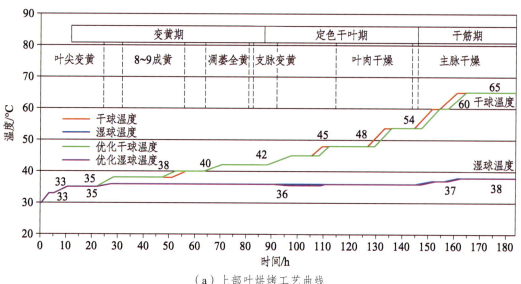

（a）上部叶烘烤工艺曲线

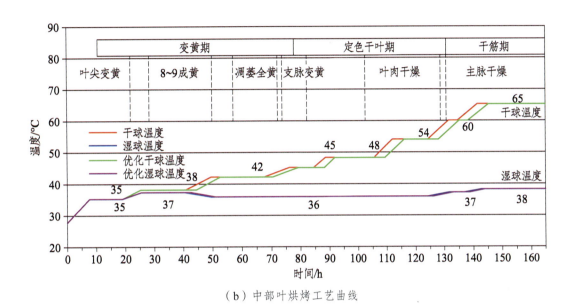

（b）中部叶烘烤工艺曲线

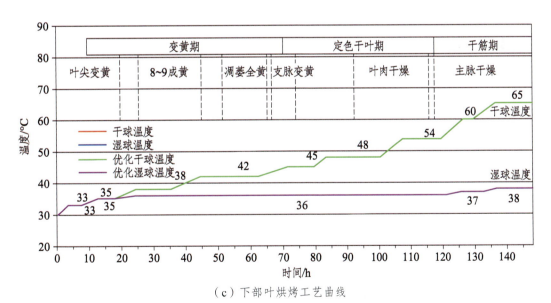

（c）下部叶烘烤工艺曲线

图4-38　烤烟NC102品种上、中、下部叶烘烤工艺曲线

3. 烘烤工艺技术

（1）变黄期。

① 变黄前期。

点火后，以平均1℃/h的升温速度，在4～6 h内，将高温层烟叶干球温度升到34～36℃，湿球温度调整在33～34℃，稳温12～18 h；高温层烟叶叶尖叶缘变黄，总体变黄程度达5～6成黄以上（见图4-39）。

图4-39　烤烟NC102品种变黄前期烟叶

② 变黄中期。

以平均 2/5 ～ 1/2℃ /h 的升温速率，将高温层烟叶干球温度升到 38℃，稳温湿球温度为 35 ～ 36℃，稳温时间为 6 ～ 8 h，控制干湿差 2 ～ 3℃，高温层烟叶变黄 80% 以上，烟叶开始发软（见图 4-40）。

图4-40　烤烟NC102品种变黄中期烟叶

③ 变黄后期（见图4-41）。

以 1/2 ～ 2/3℃ /h 的升温速度，稳温干球温度设定为 42℃，湿球温度调整在 36 ～ 37℃，稳温 18 ～ 24 h，高温层烟叶青筋黄片为止，发软塌架（见图4-41）。

图4-41　烤烟NC102品种变黄后期烟叶

（2）定色期（见图4-42）。

① 定色前期。

以平均 1/2 ～ 2/3℃ /h 的升温速度，在 9 ～ 16 h 内，干球温度由 42℃升到 44 ～ 46℃，湿球温度达 35 ～ 36℃，相对湿度控制在 56% ～ 44% 之间，稳温 18 ～ 24 h，高温层烟叶勾尖卷边，轻度凋萎；低温层烟叶达到青筋黄片为止。

② 定色后期。

以平均 2/3 ～ 1℃ /h 的升温速度，在 4 ～ 8 h 内，干球温度由 45℃升到 49 ～ 50℃，湿球温度保持在 36 ～ 37℃，稳温 15 ～ 20 h，高温层烟叶叶干 1/2 ～ 2/3，低温层烟叶勾尖卷边，充分凋萎。

③ 通风脱水干叶期。

以平均 1℃ /h 的升温速度，在 5 ～ 6 h 内，干球温度由 50℃升到 55 ～ 56℃，湿球温度保持在 36 ～ 37℃，稳温 18 ～ 24 h，全炉烟叶失水干燥达到"大卷筒"程度、叶片全干。

图4-42　烤烟NC102品种定色期烟叶

（3）干筋期（见图4-43）。

① 干筋前期。

以1℃/h的升温速度，干球温度从55℃升到62～63℃，湿球温度调整在38～39℃，稳温12～18 h，目标为全炉烟叶主脉干燥1/2以上转火，进入下一烘烤阶段。

② 干筋后期。

以1℃/h的升温速度，干球温度升至67～68℃，湿球温度仍然保持39～40℃，稳温24～36 h，全炉烟叶主脉干燥时停火。

图4-43　烤烟NC102品种干筋期烟叶

4. 注意事项

（1）上部烟叶采收时达到充分成熟。

（2）在变黄后期，烟叶要充分达到凋萎后再升温。

（3）烘烤过程中宜慢升温。

第五节　NC102品种烟叶在烘烤过程中物质变化

刘凯（2018）于2015—2018年在山东农业大学试验基地种植NC102品种，试验田为砂质棕壤土，土壤肥力中等。每年5月10日左右移栽，行距为110 cm，株距为50 cm，按照优质烟叶生产技术规范进行栽培管理。烟株长势均衡，烟叶发育良好，正常落黄，单株留叶数为20片。试验过程中，按照试验设计要求采收烟叶，采用挂竿装烟方式，放入电热式温、湿度自控密集烤箱中烘烤，每箱装烟3竿，每竿编烟30片，烘烤工艺按照试验设计要求，研究了NC102品种烟叶在烘烤过程中物质的变化。

一、PPO 活性

1. 下部烟叶

由图4-44可知，在整个烘烤过程中各个温度节点的PPO活性存在一定差异。从鲜烟叶到42℃，总体上烟叶PPO活性随着采收成熟度的增加而不断降低；从42℃到54℃，正常成熟采收的烟叶PPO活性最高，且成熟度越低，其PPO活性也越低。就整个烘烤过程而言，鲜烟叶到42℃温度区间内，各处理PPO活性略有降低或基本不变；从42℃到46℃，各处理烟叶PPO活性迅速增高，达到整个烘烤过程中的最大值；46℃之后，各处理PPO活性明显降低，且各处理间差异逐渐缩小；54℃之后，各处理PPO基本失去活性。

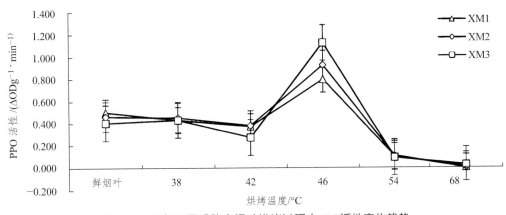

图4-44　下部不同成熟度烟叶烘烤过程中PPO活性变化趋势

2. 中部烟叶

由图 4-45 可知，在鲜烟叶到 46℃ 温度区间内，NC102 中部不同成熟度烟叶在烘烤过程中其 PPO 活性随着采收成熟度的增加而不断降低；46℃ 之后，各处理 PPO 活性迅速降低，其下降速度随着成熟度的增加而减小。就整个烘烤过程中的各个温度节点 PPO 活性变化而言，各处理均呈现先上升再降低的变化规律。在 46℃ 左右时，不同成熟度的烟叶 PPO 活性达到整个烘烤过程中的峰值；46℃ 之后，各处理 PPO 活性迅速降低；直到 54℃ 之后，烟叶 PPO 基本失活。

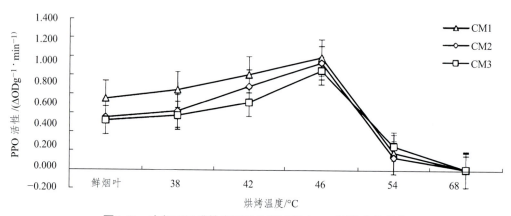

图4-45　中部不同成熟度烟叶烘烤过程中PPO活性变化趋势

3. 上部烟叶

由图 4-46 可知，就 NC102 上部三个不同成熟度的烟叶而言，随着采收成熟度的增加，其 PPO 活性不断增加。就整个烘烤过程而言，各处理 PPO 活性呈现先降低后上升再降低的趋势，在整个烘烤过程中，PPO 活性分别在鲜烟叶和 46℃ 左右时达到峰值，54℃ 之后，各处理 PPO 活性基本消失。

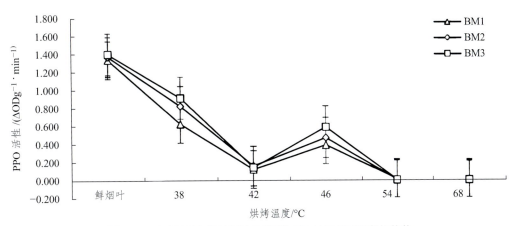

图4-46　上部不同成熟度烟叶烘烤过程中PPO活性变化趋势

二、水分含量

由图 4-47 可以看出，不同部位烟叶的水分含量不同，具体表现为：下部烟叶 > 中部烟叶 > 上部烟叶，新鲜烟叶和烘烤过程中一致。其中，新鲜烟叶水分含量较高，下部烟叶平均含水率达到89.3%，中部烟叶和上部烟叶分别为85.4% 和79.0%。在整个烘烤过程中，不同部位烟叶失水规律基本一致，均是在烘烤进程中的 48 ~ 96 h 内失水速度较快，三个部位平均含水率由 75.1% 降到 14.1%，失水量达到61%，而 0 ~ 48 h 和 96 ~ 120 h 内失水量分别为 9.4% 和 12.3%。

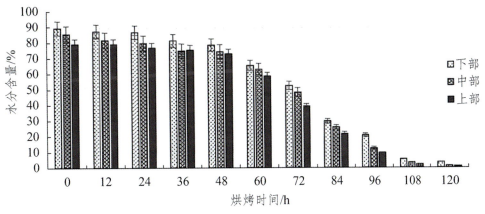

图4-47　NC102不同部位烟叶烘烤过程中水分含量变化

三、淀粉含量

由图 4-48 可以看出，不同部位烟叶的淀粉含量不同。对于新鲜烟叶来说，淀粉含量表现为：上部烟叶 > 中部烟叶 > 下部烟叶，含量分别为 27.41%、25.22%、22.51%；烤后不同部位烟叶的淀粉含量为：上部烟叶 5.99%，中部烟叶 5.90%，下部烟叶 4.61%。在整个烘烤过程中，不同部位烟叶的淀粉降解规律不同。在烘烤的 0 ~ 12 h 内，中部烟叶淀粉降解速度最快；在 12 ~ 48h 内，下、上部烟叶淀粉降解加快。在烘烤的前 48 h 内，淀粉含量表现为：上部烟叶 > 中部烟叶 > 下部烟叶；到了烘烤的 48 ~ 72h 内，上部烟叶淀粉含量则是介于中部烟叶和下部烟叶之间，说明这段时间内，上部烟叶淀粉的降解速度要高于中、下部烟叶。当烘烤进行到 84 h 以后，各部位烟叶淀粉含量基本稳定，不再发生较大的变化，说明烟叶内淀粉降解主要发生在烘烤的中前期，后期淀粉降解基本停滞。

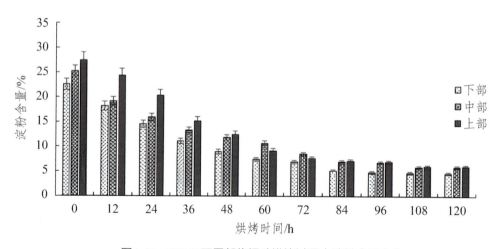

图4-48　NC102不同部位烟叶烘烤过程中淀粉含量变化

四、可溶性糖含量

由图 4-49 可以看出，不同部位的新鲜烟叶、烤后烟叶及烘烤过程中的烟叶可溶性总糖含量及其变化不同。不同部位新鲜烟叶中可溶性总糖含量相差很大：下部烟叶最高，达到 11.91%；中部烟叶次之，含量为 11.21%；上部烟叶明显低于下、中部烟叶，仅为 5.31%。在烘烤过程的 0 ～ 24 h 内，可溶性总糖含量表现为下部烟叶 > 中部烟叶 > 上部烟叶；在 36 ～ 60h 内，上部烟叶 > 下部烟叶 > 中部烟叶；在烘烤进入到 72 h 以后直到烘烤结束，可溶性总糖含量则变为上部烟叶 > 中部烟叶 > 下部烟叶。从不同部位烟叶可溶性总糖在烘烤过程中的含量变化来看，在烘烤的前 72 h 内，可溶性总糖含量呈上升趋势，尤以前 48 h 内增幅明显，又以上部烟叶增速最快；72 h 之后，各部位烟叶可溶性总糖含量略微下降。

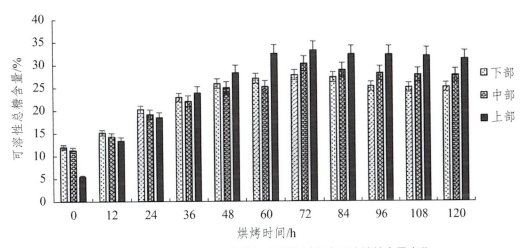

图4-49　NC102不同部位烟叶烘烤过程中可溶性糖含量变化

五、蛋白质含量

由图 4-50 可知，不同部位的新鲜烟叶和烘烤过程中的烟叶蛋白质含量规律一致，均表现为上部烟叶 > 中部烟叶 > 下部烟叶。其中新鲜烟叶中蛋白质含量分别为：上部烟叶最高，达到 16.25%，中部烟叶次之，为 14.81%，下部烟叶最低，为 12.24%。从蛋白质含量在烘烤过程中的变化来看，不同部位的烟叶表现出的规律基本一致，均是随着烘烤进程的推进，蛋白质含量逐渐降低。但蛋白质的降解速度因部位不同而略有差别。下部烟叶在烘烤的前 12 h 内降解最快，降解速度大于中部烟叶和上部烟叶；在 12 h 之后，其蛋白质含量仅有略微下降，不再有较大的变化，基本趋于稳定。中部烟叶降解最快的区间为 24 ~ 48h，之后也不再发生较大变化，含量基本稳定。上部烟叶蛋白质含量在烘烤的 0 ~ 60 h 内呈现出稳定降低的趋势，之后趋于平稳。烘烤结束后，不同部位烟叶的蛋白质含量分别为上部烟叶 13.04%、中部烟叶 10.88%、下部烟叶 9.43%。

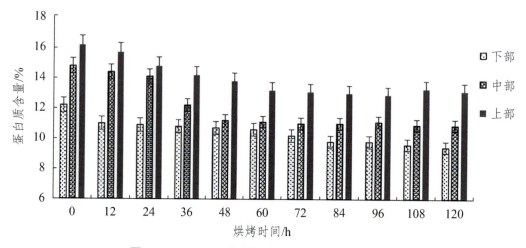

图4-50 NC102不同部位烟叶烘烤过程中蛋白质含量变化

六、烟碱含量

由图 4-51 可知，烟叶中的烟碱含量与烟叶部位之间关系较为明显，自烘烤开始，一直到烘烤结束，不同部位烟叶中烟碱含量均表现为上部烟叶 > 中部烟叶 > 下部烟叶，且各部位烟叶中烟碱含量呈现出随烘烤时间的推移不断降低的趋势，降低幅度较小且变化趋势较为平缓。其中，上部烟叶烟碱含量由烤前的 2.90% 降低到烤后的 2.57%，同时，中部和下部烟叶烟碱含量分别由 2.62% 和 2.41% 降低到 2.35% 和 2.09%。中部烟叶烟碱含量下降了 0.21 个百分点，相对于下部和上部烟叶来说，其含量变化更为平稳。

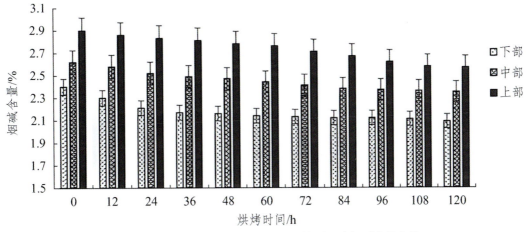

图4-51 NC102不同部位烟叶烘烤过程中烟碱含量变化

第五章

NC102品种的烟叶质量特色与工业应用

第一节　NC102品种的烟叶质量特征

一、烟叶化学成分

（一）常规化学成分

NC102 品种烟叶常规化学成分含量适中，比例协调性较好。总糖为 25.74% ~ 27.81%，还原糖为 20.89% ~ 22.54%，烟碱为 2.30% ~ 2.59%，总氮为 1.71% ~ 1.89%，蛋白质为 8.19% ~ 9.03%。

1. 海拔对NC102品种烟叶常规化学成分含量的影响。

就 NC102 品种上部烟叶而言，田烟在海拔 1 600 ~ 2 000 m，烟叶常规化学成分含量较为适宜且协调性较好；在此海拔范围内，与 K326 品种烟叶相比，NC102 品种烟叶总氮、烟碱、钾含量略高（见表 5-1）。

表5-1　田烟在不同海拔的NC102品种上部（B2F）烟叶的常规化学成分含量

海拔/m	品种	总氮/%	烟碱/%	总糖/%	还原糖/%	钾/%	氯/%	氮碱比	两糖差/%
1 600	NC102	2.0	3.5	27.2	22.7	1.0	0.6	0.6	4.5
	K326	1.9	2.6	30.7	27.0	0.6	0.6	0.7	3.8
1 800	NC102	2.4	3.8	20.7	18.6	1.4	0.3	0.6	2.1
	K326	2.2	3.7	26.2	18.9	1.3	0.5	0.6	7.3
2 000	NC102	2.1	3.4	26.2	21.8	1.1	0.5	0.6	4.4
	K326	3.4	5.9	31.2	18.5	1.6	0.4	0.6	2.7

就 NC102 品种上部烟叶而言，地烟在海拔 1 600 m，烟叶常规化学成分含量较为适宜且协调性较好（见表 5-2）。

表5-2　地烟在不同海拔的NC102品种上部（B2F）烟叶的常规化学成分含量

海拔/m	品种	总氮/%	烟碱/%	总糖/%	还原糖/%	钾/%	氯/%	氮碱比	两糖差/%
1 600	NC102	2.5	3.9	17.8	14.8	1.3	0.6	0.7	3.0
	K326	1.7	2.4	31.3	23.9	0.8	0.5	0.7	7.4
1 800	NC102	2.3	3.6	21.6	18.0	1.0	0.4	0.6	3.6
	K326	2.67	4.07	18.80	15.80	1.00	0.38	0.7	3.0
2 000	NC102	2.5	4.8	18.7	14.0	1.4	0.3	0.5	4.7
	K326	2.61	3.74	21.64	16.20	1.37	0.85	0.7	5.4
2 200	NC102	2.9	4.6	14.8	13.3	1.7	0.4	0.7	2.9
	K326	3.2	4.8	13.6	10.1	2.1	0.4	0.7	3.2

　　就NC102品种中部烟叶而言，田烟和地烟在海拔1 600～2 000 m，烟叶常规化学成分含量较为适宜且协调性较好；在此海拔范围内，与K326品种烟叶相比，NC102品种烟叶的总氮、烟碱含量略低（见表5-3～表5-4）。

表5-3　田烟在不同海拔的NC102品种中部（C3F）烟叶的常规化学成分含量

海拔/m	品种	总氮/%	烟碱/%	总糖/%	还原糖/%	钾/%	氯/%	氮碱比	两糖差/%
1 600	NC102	1.7	2.6	27.4	22.1	1.4	1.1	0.7	5.3
	K326	2.3	2.6	29.2	27.1	1.3	1.2	0.9	2.1
1 800	NC102	1.8	2.8	24.5	22.4	1.7	0.3	0.7	2.1
	K326	2.02	4.15	20.84	15.60	1.41	0.64	0.5	5.2
2 000	NC102	1.8	3.2	24.8	20.5	1.6	0.2	0.6	4.2
	K326	2.2	3.6	19.3	14.7	2.0	0.5	0.6	4.6

表5-4 地烟在不同海拔的NC102品种中部（C3F）烟叶的常规化学成分含量

海拔/m	品种	总氮/%	烟碱/%	总糖/%	还原糖/%	钾/%	氯/%	氮碱比	两糖差/%
1 600	NC102	1.8	3.0	23.5	19.1	1.6	0.3	0.6	4.4
	K326	1.8	2.4	29.5	22.0	0.7	0.5	0.8	7.4
1 800	NC102	2.2	3.1	23.1	19.4	1.1	0.3	0.7	3.7
	K326	1.90	2.75	29.05	25.63	1.47	0.85	0.7	3.4
2 000	NC102	1.9	2.9	26.1	20.7	1.3	0.5	0.7	5.4
	K326	1.95	2.57	18.10	14.30	1.78	0.49	0.8	3.8
2 200	NC102	1.9	2.7	25.4	21.9	2.0	0.2	0.7	3.5
	K326	2.0	3.4	21.2	18.0	0.7	0.4	0.6	3.2

2. 土壤类型对NC102烟叶常规化学成分含量的影响。

就上部烟叶而言，不同类型土壤间上部烟叶常规化学成分含量差异较小（见表5-5）。就中部烟叶而言，在红壤、水稻土和紫色土中，水稻土种植的烟叶总氮和烟碱含量较低，总糖含量较高（见表5-5）。

表5-5 不同土壤条件下NC102品种烟叶的常规化学成分差异

烟叶等级	土壤类型	总氮/%	烟碱/%	总糖/%	还原糖/%	钾/%	氯/%	氮碱比	两糖差/%
B2F	红壤	2.6	4.2	19.2	17.2	1.0	0.4	0.6	2.0
	水稻土	2.4	4.1	20.7	18.9	0.8	0.4	0.6	1.8
	紫色土	2.7	4.1	20.2	17.6	1.0	0.6	0.7	2.6
C3F	红壤	2.2	3.6	21.8	17.2	1.0	0.5	0.6	4.6
	水稻土	1.8	2.9	27.5	24.3	1.0	0.4	0.6	3.2
	紫色土	2.0	3.2	26.8	21.6	1.1	1.0	0.6	5.1

在红壤条件下，与K326品种烟叶相比，就上部烟叶而言，NC102品种烟叶的总氮、烟碱、钾含量差异较小，总糖、还原糖和氯的含量较低；就中部烟叶而言，NC102品种烟叶的烟碱、总氮含量稍高，总糖、还原糖和氯含量稍低（见表5-6）。

表5-6　红壤条件下NC102与K326品种烟叶的常规化学成分含量差异

烟叶等级	品种	总氮/%	烟碱/%	总糖/%	还原糖/%	钾/%	氯/%	氮碱比	两糖差/%
B2F	NC102	2.6	4.2	19.2	17.2	1.0	0.4	0.6	2.0
	K326	2.61	4.20	18.19	14.40	1.34	1.03	0.6	3.8
C3F	NC102	2.2	3.6	21.8	17.2	1.0	0.5	0.6	4.6
	K326	1.72	2.66	24.50	22.24	1.06	0.76	0.6	2.3

在水稻土条件下，与K326品种烟叶相比，就上部烟叶而言，NC102品种烟叶的烟碱、总氮含量较高，总糖、还原糖含量较低；就中部烟叶而言，NC102品种烟叶的总氮、烟碱含量较低，总糖和还原糖含量较高（见表5-7）。

表5-7　水稻土条件下NC102与K326品种烟叶的常规化学成分含量差异

烟叶等级	品种	总氮/%	烟碱/%	总糖/%	还原糖/%	钾/%	氯/%	氮碱比	两糖差/%
B2F	NC102	2.4	4.1	20.7	18.9	0.8	0.4	0.6	1.8
	K326	2.06	2.89	27.60	23.88	1.16	0.60	0.7	3.7
C3F	NC102	1.8	2.9	27.5	24.3	1.0	0.4	0.6	3.2
	K326	2.21	3.35	22.46	19.40	1.45	0.60	0.7	3.1

在紫色土条件下，与K326品种烟叶相比，就上部烟叶而言，NC102品种烟叶的总氮和烟碱含量较高，总糖和还原糖的含量较低；就中部烟叶而言，NC102品种烟叶的总氮、烟碱、总糖、还原糖的和氯的含量较高（见表5-8）。

表5-8　紫色土条件下NC102与K326品种烟叶的常规化学成分含量差异

烟叶等级	品种	总氮/%	烟碱/%	总糖/%	还原糖/%	钾/%	氯/%	氮碱比	两糖差/%
B2F	NC102	2.7	4.1	20.2	17.6	1.0	0.6	0.7	2.6
	K326	2.1	2.8	27.6	23.4	0.8	0.8	0.8	4.2
C3F	NC102	2.0	3.2	26.8	21.6	1.1	1.0	0.6	5.1
	K326	1.8	1.8	20.4	18.4	1.3	0.5	1.0	2.0

3. 土壤质地对NC102品种烟叶的常规化学成分含量的影响。

对于NC102品种来说，与壤土烟叶相比，无论是上部烟叶还是中部烟叶言，黏土种植烟叶的烟碱含量较高，还原糖、钾含量较低（见表5-9）。

表5-9　不同土壤质地NC102烟叶常规化学成分含量差异

烟叶等级	品种	总氮/%	烟碱/%	总糖/%	还原糖/%	钾/%	氯/%	氮碱比	两糖差/%
B2F	壤土	2.3	3.9	23.2	20.6	1.2	0.5	0.6	2.6
	黏土	2.5	4.2	20.2	17.0	0.7	0.4	0.6	3.2
C3F	壤土	1.8	2.5	26.4	23.2	1.3	0.3	0.7	3.2
	黏土	1.9	3.0	26.3	21.6	1.0	0.3	0.6	4.6

在壤土条件下，与K326品种烟叶相比，就上部烟叶而言，NC102品种烟叶的总氮含量较低，总糖、还原糖和钾的含量较高；就中部烟叶而言，NC102品种烟叶的总氮、烟碱和氯含量较低，总糖、还原糖和钾的含量较高（见表5-10）。

表5-10 壤土条件下NC102与K326品种烟叶的常规化学成分含量差异

烟叶等级	品种	总氮/%	烟碱/%	总糖/%	还原糖/%	钾/%	氯/%	氮碱比	两糖差/%
B2F	NC102	2.3	3.9	23.2	20.6	1.2	0.5	0.6	2.6
	K326	2.73	3.90	20.24	17.40	1.08	0.76	0.7	2.8
C3F	NC102	1.8	2.5	26.4	23.2	1.3	0.3	0.7	3.2
	K326	2.41	3.55	20.40	21.60	1.16	0.87	0.7	3.8

在黏土条件下，与K326品种烟叶相比，就上部烟叶而言，NC102品种烟叶的烟碱含量较高，总糖、还原糖和钾的含量较低；就中部烟叶而言，NC102品种烟叶的总氮、烟碱和氯含量较高，总糖、还原糖和钾的含量较低（见表5-11）。

表5-11 粘土条件下NC102与K326品种烟叶常规化学成分含量差异

烟叶等级	品种	总氮/%	烟碱/%	总糖/%	还原糖/%	钾/%	氯/%	氮碱比	两糖差/%
B2F	NC102	2.5	4.2	20.2	17.0	0.7	0.4	0.6	2.5
	K326	2.5	3.3	25.3	22.4	1.4	0.5	0.7	2.5
C3F	NC102	1.9	3.0	26.3	21.6	1.0	0.3	0.6	1.9
	K326	1.5	2.1	31.3	22.2	1.2	1.1	0.7	1.5

（二）香气前体物质

就烟叶挥发性有机酸而言，在"红大"、K326和NC102品种中，NC102品种烟叶中的戊酸含量最高，苯甲酸含量最低，其余挥发性有机酸含量均介于K326品种与"红大"品种间（见表5-12）。

表5-12　石林NC102、"红大"和K326品种烟叶（C3F）的挥发性有机酸含量差异　　　单位：μg/g

品种	异戊酸	2-甲基-丁酸	戊酸	3-甲基-戊酸	己酸	苯甲酸	辛酸	苯乙酸
NC102	28.13	22.3	1.58	1.16	0.54	4.52	0.8	11.93
K326	44.41	37.82	1.32	1.46	1.04	5.8	1.2	8.87
"红大"	30.84	21.01	1.12	1.24	0.52	6.28	0.96	17.31

就烟叶非挥发性有机酸而言，在"红大"、K326 和 NC102 品种中，NC102 品种烟叶中的草酸和苹果酸的含量最高（见表 5-13）。

表5-13　石林NC102、"红大"和K326烟叶（C3F）的非挥发性有机酸含量差异　　　单位：mg/g

品种	草酸	丙二酸	丁二酸	苹果酸	柠檬酸	棕榈酸	亚油酸	油酸	亚麻酸	硬脂酸
NC102	11.75	1.83	0.17	61.95	7.78	2.3	1.44	0.9	3.37	0.48
K326	4.9	1.78	0.15	26.9	3.58	2.3	1.49	0.86	3.34	0.49
"红大"	8.13	1.83	0.17	53.4	10.7	2.35	1.41	0.94	3.56	0.47

就烟叶多酚、色素和石油醚提取物而言，在"红大"、K326 和 NC102 品种中，NC102 品种烟叶中的莨菪亭含量最高，芸香苷、叶绿素和类胡萝卜素的含量最低，绿原酸和石油醚提取物总量介于"红大"品种与 K326 品种间（见表 5-14）。

表5-14　石林NC102、"红大"和K326品种烟叶（C3F）的色素、多酚和石油醚提取物含量差异

品种	绿原酸/（mg/g）	莨菪亭/（mg/g）	芸香苷/（mg/g）	叶绿素/（μg/g）	类胡萝卜素/（μg/g）	石油醚提取物总量/%
NC102	10.89	0.16	9.83	58.1	34.23	3.29
K326	14.03	0.13	10.92	74.1	43.07	2
"红大"	10.51	0.13	11.15	152.44	75.95	4.67

（三）致香成分

美引烤烟品种烟叶的酮类致香物质含量如表5-15所示。可得，NC102品种烟叶的致香物质中酮含量较高，其中NC102品种烟叶中具有甜韵特点的酮类致香物质含量最高，这可能是NC102品种清甜香风格突出的物质基础之一。

表5-15　美引烤烟品种烟叶的酮类致香物质含量

统计项目	NC55	NC297	GL26H	GL350	NC71	NC72	K326	NC102
酮类总含量/（μg/g）	35.6	35.0	32.6	35.7	42.9	49.9	35.1	36.2
具有烟草本香的酮类含量/（μg/g）	18.9	17.2	18.9	22.4	25.1	27.3	18.2	19.6
具有烟草本香的酮类占比/%	53.2	49.1	58.1	62.6	58.4	54.7	52.0	54.3
具有清香的酮类含量/（μg/g）	6.3	7.0	4.8	5.2	6.2	8.4	6.5	7.1
具有清香的酮类占比/%	17.7	19.9	14.8	14.5	14.4	16.8	18.4	19.8
具有甜韵的酮类含量/（μg/g）	13.2	14.0	11.6	11.7	15.1	18.5	13.6	14.7
具有甜韵的酮类占比/%	37.0	40.0	35.6	32.7	35.2	37.0	38.9	40.5

由表 5-15 可知，NC102 品种烟叶中具有甜韵特点的酮类致香物质含量高；NC297 品种烟叶具有清香特点的酮类致香物质含量高。

（1）具有甜韵特点的酮类致香成份含量高低顺序为：NC102 ＞ NC297 ＞ K326 ＞ NC72 ＞ NC55 ＞ GL26H ＞ NC71 ＞ GL350。

（2）具有清香特点的酮类致香成份含量高低顺序为：NC297 ＞ NC102 ＞ K326 ＞ NC55 ＞ NC72 ＞ GL26H ＞ GL350 ＞ NC71。

NC102 品种与云南主栽烤烟品种中性致香成分含量多重比较结果如表 5-16 所示。由表 5-16 可知，NC102 品种烟叶与"红大"、K326、NC297 品种烟叶间中性致香成分含量达到显著差异水平，具体表现为：

（1）与"红大"品种烟叶相比，NC102 品种烟叶中的 19 种中性致香成分含量的差异达到显著水平。其中 NC102 烟叶中 10 种致香成分（糠醛、莕烯、苯甲醛、茄酮、β - 大吗酮、5,6- 环氧 -β - 紫罗兰酮、园柚酮、3- 羟基岩兰酮、香叶醇、γ - 戊内酯）含量显著较高；9 种致香成分（2- 乙基 -1,3- 二甲苯、愈创木酚、苯乙醇、巨豆三烯酮 B、3- 羟基 -β - 二氢大吗酮、巨豆三烯酮 B、4- 氧代 -α - 紫罗兰醇、六氢金合欢基丙酮、金合欢基丙酮）含量显著较低。

（2）与 K326 品种烟叶相比，NC102 品种烟叶中的 20 种致香成分含量达到了显著差异水平，其中 NC102 烟叶中 16 种致香成分（糠醛、莕烯、苯甲醛、柠檬烯、芳樟醇、茄酮、β - 大吗酮、β - 紫罗兰酮、4- 氧代 -α - 紫罗兰醇、园柚酮、六氢金合欢基丙酮、3- 羟基岩兰酮、金合欢基丙酮、亚麻酸甲酯、香叶醇、γ- 戊内酯）的含量显著较高，而 4 种致香成分（4- 环戊烯 -1,3- 二酮、6- 甲基 -2- 庚酮、愈创木酚、巨豆三烯酮 B）的含量显著较低。

（3）与 NC297 品种烟叶相比，NC102 品种烟叶中的 21 种致香成分含量达到了显著差异水平，其中 NC102 烟叶中 8 种致香成分（莕烯、苯甲醛、茄酮、β- 大吗酮、巨豆三烯酮 D、园柚酮、六氢金合欢基丙酮、3- 羟基岩兰酮）的含量显著较高，而 13 种致香成分（糠醛、4- 环戊烯 -1,3- 二酮、蒎烯、2- 乙基 -1,3- 二甲苯、愈创木酚、芳樟醇、5,6- 环氧 -β- 紫罗兰酮、二氢猕猴桃内酯、巨豆三烯酮 B、麦芽恶嗪、亚麻酸甲酯、香叶醇、γ- 戊内酯）的含量显著较低。

表5-16 NC102品种与云南主栽烤烟品种的中性致香成分含量多重比较结果（马剑雄 等，2010） 单位：μg/g

中性致香成分	"红大"	NC297	NC102	K326
糠醛	0.259 2b	0.448 3a	0.336 2ab	0.250 4b
4-环戊烯-1,3-二阳	0.012 2b	0.019 4ab	0.015 2b	0.026 6a
营烯	1.062 7b	1.270 2b	1.766 7a	1.352 6ab
6-甲基-2-庚酮	0.041 4b	0.042 1b	0.044 2b	0.065 3a
苯甲醛	0.034 8ab	0.043 7ab	0.055 1a	0.028 6b
蒎烯	0.093 4b	0.174 4a	0.125 66	0.094 8b
2-乙基-1,3-二甲苯	0.066 1a	0.046 1ab	0.038 46	0.038 9b
柠檬烯	0.053 7a	0.066 2a	0.063 4a	0.031 4b
愈创木酚	0.041 6a	0.028 2ab	0.020 4b	0.025 6ab
芳樟醇	0.063 8ab	0.0831a	0.0751ab	0.0414b
苯乙醇	0.444 8ab	0.6951a	0.3667b	0.3885b
茄酮	7.429 3ab	8.582 7ab	9.884 9a	6.341 3b
β-大吗酮	2.065 7ab	2.274 2ab	2.884 7a	1.416 6b
β-紫罗兰酮	0.220 7a	0.333 3a	0.317 8a	0.138 4b
1,6-环氧-β-紫罗兰酮	0.145 4b	0.198 6a	0.176 4ab	0.177 6ab
二氢猕猴桃内酯	0.357 6ab	0.627 3a	0.378 6ab	0.360 8ab
巨豆三烯酮B	3.680 7ab	3.994 a	2.016 3b	2.492 1ab
3-羟基-β-二氢大吗酮	0.291 1a	0.135 6b	0.142 6b	0.109 7b

中性致香成分	"红大"	NC297	NC102	K326
巨豆三烯酮 D	3.260 7a	1.413 7b	1.921 8ah	1.841 9ab
4-氧代-α-紫罗兰醇	0.485 1a	0.451 2ab	0.398 ab	0.233 4b
麦芽恶嗪	1.362 6ab	1.869 a	1.331 3ab	0.918 5ab
园柚酮	0.908 ab	0.785 7ab	0.993 4a	0.348 5b
六氢金合欢基丙酮	0.415 4a	0.245 5b	0.300 7ab	0.224 4b
3-羟基岩兰酮	3 .040 7ab	2.833 7ab	3.944 0a	2.010 1b
金合欢基丙酮	1.446 7a	0.987 2ab	0.966 2ab	0.540 1b
亚麻酸甲酯	1.024 3ab	1.991 4a	0.967 8ab	0.706 3b
香叶醇	0.023 0b	0.031 1b	0.084 3a	0.019 5b
γ-戊内酯	0.014 3b	0.046 8a	0.044 9a	0.013 6b

二、烟叶感官质量

（一）香韵特征

由图 5-1 ~图 5-4 可知，云南主栽烤烟品种中，NC102 品种烟叶的香韵以清香、甜香、焦香为主，果香较为丰富；NC297 品种烟叶的香韵以清香、甜香、焦甜香为主，清甜和甜润感较突出；"红大"品种烟叶的香韵以清香、甜香、焦甜香为主，木香较为突出；K326 品种烟叶的香韵以清香、焦香和甜香为主。

其中，与"红大"和 K326 品种烟叶相比，NC102 和 NC297 品种烟叶的干草香较突出；与"红大"、K326 和 NC297 品种烟叶相比，NC102 品种烟叶的果香较为突出。

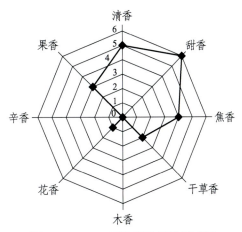

图 5-1　NC102品种烟叶香韵轮廓图

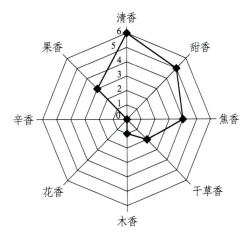

图5-2　NC297品种烟叶香韵轮廓图

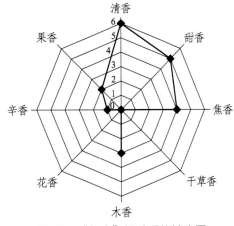

图5-3　"红大"烟叶香韵轮廓图

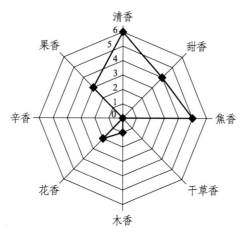

图5-4　K326品种烟叶香韵轮廓图

（二）感官品质特征

不同烤烟品种的感官质量评价结果如表 5-17 所示。可知，NC102 品种烟叶清甜香香气风格突出，甜润感明显，香气细腻度、甜韵感、飘逸感优于 K326 品种；香气细腻度、绵延性、甜韵感、和顺感优于 K326 品种，香气量、香气饱满度及烟气浓度与 K326 品种相当。

表5-17　不同烤烟品种的感官质量评价结果（王娟　等，2013）

品种	等级	香气质	香气量	杂气	劲头	刺激性	余味	燃烧性	灰色
NC102	B2F	较好	充足—	微有	较强	有	尚干净	中	灰白
	C3F	较好	充足—	微有	较强—	有+	尚干净	中	灰白
	X2F	较好	尚充足	微有	中	有+	尚干净—	中	灰黑
"红大"	B2F	较好	充足—	微有	较强—	有	干净—	强	白
	C3F	好+	充足	微有	中	略有	干净	强	白
	X2F	较好+	尚充足—	微有	中	略有	尚干净	强	白
K326	B2F	较好	尚充足+	微有—	较强	较大—	尚干净—	中	灰白
	C3F	较好	尚充足—	微有—	较强—	较大+	尚干净+	中	灰白
	X2F	较好—	有	微有—	中	有+	尚干净	中	灰白

第二节 昆明烟区主栽烤烟品种烟叶的质量特色

昆明烟区是全国烤烟种植的最适宜区，也是云南省的核心优质烟区和特色烤烟品种"红大"的发源地。"红大"烟叶清甜香风格突出、品质优良和配方可用性高，是中式卷烟重点骨干产品配方的核心原料，对卷烟产品风格和品质塑造起到重要作用。

本节以昆明核心烟区石林、宜良、安宁、晋宁和富民的主栽品种"红大"、K326、云烟87、NC102和NC297的初烤烟叶为研究对象，对烟叶样品的外观质量、物理特性、多酚类物质、色素、致香成分和感官质量进行评价，剖析品种间烟叶质量特色差异，以挖掘品种烟叶质量特色，为同一区域内的品种合理布局和卷烟工业采购所需品种烟叶提供参考。

一、材料与方法

（一）试验材料

2020—2023年在昆明植烟生态条件相近的石林、宜良、安宁、晋宁和富民烟区，分别采集主栽品种"红大"、K326、云烟87、NC102、NC297的B2F和C3F等级烟叶样品，在5个主栽品种种植的烟叶工作站点，按照《烤烟》（GB 2635—1992）中烟叶等级B2F和C3F标准，在每个站点采集每个品种B2F和C3F初烤烟叶样品各1个，每个样品3 kg，共380个烟叶样品（"红大"烟叶样品120个、K326烟叶样品80个、云烟87烟叶样品60个、NC102烟叶样品60个、NC297烟叶样品60个）。

将每个烟叶样品剔除破损、杂物、清除泥沙等，平整后装入塑料袋中密封，置于在温度（22±1）℃、相对湿度（60±2）%的环境条件保存备用。

将每个烟叶样品均分为2份：第一份用于烟叶外观质量评价；第二份用于烟叶物理特性、香气前体物质、致香成分的测定和感官质量评价。将测定完烟叶物理特性的第二份烟叶样品剔除烟梗，切成烟丝平分为2份：一份磨成烟粉，用于测定烟叶香气前体物质和致香成分含量；另一份用于制作成烟叶单体烟支，以评价烟叶感官质量。

（二）试验方法

1. 烟叶外观质量评价

样品烟叶外观质量按《烤烟》（GB 2635—1992）进行定性描述，参照文献（蔡宪杰 等，2004）的方法进行定量评价。

2. 烟叶物理特性测定

将本研究中测定完烟叶外观质量指标的样品在温度22℃、湿度60%的恒温恒湿箱内，平衡1周，按照文献（郭建华 等，2014）的方法，测定烟叶物理特性指标。

3. 烟叶香气前体物质含量测定

按照《烟草及烟草制品多酚类化合物绿原酸、莨菪亭和芸香苷的测定》（YC/T 202—2006）测定 烟叶多酚成分（绿原酸、莨菪亭和芸香苷）的含量；按照《烟草及烟草制品质体色素的测定 高效液相色谱法》（YC/T 382—2010）测定烟叶中的色素成分（黄素和β-胡萝卜素）含量。

4. 烟叶致香成分含量测定

按照文献（周桂园 等，2014）测定烟叶样品致香成分含量，按照酮类、醛类、醇类、杂环类等分类统计各类致香成分含量总量。

5. 烟叶感官质量评价

由7名具有烟叶单体感官质量评级资格的专家组成评价小组，采用企业标准《烤烟原料风格与感官质量评价方法》（Q/YNZY.J07.030—2015）评价烟叶样品风格特色和感官品质。

（三）数据整理与统计

采用Excel及SPSS 16.0等工具对测定结果进行统计分析。

二、结果与分析

（一）烟叶外观质量

由表5-18可知，昆明5个主栽品种上部烟叶的颜色多为橘黄色，成熟度高，叶片结构多为尚疏松，身份稍厚，油分为稍有~有，色度为强~中；中部叶的颜色多为橘黄色偏浅，成熟度较高，叶片结构疏松，身份中等，油分为稍有~有次，色度中~强。

表5-18　昆明主栽品种2020—2023年烟叶外观质量指标统计描述

烟叶部位	指标	颜色	成熟度	叶片结构	身份	油分	色度
上部	平均值/分	9.02	8.98	6.88	6.48	6.61	6.87
	中位数/分	9.0	9.0	7.0	6.5	6.5	7.0
	标准差	0.61	0.69	0.82	0.69	0.64	0.52
	最大值/分	10.0	10.0	9.5	9.0	8.0	8.0
	最小值/分	8.0	8.0	5.5	5.0	5.0	6.0
	变异系数	0.07	0.08	0.12	0.11	0.10	0.08
	95%置信区间/分	9.85	9.86	8.22	7.18	7.67	7.64
		9.84	9.82	7.78	6.82	7.33	7.36
中部	平均值/分	8.63	8.64	8.77	8.66	6.18	5.18
	中位数/分	8.5	8.5	8.5	8.5	6.0	5.0
	标准差	0.50	0.45	0.45	0.54	0.50	0.42
	最大值/分	10.0	10.0	10.0	10.0	7.0	6.0
	最小值/分	7.0	8.0	8.0	8.0	5.0	4.5
	变异系数	0.06	0.05	0.05	0.06	0.08	0.08
	95%置信区间/分	9.16	9.15	9.92	9.95	7.16	6.14
		8.84	8.85	9.63	9.6.0	6.84	5.86

在烟叶外观质量指标中，5个主栽品种间仅有上部烟叶颜色、成熟度和叶片结构的评分显著差异（见表5-19），其差异水平因品种不同而有较大差异，其余外观质量指标评分差异均不显著。具体表现为：

（1）云烟87上部烟叶颜色评分显著高于NC297；其余品种间上部烟叶颜色差异不显著，分值居中；NC297显著较低。

（2）NC297上部烟叶的成熟度评分显著高于NC102、"红大"和K326；其余品种间上部烟叶成熟度差异不显著，云烟87烟叶成熟度居中。

（3）云烟87上部烟叶的叶片结构显著疏松于NC297，其余品种间上部烟叶叶片结构差异不明显。

表5-19 昆明主栽品种上部烟叶外观质量指标差异性分析及多重比较结果

品种	颜色	成熟度	叶片结构
"红大"	8.9ab	9.0b	7.0ab
K326	9.0ab	8.9b	6.7ab
云烟87	9.3a	9.4ab	7.5a
NC102	9.1ab	9.3b	7.0ab
NC297	8.8b	9.7a	6.6b
Sig.	0.022 2*	0.012 6*	0.016 6*

注：*表示差异水平达到显著水平，用小写字母标识，下同。

在昆明5个主栽品种中，NC297烟叶成熟度最好；云烟87颜色为深橘黄色，叶片结构更疏松。

（二）烟叶物理特性

由表5-20、5-21可知，在本研究测定的烟叶物理特性指标抗张力、抗张强度、含梗率、叶面密度、平衡含水率和填充值中，5个品种间上部烟叶仅有抗张力和抗张强度差异显著，中部烟叶仅有填充值差异极显著，其差异水平因品种不同而有较大差异，其余物理特性指标差异均不显著。具体表现为：

（1）NC297上部烟叶的抗张力和抗张强度显著高于云烟87和NC102，但NC297与"红大"和K326间、其余品种间上部烟叶的抗张力和抗张强度差异不显著。

（2）"红大"和K326中部烟叶的填充值极显著高于云烟87、NC297和NC102，但"红大"与K326间以及其余品种间的中部烟叶填充值差异不显著。

表5-20　昆明主栽品种上部烟叶物理特性多重比较结果

品种	抗张力/N	抗张强度/(kN/m)	含梗率/%	叶面密度/g/m²	平衡含水率/%	填充值/(cm³/g)
"红大"	2.52ab	0.17ab	26.61	98.57	12.91	3.45
K326	2.59ab	0.17ab	27.52	100.61	12.59	2.87
云烟87	2.46b	0.16b	27.49	97.89	13.02	3.15
NC102	2.44b	0.16b	27.05	99.02	11.87	2.94
NC297	2.82a	0.19a	28.14	102.25	12.03	3.02
Sig.	0.028 6*	0.026 1*	0.325 1	0.187 5	0.214	0.403

表5-21　昆明主栽品种中部烟叶物理特性多重比较结果

品种	抗张力/N	抗张强度/(kN/m)	含梗率/%	叶面密度/g/m²	平衡含水率/%	填充值/(cm³/g)
"红大"	2.38	0.17	29.14	78.15	14.27	3.72A
K326	2.46	0.18	28.56	75.20	14.30	3.68A
云烟87	2.27	0.17	30.45	76.52	13.87	3.59AB
NC102	2.30	0.19	29.36	77.36	14.02	3.35AB
NC297	2.56	0.18	31.70	76.95	13.59	3.44AB
Sig.	0.631 4	0.756 8	0.562 4	0.354 6	0.453 1	0.004 8**

注：**表示差异水平达到极显著水平，用大写字母标识，以下相同。

在昆明5个主栽烤烟品种中，NC297上部烟叶抗张力和抗张强度明显较好，"红大"和K326中部烟叶填充值高。

（三）烟叶多酚成分

由表5-22可知，在本研究测定的烟叶多酚成分绿原酸、莨菪亭和芸香苷中，仅有莨菪亭含量差异达到显著水平，5个品种间的差异水平因品种和烟叶部位不同而有较大差异；绿原酸和芸香苷的含量差异不显著。具体表现为：

（1）K326上部烟叶莨菪亭含量显著高于其余4个品种，"红大"上部烟叶莨菪亭含量显著低于其余4个品种。

（2）K326和云烟87中部烟叶莨菪亭含量显著高于其余3个品种，而K326与云烟87间的中部烟叶莨菪亭含量不显著，"红大"中部烟叶莨菪亭含量显著低于其余4个品种。

表5-22　昆明主栽烤烟品种烟叶多酚含量单因素方差分析及多重比较结果　　　　单位：μg/g

品种	上部烟叶			中部烟叶		
	绿原酸	莨菪亭	芸香苷	绿原酸	莨菪亭	芸香苷
"红大"	14.185	0.159c	12.729	15.75	0.123c	10.729
K326	15.303	0.323a	15.553	12.399	0.193a	11.679
云烟87	13.677	0.227b	16.363	12.733	0.200a	12.76
NC102	13.617	0.210b	14.287	19.143	0.180ab	12.558
NC297	11.017	0.237b	14.63	11.903	0.158ab	11.468
Sig.	0.498	0.012*	0.144	0.263	0.028*	0.114

（四）烟叶色素成分

由表5-23可知，昆明5个主栽品种上部烟叶叶黄素平均含量为71.47 μg/g，介于32.38~121.98 μg/g；β-胡萝卜素平均含量为54.05 μg/g，介于27.95~86.67μg/g。中部烟叶叶黄素平均含量为101.92 μg/g，介于41.34~202.02 μg/g，β-胡萝卜素平均含量为66.65 μg/g，介于12.15~131.46μg/g，5个主栽品种间烟叶叶黄素和β-胡萝卜素含量差异均不显著。

表5-23 昆明主栽烤烟品种烟叶B2F色素组分统计结果 单位：μg/g

指标	上部		中部	
	叶黄素	β-胡萝卜素	叶黄素	β-胡萝卜素
平均值	71.47	54.05	101.92	66.65
中位数	73.02	53.46	91.41	60.01
标准差	22.67	15.14	42.14	26.89
最大值	121.98	86.67	202.02	131.46
最小值	32.38	27.95	41.34	27.15
变异系数	0.32	0.28	0.41	0.40
偏度系数	0.28	0.17	0.94	1.05
95%分位数	102.85	74.69	182.85	124.27
标准误差	2.33	1.55	4.32	2.76
t分位数值	2.57	2.57	2.57	2.57
95%置信区间	108.83	78.68	193.96	131.36
	96.87	70.70	171.74	117.18
峰度系数	0.25	0.44	0.00	0.33

(五) 烟叶致香成分含量

由表5-24可知，在本研究测定的致香成分中，上部烟叶和中部烟叶新植二烯含量达到差异显著水平；中部叶的挥发性酮类含量差异达到极显著水平、杂环类和 β-大马酮含量差异达到显著水平，5个品种间的差异水平因品种和烟叶部位不同而有较大差异；其余指标差异均不显著。

具体表现为：

（1）新植二烯。

就上部烟叶而言，"红大"与其余4个品种间、K326与其余4个品种间新植二烯含量差异显著，云烟87、NC102、NC297间新植二烯含量差异不显著，"红大"烟叶新植二烯含量显著高于其余4个品种，K326烟叶新植二烯含量高于NC297、NC102和云烟87；就中部烟叶而言，K326烟叶新植二烯含量显著高于其余4个品种，其余4个品种间新植二烯含量差异不显著。

（2）挥发性酮类致香成分。

云烟87中部烟叶挥发性酮类含量极显著高于其余4个品种，其余4个品种间中部烟叶挥发性酮类含量差异不显著。

（3）杂环类致香成分。

NC102、NC297中部烟叶杂环致香成分含量显著高于其余3个品种，K326和云烟87中部烟叶杂环致香成分含量显著低于其余3个品种，但NC102与NC297间、云烟87与K326间中部烟叶杂环致香成分含量差异不显著。

（4）β-大马酮。

NC102中部烟叶β-大马酮含量显著高于其余4个品种，NC297中部烟叶β-大马酮含量显著高于云烟87、"红大"和K326，显著低于NC102；但云烟87、"红大"和K326间中部烟叶β-大马酮含量差异不显著。

表5-24　昆明主栽烤烟品种烟叶致香成分的单因素方差分析及多重比较结果　　单位：μg/g

烟叶部位	指标	"红大"	K326	云烟87	NC102	NC297	Sig.
上部	新植二烯	591.174a	480.395b	366.333c	358.853c	418.194c	0.018*
中部	挥发性酮类	1.897B	1.851B	2.681A	1.947B	1.975B	0.006**
	杂环	0.994b	0.871c	0.704c	1.138a	1.046a	0.015*
	新植二烯	394.822b	478.774a	406.993b	264.199c	419.174b	0.024*
	β-大马酮	4.56c	4.09c	4.75c	6.45a	5.40b	0.02*

（六）烟叶感官质量

由表5-25和表5-26可知，昆明5个主栽烤烟品种烟叶的感官质量特色突出。具体表现为：

（1）"红大"烟叶清甜韵突出，香气优雅，香气量中偏上，生津回甜明显。

（2）K326烟叶烟草本香突出，带有焦甜香，香气较优雅，香气饱满厚实，余味较干净较舒适。

（3）云烟87烟叶以清甜香为主，香气细柔。

（4）NC102烟叶以清甜香为主，带有果香，香气清新自然。

（5）NC297烟叶烟草本香较突出，香气较绵延、较饱满。

表5-25　昆明主栽烤烟品种烟叶香韵特征评价结果　　　　　　单位：分

烟叶部位	品种	清甜香（5）	焦甜香（5）	干草香（5）	焦香（5）	酸香（5）	坚果香（5）	果香（5）
上部	"红大"	4.5	0.5	2.5	0.5	0	0.5	0
	K326	4	1	2.5	1	0.5	0.5	0
	云烟87	4	0.5	2.5	0.5	0	0	0
	NC102	4	1	2	0	0	0	1.5
	NC297	4	0.5	2	0.5	0	0.5	0
中部	"红大"	4.5	0.5	2.5	0.5	0	0.5	0.5
	K326	4	0.5	2.5	1	0.5	0.5	0
	云烟87	4	0.5	2.5	0.5	0	0	0
	NC102	4.25	1	2.5	0	0	0	2
	NC297	4	0.5	2	0.5	0	0.5	0

表5-26　昆明主栽烤烟品种烟叶感官品质特征评价结果　　　　　　单位：分

烟叶部位	品种	愉悦性（10）	细腻度（5）	圆润性（5）	绵延性（5）	香气量（15）	浓度（10）	刺激性（10）	杂气（10）	劲头（5）	干净度（10）	津润感（5）	回味（5）
上部	"红大"	7.5	3.5	3.25	3.5	12.5	7.25	11.75	7	4.75	3.5	3.5	3.25
	K326	7.5	3	3.5	3.5	13	8.25	12	7.5	5	3.75	3	3
	云烟87	7	3	3	3	12.25	7	12	7	5	3	3	3
	NC102	7.25	3.25	3.25	3.25	12	7	11.5	7	5	3	3	3
	NC297	7	3	3	3	12.25	7.25	12	7	5	3	3	3
中部	"红大"	8	4	3.5	3.5	12.5	7.5	12	7.5	5	4	4	3.5
	K326	7.5	3.5	3	3.5	12.5	8	12	7.25	5	3.75	3.5	3.25
	云烟87	7.25	3.5	3	3.25	12	7.5	12	7	5	3.5	3.25	3
	NC102	7.5	3.5	3.25	3	12	7	12.25	7	5	3.5	3.5	3.25
	NC297	7.5	3.5	3	3	12	7	12	7	5	3.25	3.25	3

昆明烟区 5 个主栽烤烟品种烟叶部位间的感官品质特征差异较大。具体表现为：

（1）"红大"。

上部烟叶焦甜香明显，甜韵突出，舒适性好，润感突出；中部烟叶清甜韵突出，香气优雅，柔和性好，质感细腻，生津回填感明显。

（2）K326。

上部烟叶干草香突出，焦香显露，浓度高，香气量较足，骨架感品质特征明显，吃味饱满；中部烟叶干草香突出，香气浓郁，骨架感品质特征明显，余味较干净较舒适。

（3）云烟 87。

上部烟叶清甜显露、本香纯净、香气飘逸；中部烟叶清甜显露、本香纯净，质感细腻，香气飘逸。

（4）NC102。

上部烟叶清甜香较突出，特有果香较明显，香气较愉悦，甜润感明显；中部烟叶清甜香明显，特有果香较突出，香气愉悦且较细柔，甜润感好。

（5）NC297。

上部烟叶干草香较突出，带有焦甜香和焦香，香气量较足，浓度较高；中部烟叶香韵丰富，以清甜香和干草香为主，辅以焦甜香和坚果香，香气愉悦，津润感较好。

三、结　论

昆明烟区主栽烤烟品种"红大"、K326、云烟 87、NC102 和 NC297 烟叶在外观质量、物理特性、内在化学成分和感官质量方面差异明显，烟叶质量特色突出。具体表现为：

（1）"红大"。

烟叶外观质量居中，莨菪亭含量显著较低，烟草本香纯正，清甜香突出，香气优雅，生津回甜感突出，在卷烟配方中可起到强化清甜香、提升香气优雅感和改善口感特性的作用。

（2）K326。

烟叶外观质量居中，中部烟叶填充值和莨菪亭含量均显著较高，烟草本香突出，香气浓郁，浓度高，吃味较好，骨架感品质特征突出；在卷烟配方中可起到强化烟草本香、增加香吃味的作用。

（3）云烟 87。

烟叶外观质量较好，物理特性指标适宜水平居中，清甜香风格显露，本香纯净，香气飘逸，在卷烟配方中可以起到强化烟草本香和改善香气质感的作用。

（4）NC102。

烟叶外观质量居中，β-大马酮和杂环类致香成分的含量明显高，清甜香韵突出，果香明显，香气丰富，在卷烟配方中可起到丰富烟香的作用。

（5）NC297。

烟叶成熟度最好，物理特性较好，β-胡萝卜素降解产物含量最高，烟草本香突出，香气绵延较好，在卷烟配方中可起到强化烟草本香和改善香吃味的作用。

第三节　NC102品种烟叶的工业应用

一、烟叶感官质量评价

NC102品种烟叶清香风格突出，甜润感明显，在香气的细腻度、甜韵感、飘逸感方面优于K326品种。感官质量评价认为NC102品种各部位烟叶的感官质量特点如下：

（一）上部烟叶

（1）香气特征：清香有甜韵，略带焦甜香、焦香，香气特征与烟草本香匹配较好，底蕴较厚实。

（2）品质特征：香气质感清新、自然、明亮，香气细腻、优雅、明快，香气丰富性较好，透发性较好，香气量较足，烟气较饱满，甜度较好，绵延性较好，成团性较好，柔和性较好⁻，浓度较浓，劲头中至中偏强，杂气略有，刺激略有，余味较净较适，回味生津，有成熟的烟草气息。

（二）中部烟叶

（1）香气特征：清香有甜韵，略带果香、花香，香气特征与烟草本香匹配较好，底蕴厚实。

（2）品质特征：香气质感清新、自然、明亮，香气细腻、优雅、明快，香气丰富性较好⁻，透发性较好⁻，香气量中等至较足，烟气较饱满，甜度好，绵延性较好，成团性较好，柔和性较好，浓度较浓⁻，劲头适中，杂气略有，刺激略有，余味较净较适，回味生津，略带成熟的烟草气息。

（三）下部烟叶

（1）香气特征：清香，香气特征与烟草本香匹配尚好，底蕴尚厚实。

（2）品质特征：香气质感清新、自然，香气细腻、明快，香气丰富性尚好⁺，透发性尚好⁺，香气量尚足⁺⁺，烟气尚饱满，甜度尚好至较好，绵延性尚好⁺，成团性尚好⁺，柔和性较好，浓度尚浓⁺，劲头中至适中，杂气有，刺激略有，余味尚净较适，回味略显平淡。

二、配方功能验证试验

NC102是从美国引进的烤烟品种，通过品比、区试及生产示范及配套栽培烘烤技术试验，已初步掌握了NC102的农艺性状和栽培、调制技术等，现对NC102的工业配方验证就是要从云烟产品需求的角度来解决NC102烟叶的工业应用问题。

（一）卷烟现行产品配方替换验证

将NC102品种烟叶分别替换"云烟"某高端产品叶组配方中的其他品种烟叶，通过感观评吸判断产品感观品质的变化情况，从而验证NC102品种烟叶的配方应用效果。配方试验以"云烟"某高端牌号产品叶组原配方为0#（对照），以加入不同比例的NC102品种烟叶的叶组配方为试验1#和2#，具体比例见表5-27。

表5-27 NC102品种烟叶在云烟某高端牌号中同等级等量替换试验比例（%）

烟叶模块	年限/年	产地	品种	等级	试验编号		
					0#对照样	1#试验样	2#试验样
主料烟叶模块	2008	进口烟叶	无	YM1F	10	10	10
	2006	云南	"红大"	B2F	2.5	0	2.5
	2006	云南	NC102	BCSF	0	2.5	5
	2006	云南	K326	B1L	5	5	0
	2005	云南	K326	C2F	5	5	5
	2005	云南	K326	C1L	5	5	5
	小计				27.5	27.5	27.5
次主料烟叶模块	2006	云南	云87	C3F	5	5	5
	2005	云南	"红大"	C3F	10	10	10

续表

烟叶模块	年限/年	产地	品种	等级	试验编号		
					0#对照样	1#试验样	2#试验样
次主料烟叶模块	2005	云南	"红大"	CSL	5	5	5
	2006	云南	"红大"	CSL	5	5	5
	2006	云南	"红大"	C4F	10	10	10
	2006	云南	"红大"	C4FL	7.5	7.5	7.5
小计					42.5	42.5	42.5
调节型烟叶模块	2005	云南	云87	C3L	5	5	5
	2005	云南	K326	C3L	5	5	5
	2006	云南	云87	MZL	7.5	7.5	7.5
	2006	云南	NC102	BCZF	0	0	5
	2004	云南	K326	X2F	5	5	5
	2006	云南	"红大"	XZF	7.5	7.5	7.5
小计					30	30	30
合计					100	100	100

（1）0# 对照样：香气以清甜香为主，略带焦甜香、焦香、果香和花香，香气丰富性较好，各香气韵调组合自然、优美，烟草本香充足、自然、纯净，香气爆发力度较强，香气量较足，烟气较细腻，甜度、绵延性、成团性、柔和性较好，浓度较浓，杂气略有，刺激略有，余味较净较适，劲头适中。

（2）1# 试验样：香气以清甜香为主，清香突出，略带焦甜香、焦香、果香和花香，甜度较强，香气丰富性较好，香气韵调组合平衡，香气爆发力度较强，香气量较足，烟气较细腻，甜度、绵延性、成团性、柔和性较好，浓度较浓，杂气略有，刺激略有，余味较净较适，劲头适中。

（3）2#试验样：香气以清甜香为主，清香突出，略带焦甜香、焦香、果香和花香，甜度较强，香气丰富性较好，香气韵调组合较平衡，香气爆发力度、香气量偏弱，烟气较细腻，甜度、绵延性、成团性、柔和性较好，浓度较浓，杂气略有，刺激略有，余味较净较适，劲头适中。

综上所述，NC102品种烟叶在"云烟"高端产品中有较好的配方效果，综合评价为1#试验样＞0#对照样＞2#试验样。

（二）卷烟新产品配方设计验证

在高端"云烟"新产品配方设计过程中，开始考虑NC102品种烟叶的配方应用。本试验以NC102品种的上等烟叶构筑的烟叶模块作为应用对象，参与塑造"云烟"高端新产品的香气风格特征与感官品质。具体方法是：应用模块化设计（小叶组设计）思路，分别设计主料烟叶、进口烟叶、次主料烟叶及调节型烟叶4大模块，进行云烟高端新产品的配方设计，试验比例见表5-28。

表5-28　NC102品种烟叶用于高端云烟新产品的配方设计试验比例（%）

烟叶模块	年限/年	产地	品种	等级	试验编号		
					新配方1	新配方2	新配方3
主料烟叶模块	2006	云南	NC102	BCSF	0	2.5	5
	2005	云南	"红大"	CSF	7.5	7.5	7.5
	2005	云南	"红大"	C3F	7.5	7.5	7.5
	2000	云南	"红大"	B1F	7.5	5	2.5
	小计				22.5	22.5	22.5
次主料烟叶模块	2004	云南	K326	C1L	5	5	5
	2004	云南	云87	C2L	7.5	7.5	7.5
	2001	云南	"红大"	C1L	2.5	2.5	2.5

续表

烟叶模块	年限/年	产地	品种	等级	试验编号		
					新配方1	新配方2	新配方3
次主料烟叶模块	2005	云南	"红大"	CSL	5	5	5
	2000	云南	无	C2L	2.5	2.5	2.5
	2003	云南	K326	CSL	2.5	2.5	2.5
	小计				25	25	25
进口烟叶模块	2006	进口烟叶	无	AJC120-S	2.5	2.5	2.5
	2003	进口烟叶	无	YM1E	22.5	22.5	22.5
	2005	进口烟叶	无	YM2F	2.5	2.5	2.5
	2007	进口烟叶	无	YM3A	5	5	5
	2004	进口烟叶	无	ZL1T	2.5	2.5	2.5
	小计				35	35	35
调节型烟叶模块	2006	云南	"红大"	MZF	7.5	7.5	7.5
	2006	大理	"红大"	MZL	7.5	7.5	7.5
	2005	省外模块	无	SM1	2.5	2.5	2.5
	小计				17.5	17.5	17.5
合计					100	100	100

（1）新配方1：香气爆发力度较好，清香、清甜香略欠，香气韵调组合平衡，丰富性较好，香气量较足，细腻度较好，甜度略欠，绵延性较好，成团性较好，柔和性较好，浓度适中，杂气略有，刺激有，余味干净舒适，劲头适中。

（2）新配方2：香气爆发力度较好，清香、清甜香明显，香气韵调组合平衡，丰富性较好，香气量较足，细腻度较好，甜度较好，绵延性较好，成团性较好，柔和性较好，浓度适中，杂气略有，刺激有略有，余味干净舒适，劲头适中。

（3）新配方3：香气爆发力度较好，清香、焦香明显，香气韵调组合平衡，丰富性较好，香气量较足，细腻度较好，甜度较好，绵延感较好，成团性较好，柔和性较好，浓度适中，杂气略有，刺激略有，余味干净舒适，劲头适中。

NC102品种烟叶在云烟品牌高端产品设计中对香气风格的塑造有较好的效果，同时在改善卷烟吸食舒适性上也有较好的表现。综合卷烟新产品配方的各项感官品质排序为：新配方2>新配方3>新配方1。

卷烟新产品配方设计验证试验表明，NC102品种烟叶在卷烟配方中要适当控制应用比例，才能获得较好的配伍性，因此选择新配方2进行卷烟新产品设计。

综合上述卷烟现行产品配方替换验证及新产品配方设计验证试验，结果表明：在云烟品牌高端产品中加入2.5%～5.0%的NC102品种烟叶，有较好的配方效果，能有效凸显产品的清香型风格，增加产品的甜润感。

三、烟叶配方功能评价

NC102品种烟叶的清香型风格突出，甜韵感明显，可强化、巩固云烟品牌卷烟产品的清甜香香韵，达到凸显云烟品牌清甜香风格的目的，在云产卷烟配方中起到强化清甜香香韵、提升香气质感和丰富烟香等作用。

NC102烟叶共同进入云烟高端产品和一类、二类、三类高中档产品配方中，具体应用各品种的烟叶部位及色组见表5-29。

表5-29　NC102/NC297品种烟叶在"云烟系列"品牌产品中的应用比例（%）

烟叶组别	卷烟类别			
	高端	一类	二类	三类
NC102上部上等橘黄色组烟叶	0	0	0	2.5
NC102中部上等橘黄色组烟叶	2.5	0	2.5	2.5

续表

烟叶组别	卷烟类别			
	高端	一类	二类	三类
NC297上部上等橘黄色组烟叶	0	0	0	2.5
NC297上部上等柠檬黄色组烟叶	0	0	0	0
NC297上部中等桔黄色组烟叶	0	0	0	2.5
NC297中部上等橘黄色组烟叶	2.5	0	2.5	2.5
NC297中部上等柠檬黄色组烟叶	2.5	2.5	0	0
NC297中部中等橘黄色组烟叶	0	0	2.5	2.5
NC297中部中等柠檬色组烟叶	0	2.5	0	0
NC102/NC297下部烟叶	0	0	0	2.5
合计	7.5	5.0	7.5	17.5

（1）"云烟"高端产品：主要应用 NC102 和 NC297 品种上等烟叶进入配方，配方比例为 7.5%。其中 NC102 品种用上部上等橘黄色组烟叶 2.5%；NC297 品种用中部上等橘黄色组和柠檬黄色组烟叶各 2.5%。在配方中使用 NC102 和 NC297 品种烟叶后增加了产品的甜韵感和舒适性。

（2）"云烟"一类烟：主要应用 NC297 品种上中等烟叶进入配方，配方比例为 5%。其中用中部上等和中等柠檬黄色组烟叶各 2.5%。在配方中使用 NC102 和 NC297 品种烟叶后增加了产品的甜韵感和舒适性。

（3）"云烟"二类烟：主要应用 NC102 和 NC297 品种上中等烟叶进入配方，配方比例为 7.5%。其中 NC102 品种用中部上等橘黄色组烟叶 2.5%；NC297 品种用中部上等和中等橘黄色组烟叶各 2.5%。在配方中使用 NC102 和 NC297 品种烟叶后增加了产品的香气底蕴和甜韵感。

（4）"云烟"三类：主要应用NC102和NC297品种上中等烟叶进入配方，配方比例为17.5%。其中NC102品种用上部上等和中部上等橘黄色组烟叶各2.5%；NC297品种用上部上等、中等橘黄色组烟叶，中部上等、中等橘黄色组烟叶和NC102/NC297品种下部混搭烟叶各2.5%。在配方中使用NC102和NC297品种烟叶后增加了产品的香气底蕴和甜韵感。

参考文献

[1] CAI L, et al., 2020. Plant-derived compounds: A potential source of drugs against tobacco mosaic virus[J]. Pesticide Biochemistry and Physiology, 169: 104-589.

[2] CHIVURAISE C, et al., 2016. An assessment of factors influencing forest harvesting in smallholder tobacco production in Hurungwe district, Zimbabwe: an application of binary logistic regression model[J]. Advances in Agriculture, （3）: 1-5.

[3] GARDNER J A, et al., 1926. Tobacco curing barn: 1585662[P]. 1926-05-25.

[4] UZELAC B, et al., Characterization of natural leaf senescence in tobacco （Nicotiana tabacum） plants grown in vitro[J]. Protoplasma, 253: 259-275.

[5] 艾绥龙，等，1998. 黄绵土中不同形态钾含量与烟叶含钾量的关系 [J]. 西北农业大学学报，026（1）：78-81.

[6] 敖金成，等，2011. 腐殖酸生物有机肥对烤烟 NC102 产质量及工业可用性的影响 [J]. 安徽农学通报（上半月），17（17）：78-81.

[7] 曹卫东，等，2024. 绿肥内源驱动土壤健康的作用与机制 [J]. 植物营养与肥料学报，30：1274-1283.

[8] 陈凤雷，等，2012. 烤烟砂培育苗关键技术研究 [J]. 贵州农业科学，40（8）：58-61.

[9] 陈杰，等，2010. 成土母岩与烤烟品质的关系 [J]. 贵州农业科学，38：122-125.

[10] 崔志军，等，2010. 烟草秸梗气化替代煤炭烘烤烟叶研究初报 [J]. 中国烟草科学，31（03）：70-72+77.

[11] 丁福章，等，2009. 不同土壤水分对烤烟生长和产质量的影响 [J]. 贵州农业科学，37：44-46.

[12] 丁福章，2009．烤烟大田期水分管理研究 [J]．农业工程报，25（5）：12-18．

[13] 丁明石，2013．安康烟区烤烟湿润育苗操作技术 [J]．陕西农业科学，59：269-271．

[14] 段美珍，等，2013．甲醇发热式与燃煤式密集烤房烘烤比较 [J]．作物研究，27（06）：675-677．

[15] 飞鸿，等，2011．利用生物质烘烤烟叶的研究 [J]．当代化工，40（06）：565-567+592．

[16] 冯厚平，等，2017．有机肥对烤烟生长及烟叶品质和效益的影响 [J]．山西农业科学，45：1208-1210．

[17] 宫长荣，等，1999．烘烤环境条件对烟叶内在品质的影响 [J]．中国烟草科学，（02）：10-11．

[18] 宫长荣，等，2003．烘烤过程中环境湿度和烟叶水分与淀粉代谢动态 [J]．中国农业科学，（02）：155-158．

[19] 顾永丽，2021．烤烟上部叶不同成熟度对烘烤生理生化及烤后烟叶品质的影响 [D]．贵州大学．

[20] 管赛赛，等，2016．起垄方式和垄间覆盖物互作对坡地烟田土壤理化性状及烤烟经济性状的影响 [J]．西南农业学报，29：1573-1578．

[21] 郭建华，等，2014．基于主成分分析和聚类分析的烟叶物理特性区域归类 [J]．烟草科技，（8）：14-17．

[22] 郭明全，等，2012．不同坡向和海拔对烤烟产质量的影响 [J]．安徽农业科学，40：7690-7691+7712．

[23] 韩锦峰，等，1992．氮素用量、形态和种类对烤烟生长发育及产量品质影响的研究 [J]．中国烟草学报，1：44-52．

[24] 河南中烟工业有限责任公司，2010，中国烟草总公司郑州烟草研究院，上海烟草（集团）公司．YC/T 382—2010，烟草及烟草制品质体色素的测定高效液相色谱法 [S]．北京：中国标准出版社．

[25] 胡保文，等，2019．不同湿度条件对烤烟湿润育苗的影响 [J]．云南农业大学学报，34（3）：434-439．

[26] 胡国松，等，2000．烤烟烟碱累积特点研究 [J]．中国烟草学报：7-10．

[27] 胡志明，等，2020．烟草湿润育苗技术研究与应用 [J]．作物研究，34（3）：245-250．

[28] 黄成江，等，2015．不同育苗方式对烟苗生长及生理特性的影响 [J]．中国农学通报，31（16）：101-106．

[29] 江龙，等，2022．4个烟草品种抗病性评价 [J]．植物医学，1：71-77．

[30] 蒋笃忠，等，2011．气流上升式连体密集烤房余热共享的设计及应用 [J]．中国农学通报，27（30）：258-261．

[31] 柯学，等，2011．不同光质对烟草叶片生长及光合作用的影响 [J]．植物生理学报，47：512-520．

[32] 李茂森，等，2022．生物炭对烤烟成熟期根际真菌群落结构的影响及功能预测分析 [J]．农业资源与环境学报，39（5）：1041-1048．

[33] 李明海，等，1997．不同海拔高度和土壤类型对烤烟产质的影响 [J]．贵州农业科学：55-58．

[34] 李伟．漂浮育苗营养液调控技术 [J]．中国烟草科学，39（3）：45-50．

[35] 李晓娜，等，2016．施用蚯蚓粪对陕南烤烟土壤和烟叶钾营养、农艺与经济性状的影响 [J]．中国土壤与肥料：105-109．

[36] 李晓娜，2016．蚯蚓养殖对土壤改良的影响 [J]．生态学报，36（10）：3021-3030．

[37] 李震，2021．深翻整地对烤烟生长的影响 [J]．中国烟草科学，42（4）：78-85．

[38] 李自林，等，2024．有机肥配施化肥提高烤烟产质量 [J]．中南农业科技，45：10-13．

[39] 凌爱芬，等，2022．轮间套作种植模式消除烟草连作障碍的机理研究进展 [J]．安徽农业科学，50：1-4+9．

[40] 刘国顺，2018．烟草栽培学 [M]．北京：中国农业出版社：78-82．

[41] 刘红光，等，2015．烤烟品种NC102高产配套栽培技术研究 [J]．贵州农业科学，43（03）：71-73+77．

[42] 刘凯，2018．烤烟NC102烘烤过程中多酚氧化酶活性及主要化学成分变化动态的研究 [D]．山东农业大学．

[43] 刘鹏，等，2013．烤烟氯离子来源及控制措施研究进展 [J]．江西农业学报．25：74-77+82．

[44] 刘添毅, 等, 2008. 烤烟湿润育苗技术研究 [J]. 中国烟草科学: 22-26.

[45] 龙光海, 2016. 烤烟大田期水肥协同调控技术 [J]. 农业机械学报, 47（S1）: 201-208.

[46] 娄元菲, 2014. 皖南烟区不同品种烟叶的品质及对烘烤工艺的响应 [D]. 河南农业大学.

[47] 陆新莉, 等, 2019. 不同基因型烟草叶片在成熟过程中质体色素的变化 [J]. 中国农学通报, 35（15）: 35-39.

[48] 陆洲, 等, 2012. 作物生态适宜性定量化评价方法及通用工具 [J]. . 农业工程学报, 28（20）: 195~202.

[49] 聂荣邦, 等, 2002. 烟叶烘烤特性研究 I. 烟叶自由水和束缚水含量与品种及烟叶着生部位和成熟度的关系 [J]. 湖南农业大学学报（自然科学版）, （04）: 290-292.

[50] 逢涛, 等, 2012. 云南烟区不同土壤类型对 K326 烤烟主要化学成分的影响 [J]. 安徽农业科学, 40（16）: 8897-8898+8914.

[51] 孙梅霞, 等, 2000. 烟草生理指标与土壤含水量的关系 [J]. 中国烟草科学. 36-39.

[52] 唐永金, 1996. 作物及品种的适应性分析 [J]. 作物研究: 2-5.

[53] 王传义, 等, 2009. 不同成熟度烟叶烘烤过程中生理生化变化研究 [J]. 中国烟草科学, 30（03）: 49-53.

[54] 王传义, 2008. 不同烤烟品种烘烤特性研究 [D]. 中国农业科学院.

[55] 王刚, 等, 2017. 我国烟草漂浮育苗技术推广现状与展望 [J]. 中国烟草学报, 23（5）: 112-118.

[56] 王行, 等, 2014. 不同烤烟品种上部烟叶烘烤特性研究 [J]. 云南农业大学学报（自然科学）, 29（04）: 619-622.

[57] 王绍坤, 等, 2000. 烟草湿润托盘育苗技术研究与应用育苗基质配方筛选及育苗效果比较 [J]. 西南农业大学学报: 428-431.

[58] 王绍坤, 等, 2001. 烟草湿润托盘苗技术研究与应用 苗期管理——施肥和空气整根对烟苗素质的影响 [J]. 西南农业大学学报: 136-139+143.

[59] 王太忠, 等, 1979. 烟蚜的优势天敌"烟蚜茧蜂" [J]. 烟草科技通讯, （04）: 59-62.

[60] 王小东, 等, 2007. 对烟叶成熟度的再认识 [J]. 安徽农业科学, （09）: 2644-2645.

[61] 王新月, 等, 2021. 改土物料混用对酸性土壤 pH 和烤烟生长及物质积累的影响 [J]. 核农

学报，35（11）：2626–2633．

[62] 王彦亭，等，2009．中国烟草种植区划 [M]．北京：科学出版社：156-160．

[63] 韦成才，等，2004．陕南烤烟质量与气候关系研究 [J]．中国烟草科学：38-41．

[64] 魏光华，2021．不同施氮量下烤烟上部叶的主脉特征和烘烤特性的研究 [D]．河南农业大学．

[65] 魏硕，2018．烤烟上部叶烘烤过程水分迁移及状态变化 [D]．河南农业大学．

[66] 邬春芳，等，2011．不同颜色薄膜遮光对烟草生长期质体色素含量的影响 [J]．中国烟草学报，17：48-53．

[67] 武圣江，2020．烤烟烘烤变黄期优质烟叶形成的蛋白质组学研究 [D]．贵州大学．

[68] 熊涛，2021．烟叶烘烤过程中外观形态与内在质量关系研究 [D]．中国农业科学院．

[69] 许自成，等，2014．烟叶成熟度的研究进展 [J]．东北农业大学学报，45（01）：123-128．

[70] 杨金彪，等，2014．不同烘烤工艺对 NC102 烟叶质量的影响 [J]．现代农业科技，（20）：33+37．

[71] 杨树申，1981．太阳能在烟叶烘烤上的应用 [J]．河南农林科技，（06）：22-24．

[72] 杨晓亮，等，2015．不同烘烤工艺对 5 个烤烟品种感官质量的影响研究 [J]．江西农业学报，27（04）：53-56+61．

[73] 杨宇虹，等，2005．烤烟漂浮育苗营养液 pH 值变化规律研究 [J]．西南农业学报，18（4）：456-459．

[74] 姚宗路，等，2010．生物质颗粒燃料特性及其对燃烧的影响分析 [J]．农业机械学报，41（10）：97-102．

[75] 袁富平，等，2016．烤烟测土配方施肥简比试验 [J]．江西农业．10．

[76] 云南中烟工业有限责任公司标准化委员会，2015．Q/YNZY．J07．030—2015 烤烟原料风格与感官质量评价方法 [S]．昆明：云南中烟工业有限责任公司．

[77] 张进，2020．烟叶耐烤性指标及影响因子研究 [D]．贵州大学．

[78] 张警予，2016．皖南烟区不同烤烟品种烘烤特性的差异性研究 [D]．河南农业大学．

[79] 张静，等，2006．作物生态适宜性变权评价方法 [J]．南京农业大学学报：13-17．

[80] 张晓蕴等，2010. 南阳烟区不同品种烤烟打顶后酶活性及化学成分分析 [J]. 湖南农业大学学报（自然科学版），36（02）：155-159.

[81] 张艳，等，2019. 现代烟草农业技术体系研究进展 [J]. 中国烟草科学，40（1）：90-96.

[82] 赵竞英，等，2001. 河南主要植烟土壤养分状况与施肥对策 [J]. 土壤通报，（06）：270-272.

[83] 赵瑞蕊，2012. 曲靖烟区生态因素对烤烟成熟度的影响及成熟度与品质的关系 [D]. 河南农业大学.

[84] 郑明，2010. 光照强度对烤烟生长发育和叶片组织结构及品质影响的研究 [D]. 长沙：湖南农业大学.

[85] 中国烟草总公司郑州烟草研究院，等，2006. YC/T 202-2006 烟草及烟草制品多酚类化合物绿原酸、莨菪亭和芸香苷的测定 [S]. 北京：中国标准出版社.

[86] 周桂园，等，2014. 云南主产烟区不同烟叶原料致香成分含量分析 [J]. 西南农业学报，27（3）：93-102.

[87] 周敏，等，2016. 烤烟新品种 NC102 配套栽培技术研究 [J]. 福建农业学报，31（02）：118-124.

[88] 朱晨宇，等，2024. 钾镁肥优化对烤烟后期活性氧代谢和激素含量的影响 [J]. 中国农学通报，40：24-29.

[89] 朱先志，等，2013. NC102 品种采收成熟度对烟叶烘烤质量的影响研究 [J]. 现代农业，（08）：8-9.

[90] 邹阳，等，2015. 绿色植保技术在楚雄烟区的应用 [J]. 中国植保导刊，35：52-55+89.

ISBN 978-7-900541-69-7

扫码阅读　　定价：260.00元